Paul Wenzel (Hrsg.)

Geschäftsprozeßoptimierung mit SAP® R/3

Edition Business Computing
herausgegeben von Prof. Dr. rer. pol. Paul Wenzel

Die Edition Business Computing bietet SAP-Anwendern, Entscheidern, Beratern sowie Trainern und Dozenten praxisorientierte Leitfäden für den effizienten Einsatz system-integrierter Software im Unternehmen.

Die Beiträge zeigen Beispiele und Lösungen zur Verbesserung betrieblicher Abläufe und zur Optimierung von Geschäftsprozessen. Es geht u.a. um Themen wie R/3-Anwendungen in der Praxis, ABAP/4, MIS/EIS.

Besonderer Vorzug der Reihe ist die spezifische Verbindung von Betriebswirtschaft und Informatik in der angewandten Form einer praxisnahen Wirtschaftsinformatik, die sich als unabhängig versteht gegenüber Firmen und Produkten und nicht zuletzt dadurch praxisgerechte Hilfestellung anbieten kann.

Die ersten Titel der Reihe:

Geschäftsprozeßoptimierung mit SAP® R/3
hrsg. von Paul Wenzel

Betriebswirtschaftliche Anwendungen des integrierten Systems SAP® R/3
hrsg. von Paul Wenzel

SAP® R/3-Anwendungen in der Praxis
hrsg. von Paul Wenzel

Vieweg

Paul Wenzel (Hrsg.)

Geschäftsprozeßoptimierung mit SAP® R/3

Modellierung, Steuerung und Management betriebswirtschaftlich-integrierter Geschäftsprozesse

2., vollständig neubearbeitete Auflage

1. Auflage 1995
   Nachdruck 1996
2., vollständig neubearbeitete Auflage 1997

Softcover reprint of the hardcover 2nd edition 1997
Der Verlag Vieweg ist ein Unternehmen der Bertelsmann Fachinformation GmbH.

Gedruckt auf säurefreiem Papier

ISBN-13: 978-3-322-85058-4   e-ISBN-13: 978-3-322-85057-7
DOI: 10.1007/978-3-322-85057-7

Inhaltsübersicht

Inhaltsverzeichnis

Migration von SAP R/2 nach SAP R/3

Dipl.-Oec. Bülent Uzuner

Konzeption und Umsetzung einer Systemarchitektur für die Produktionssteuerung in der Prozeßindustrie

Dr. Peter Loos

Integration von SAP R/3 mit Fuzzy-Tools zur Bewertung von PPS-Entscheidungen

Dr.-Ing. Lutz Schmidt

Integration heterogener Systeme in der Automobilbranche: Kopplung FORS/GB mit den SAP R/3-Modulen FI und CO

Prof. Dr.-Ing. Herbert Glöckle/Dipl.-Inf. (FH) Thomas Dietz/ Dipl.-Inf. (FH) Martin Prystaz/Dipl.-Inf. (FH) Ellen Ruckwied

Die Dynamik integrierter Informationssysteme im Konsumgütervertrieb

Dipl.-Ing. Matthias Krause

Anwendungen des SAP R/3-Konsolidierungsmoduls FI-LC

Dipl.-Kfm. Rainer Beaujean/Dipl.-Volkswirt Robert Reiss

Neue Möglichkeiten der vertikalen Kooperation mit SAP R/3 Retail

Dipl.-Ing. Matthias Krause/Dipl.-Kfm. Dirk Bliesener

CATeam zur Unterstützung der Teambildung für die prozeßorientierte R/3-Einführung

Dr. Bettina Schwarzer/Prof. Dr. Helmut Krcmar

SAP Ausbildung im Wandel

Dipl.-Inf. Ulrich Bartels/Christoph Siebeck

Ausbildung in und mit der Modellfirma LIVE AG

Dipl.-Kff. Sabine Mehlich

Vorwort

Zunehmend werden die Arbeitsplätze in unternehmensweite Datenverarbeitungs-, Informations- und Kommunikations-Systemen integriert und die Geschäftsprozesse durch flexible, benutzerangepaßte „Standard-Software" unterstützt, die mit der individuellen Datenverarbeitung korrespondiert.

Die Software zur Unterstützung betrieblicher Geschäftsprozesse, also die Anwendungsprogramme zur Abwicklung der logistischen Abläufe (sowohl qualitativ als auch quantitativ) sowie zur Ergebnisrechnung und -kontrolle im Sinne des Unternehmenscontrolling, wurde bis vor wenigen Jahren meist von Informatikabteilungen der Unternehmen selbstentwickelt und gepflegt. Idealtypischerweise wurde und wird dabei eine integrierte Gesamtlösung für sämtliche betriebliche Funktionsbereiche auf Basis redundanzfreier Daten angestrebt.

Infolgedessen wurden in den Unternehmen in der Vergangenheit umfangreiche Informatikabteilungen zur Entwicklung, Pflege und zum laufenden Betrieb derartiger DV-Systeme aufgebaut. Der in den letzten Jahren erhöhte Kostendruck auf die Unternehmen äußert sich jedoch nun u.a. in einem geplanten Übergang von Großrechnern auf vernetzte, dezentrale Systeme (z.B. Client/Server-Systeme unter UNIX sowie Windows NT) und softwareseitig in einem verstärkten Trend zu Standardanwendungsprogrammen, wie bspw. der betriebswirtschaftlichen Standardlösung „SAP R/3".

Die Beiträge in diesem Sammelband zum Thema „Geschäftsprozeßoptimierung mit der Standard-Software SAP R/3" stammen von Praktikern und Hochschullehrern, die durchweg über langjährige Erfahrungen im Umgang mit betriebswirtschaftlicher Anwendungssoftware verfügen. Mit dieser zweiten, völlig überarbeiteten Auflage des Buches werden die Schwerpunkte zum **R/3-System der Versionen 3.X** besonders herausgestellt.

Bei der Zusammenstellung der einzelnen Beiträge wurde keinen Wert auf durchgängige inhaltliche Konsistenz gelegt, sondern vielmehr auf die Darstellung einzelner projektspezifischer Erkenntnisse. Denn gerade aus der projektmäßigen Umsetzung einzelner Problemstellungen - im Rahmen der Einführung von Standardsoftware - resultieren wertvolle praxisnahe Informationen für den Einstieg in die Thematik „Geschäftsprozeßoptimierung" im betrieblichen Alltag.

Weiterhin besteht ein Ziel dieses Sammelbandes darin, eine möglichst große Spannweite an R/3-spezifischen Themen zu erreichen. Das Spektrum der vorgestellten Inhalte kann aufgrund der Vielzahl projektspezifischer Problemstellungen eine wünschenswerte Beschreibungstiefe nur ansatzweise einnehmen. Besanders auf diesem Gebiet der analysierenden, tiefgreifenden Fachliteratur fehlen derzeit ausreichende Werke, um dem Entscheider und fachkundigen Interessenten eine weiterführende Möglichkeit der Wissensbefriedigung um das Thema „Standard-Software mit SAP R/3" zu eröffnen.

Die in diesem Buch beschriebenen Projekte zur Verbesserung betrieblicher Abläufe und zur Optimierung von Geschäftsprozessen zeigen dem Leser die spezifische Verbindung von Betriebswirtschaft und Informatik in der angewandten Form einer praxisnahen Wirtschaftsinformatik.

Prof. Dr. rer. pol. Michael Rebstock von der Fachhochschule Darmstadt und ***Johannes G. Selig*** von der SAP Japan Co., Ltd. beschreiben die spezifischen Anforderungen an Geschäftsprozesse seitens der einzelnen Landesgesellschaften. In diesem Beitrag wird die Rolle von und der Umgang mit landesspezifischen Geschäftsprozessen im Rahmen der Einführung des Systems SAP R/3 untersucht. Es wird ein Konzept zur Vorgehensweise und Projektorganisation in globalen Unternehmen entwickelt, das auf die besonderen Anforderungen eingeht, die von landesspezifischen Geschäftsprozessen an Prozeßoptimierung und Einführung von R/3 gestellt werden.

Dipl.-Kfm. Herbert Rohlfing ist Managementberater bei der Fa. CSC Ploenzke Consulting GmbH, Wiesbaden. Er leitet mehrere SAP-Projekte mit den Modulen CO, IS-B (Industry Solution Banking), Integration Architect für SAP R/3-Einführung bei einer US-Großbank. In seiner Beschreibung von Geschäftsprozeßoptimierung mit SAP R/3 bei Finanzdienstleistern stellt er die Konzentration des SAP-Einsatzes auf die sekundären Geschäftsprozesse im Rechnungswesen vor. Die Focussierung auf das Back Office hat sich geändert seit SAP mit den Modulen IS-IS (Industry Solution Insurance) und TR-TM (Treasury) auch Lösungen für das Front Office, d.h. die primären Geschäftsprozesse von Finanzdienstleistern, anbietet.

Dipl.-Oec. Bülent Uzuner von der Fa. CSC Ploenzke Informatik GmbH, Niederlassung Bremen, widmet sich in seinem Beitrag der Migration von SAP R/2 nach SAP R/3. Er beschreibt die grundsätzlichen Migrationsstrategien, -konzepte und -szenarien, wie bspw. Migration im Batch-Input-Verfahren (BTCI), Migration mit direktem update auf der Datenbank, manuelle Datenübernahme oder Kombination aus BTCI und direktem update auf der Datenbank mit oder ohne manueller Datenübernahme. Abhängig von der Geschäftsstrategie werden in der Regel die Organisationsabläufe und die Informationsflüsse neu definiert, so daß auf dieser Basis auch das Customizing im R/3-System durchgeführt wird. Auch wenn kein Business Process Reengineering in radikalem Sinne erfolgt, wird in den allermeisten Fällen zumindest ein Business Process Improvement durchgeführt und im Rahmen der Systemumstellung erforderliche Veränderungen realisiert.

Dr. Peter Loos vom Institut für Wirtschaftsinformatik - IWi an der Universität des Saarlandes in Saarbrücken stellt in seinem Beitrag den besonderen Charakter der Prozeßindustrie bei der verfahrenstechnischen Umwandlung ungeformter Rohstoffe und Endprodukte, insbes. in der chemischen und pharmazeutischen Industrie, in den Vordergrund. Eine wichtige Prämisse - hier vorgestellt am Projekt CAPISCE - ist die Integration der lang- und mittelfristigen Planung und der Prozeßautomation im Sinne einer ganzheitlichen Geschäftsprozeßunterstützung.

Dr.-Ing. Lutz Schmidt von der Technische Universität Ilmenau, Fakultät für Wirtschaftswissenschaften, Fachgebiet Wirtschaftsinformatik I, stellt die Integration von SAP R/3 mit Fuzzy-Tools zur Bewertung von PPS-Entscheidungen vor. Der Beitrag beschäftigt sich mit allgemeinen Vorteilen und Möglichkeiten der Integration von betriebswirtschaftlichen Standardsoftwaresystemen und PC-Programmen als Bestandteile von Management-Informations-Systemen. Ein Anwendungsfeld für solche Integrationen ist die Bewertung von Entscheidungen im Produktionsplanungsbereich von Unternehmen. Hier kann durch die Anbindung von Fuzzy-Tools an ein R/3-System die Qualität des Entscheidungsprozesses erhöht werden. Darüber hinaus wird eine Realisierung aus dem Bereich der mittelfristigen Produktionsplanungsentscheidungen und eine Umsetzung zur Bestimmung der Rentabilität von Kundenaufträgen vorgestellt.

Prof. Dr.-Ing. Herbert Glöckle von der Fachhochschule für Technik und Wirtschaft in Reutlingen und seine Mitautoren ***Dipl.-Inf. (FH) Thomas Dietz*** von der Mercedes-Benz AG, Stuttgart, ***Dipl.-Inf. (FH) Martin Prystaz***, Fachhochschule für Technik und Wirtschaft, Reutlingen, und ***Dipl.-Inf. (FH) Ellen Ruckwied*** von der Fa. Technodata GmbH, Renningen, beschreiben die Integration heterogener Systeme in der Automobilbranche: Kopplung FORS/GB mit den SAP R/3-Modulen FI und CO. Insbesondere im Zuge weiterer Internationalisierung und der damit verbundenen Verlagerung von Produktionsstätten ins Ausland wird es für die Unternehmenszentrale immer wichtiger, ein international einsetzbares, den Gegebenheiten des jeweiligen Produktionslandes trotzdem Rechnung tragendes Finanzwirtschaftspaket zu implementieren. Durch die einheitliche Form wird es möglich, die notwendigen Zahlen zur Steuerung und Kontrolle des Geschehens vor Ort in relativ einfacher Weise zu erfassen und der Zentrale kurzfristig zur Verfügung zu stellen. Es werden zunächst die Funktionalität und Funktionsaufteilung der beiden Systeme FORS/GB und R/3 dargestellt. Im Anschluß werden die wesentlichen Bestandteile des Unternehmensszenarios vorgestellt und die schnittstellenrelevanten Geschäftsprozesse beschrieben.

Dipl.-Ing. Matthias Krause von IDS Prof. Scheer GmbH, Saarbrücken, stellt die Dynamik integrierter Informationssysteme im Konsumgütervertrieb heraus. Der Beitrag gibt einen Überblick über die heute im Konsumgütervertrieb vorherrschenden Vertriebsorganisationsstrukturen und wesentlichen Geschäftsprozesse einerseits und den Stand der Informationssysteme im Vertriebsaußendienst andererseits. Daraus lassen sich typische Anforderungen an integrierte Computer Aided Selling-Systeme in der Konsumgüterindustrie ableiten. Am Beispiel der Standardsoftware SAP R/3 werden die Möglichkeiten der Integration eines Computer Aided Selling-Systems aufgezeigt.

Dipl.-Kfm. Rainer Beaujean und ***Dipl.-Volkswirt Robert Reiss*** von der Deutschen Telekom AG, Bonn, beschreiben das SAP R/3-Konsolidierungmodul „FI-LC“ in der praktischen Anwendung. Der Rechtsrahmen des Konzernabschlusses, der seit dem 01.01.1990 in der neuen Form aufgestellt werden muß, wurde so stark verändert, daß man von einer „Revolution“ in der Konzernrechnungslegung sprechen darf. Während bis 1990 nur große Aktiengesellschaften lediglich die im Inland ansässigen Tochtergesellschaften in ihren Abschluß einbeziehen mußten, gilt ab 1990 das neue Konzernabschlußprinzip. Am konkreten Beispiel wird die Umsetzung der Konzernbilanzerstellung bei der Deutschen Telekom AG mit Hilfe des SAP-Moduls FI-LC beschrieben. Alle in der Praxis anwendbaren Verfahren sind mit dem Modul FI-LC möglich. Die Anwendung unterschiedlicher Konsolidierungsmethoden, die in der Stammdatenpflege des Teilkonzerns festgelegt werden, sind bei verschiedenen Konzerngesellschaften durch die separate Gesellschaftszuordnung einsetzbar. Es können Wahlrechte und unterschiedliche Varianten nebeneinander durchgeführt werden. Zur Eliminierung der Kapitalverflechtungen werden im Modul FI-LC die für die Verrechnung relevanten Beteiligungsverhältnisse und Eigenkapitalzahlen der zu konsolidierenden Unternehmen in gesonderten Tabellen festgehalten. Die Konsolidierung kann technisch einerseits als Simultankonsolidierung mit durchgerechneten Konzernanteilen (Matrizenverfahren) angewendet und andererseits als eine stufenweise Konsolidierung durchgeführt werden.

Dipl.-Ing. Matthias Krause und ***Dipl.-Kfm. Dirk Bliesener*** von IDS Prof. Scheer GmbH, Saarbrücken, stellen neue Möglichkeiten der vertikalen Kooperation mit SAP R/3 Retail vor. Der Beitrag gibt zunächst einen Überblick über die heute bestehenden wirtschaftlichen Rahmenbedingungen für Konsumgüterhersteller und Handel sowie die aktuellen Konzepte der vertikalen Kooperation. Als wesentliche Grundlage der inner- wie zwischenbetrieblichen Kommunikation werden die Verfahren und Standards des elektronischen Datenaustausches (EDI) erläutert. Am Beispiel des Beschaffungsprozesses des Handels werden Rationalisierungspotentiale im Rahmen der Geschäftsprozeßoptimierung zwischen Industrie und Handel eröffnet. Mit R/3 Retail wird die integrierte Branchenlösung der SAP AG für den Handel vorgestellt, um abschließend aufzuzeigen, welche Möglichkeiten das Handelsinformationssystem R/3 Retail bietet, um mit dem Einsatz von EDI zur überbetrieblichen Kommunikation vertikale Prozesse optimiert und durchgängig abzuwickeln.

Dr. Bettina Schwarzer von der Fa. ITM GmbH, Stuttgart, und ***Prof. Dr. Helmut Krcmar***, Lehrstuhl für Wirtschaftsinformatik, Universität Stuttgart-Hohenheim, zeigen in ihrem Beitrag CA-Team zur Unterstützung der Teambildung für die prozeßorientierte R/3-Einführung, wie vor lauter Beschäftigung mit R/3, den Werkzeugen und den sonstigen Projektbelangen häufig jedoch eines vernachlässigt wird: das Projektteam und seine Bedürfnisse, Sorgen und Wünsche. Nicht nur der fachliche Druck ist bei der R/3-Projektarbeit sehr hoch - auch der eklatante psychologische Druck, der sowohl innerhalb des Projektteams als auch von außen auf den einzelnen Projektmitarbeiter einwirkt. Die Bewältigung oft vor dem Hintergrund unzureichender Freistellung von Abteilungsaufgaben, Probleme mit den ehemaligen Linienvorgesetzten, Ablehnung und Widerstände in den Fachbereichen gegen die zukünftigen Veränderungen und die Unsicherheit über die eigene Zukunft nach dem Projektende stellen weitere Herausforderungen an die Projektmitarbeiter dar.

Ulrich Bartels von der Fa. CLS InterService Gesellschaft für Unternehmensberatung und Informationsverarbeitung mbH in Bonn und ***Christoph Siebeck,*** als selbständiger EDV-Fachjournalist erörtern den Wandel in der SAP-Ausbildung. Dabei beschreiben sie Anforderungen an eine effiziente Anwenderschulung, klassische Ausbildungsmethoden (Seminare), alternative Ausbildungsmethoden (CBT), Rahmenbedingungen und Mindestanforderung an CBT-Programme sowie eine modulare, multimediale R/3-Schulung der Zukunft.

Sabine Mehlich von der IBIS Prof. Thome GmbH und der Universität Würzburg stellt die Modellfirma „LIVE AG" vor, die die notwendige Komplexität aufweist, um das Funktionsspektrum der Software SAP R/3 überzeugend darzustellen. Die LIVE AG wurde als Schulungsmedium für das System R/3 der Firma SAP AG in Zusammenarbeit mit der SNI AG seit Sommer 1992 entwickelt. Die Modellfirma soll in ihren unterschiedlichen Versionen die Aufgaben: Test-, Beispiel-, Demo- und Customizingfirma erfüllen.

Für die geschätzte Mitarbeit und das Engagement der Autoren (siehe hierzu das Autorenverzeichnis) bedanke ich mich herzlichst. Zuletzt **danke ich ganz besonders meiner lieben Frau** und **Herrn Dr.-Ing. Lutz Schmidt mit Gattin Sabine Schmidt**, die in vielen Tagen und Wochen das Lektorat für dieses Werk übernommen haben.

Paul Wenzel, Hainburg im Januar 1997

Landesspezifische Geschäftsprozesse bei der Einführung von SAP R/3 in globalen Unternehmen: Hemmschuh oder Quelle von Wettbewerbsvorteilen?

Prof. Dr. rer. pol. Michael Rebstock

Managementberater und Professor für Betriebswirtschaftslehre und betriebswirtschaftliche Informationsverarbeitung, Fachhochschule Darmstadt

Dipl.-Kfm. Johannes G. Selig

Director R&D, SAP Japan Co., Ltd.

1 Landesspezifische Geschäftsprozesse und globale Unternehmen

Anläßlich der weltweiten Einführung des integrierten Standardsoftwaresystems SAP R/3 stehen global tätige Unternehmen vor der Aufgabe, für alle Unternehmenseinheiten gültige Strukturen von Geschäftsprozessen[1] zu ermitteln und durch das System R/3 abzubilden. Dabei werden diese Unternehmen mit der Frage konfrontiert, wie auf die spezifischen Anforderungen an Geschäftsprozesse seitens der einzelnen Landesgesellschaften zu reagieren ist. Verursachen diese Anforderungen lediglich zusätzlichen Aufwand, den es zu vermeiden gilt, oder kann durch sie ein zusätzlicher Nutzen für das Gesamtunternehmen erschlossen werden?

In diesem Beitrag wird die Rolle von und der Umgang mit landesspezifischen Geschäftsprozessen im Rahmen der Einführung des Systems SAP R/3 untersucht. Dazu wird zunächst ein allgemeines Schema von Determinanten der Struktur von Geschäftsprozessen vorgestellt, das landesspezifische Einflußfaktoren integriert. Die landesspezifischen Faktoren werden näher erläutert. Anschließend wird die Rolle und Bedeutung von landesspezifischen Geschäftsprozessen, insbesondere in der Analysephase eines Projekts, beleuchtet. Dazu werden verschiedene Strategien des Umgangs mit landesspezifischen Geschäftsprozessen dargestellt und auf ihre Erfolgswahrscheinlichkeit hin untersucht. Es wird aufgezeigt, daß die Untersuchung landesspezifischer Geschäftsprozesse nicht nur Aufwand verursacht, sondern auch positive Ergebnisse zeitigen kann. Schließlich wird ein Konzept zu Vorgehensweise und Projektorganisation in globalen Unternehmen entwickelt, das auf die besonderen Anforderungen eingeht, die von landesspezifischen Geschäftsprozessen an Prozeßoptimierung und Einführung von R/3 gestellt werden. Erste Erfahrungen aus der Praxis globaler Einführungsprojekte demonstrieren die Bedeutung eines solchen Konzepts.

2 Einflüsse auf die Struktur von Geschäftsprozessen

Die Struktur von Geschäftsprozessen wird durch eine Vielzahl von Faktoren beeinflußt.[2] Diese Faktoren können einzelnen Dimensionen zugeordnet werden. Fünf Dimensionen sind zu unterscheiden:

- Weltwirtschaft
- Konzern
- Branche
- Land
- Einzelunternehmung

Diese Dimensionen überschneiden sich hinsichtlich ihrer Einflüsse auf konkrete Geschäftsprozesse; Abb. 2.1 verdeutlicht diesen Zusammenhang:

Abb. 2.1
Dimensionen der Einflußfaktoren

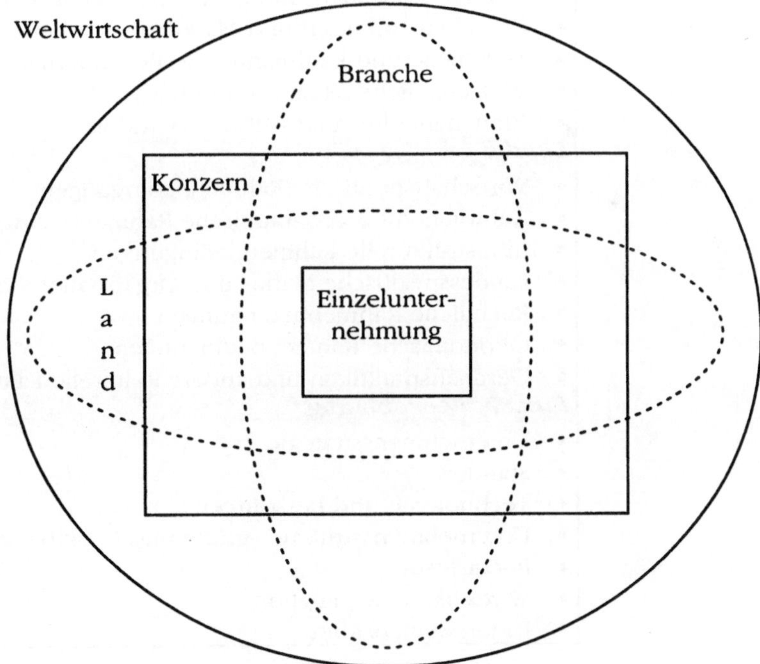

Tab. 2.1
Einflußfaktoren auf Geschäftsprozesse

Weltwirtschaft
• Weltpolitische Rahmenbedingungen • Natürliche Rahmenbedingungen des globalen Transports • Globale infrastrukturelle Rahmenbedingungen • Allgemeine technologische Entwicklung • Rahmenvereinbarungen des Welthandels • Länderzusammenschlüsse • Weltwirtschaftliche Entwicklung
Konzern
• Konzernstrategie • Länderpräsenz • Technologie und Ressourcen • Organisatorische Konzernstrukturen • Rechtliche Konzern- und Konzernkonsolidierungsstrukturen • Wirtschaftliche Situation • Konzernkultur
Branche
• Branchenpolitische Rahmenbedingungen • Material-, produkt- und produktionstechnische Spezifikation • Branchenstrukturen und Marktbesonderheiten • Rechtliche und kaufmännische Besonderheiten • Wirtschaftliche Situation und Entwicklung der Branche • Branchenkultur und -selbstverständnis
Land
• Wirtschaftspolitische Rahmenbedingungen • Natürliche und geographische Rahmenbedingungen • Infrastrukturelle Rahmenbedingungen • Landesspezifische Markt- und Organisationsstrukturen • Rechtliche Rahmenbedingungen • Ökonomische Rahmenbedingungen • Geschäftspraktiken und andere kulturelle Faktoren
Einzelunternehmung
• Unternehmensstrategie • Standort • Technologie und Ressourcen • Unternehmensstruktur, -größe und Marktbeziehungen • Rechtsform • Wirtschaftliche Situation • Unternehmenskultur

Dimensionen

Bei der **weltwirtschaftlichen Dimension** handelt es sich um die globalen Rahmenbedingungen, innerhalb derer weltweit tätige Unternehmen agieren. Die Dimension „**Konzern**" umfaßt die für das Gesamtunternehmen vorgegebenen, für alle Landesgesellschaften relevanten Rahmenbedingungen innerhalb eines Konzerns. Die Dimension „**Branche**" umfaßt Bedingungen, die auf den spezifischen Gegebenheiten der jeweiligen Branche beruhen, in denen ein Unternehmen aktiv ist. Ein globales Unternehmen ist dabei häufig in mehreren Branchen tätig. Die Dimension „**Land**" schließlich umfaßt die in diesem Beitrag besonders zu beleuchtenden Bedingungen, die auf den nationalen Gegebenheiten des Landes beruhen, in dem eine Landesgesellschaft des globalen Unternehmens aktiv ist. Die Organisations- und Prozeßstrukturen eines Unternehmens sind durch diese vier Dimensionen jedoch noch nicht determiniert. Eine letzte Dimension stellt daher das einzelne **Unternehmen** selbst dar, d.h. eine einzelne Landesgesellschaft innerhalb eines globalen Konzerns mit den ihr eigenen, spezifischen Bedingungen.

Bedeutung landesspezifischer Einflußfaktoren

Den Dimensionen können einzelne Faktoren nach Tab. 2.1 zugeordnet werden. Da in diesem Beitrag nur **landesspezifische Einflußfaktoren** näher beleuchtet werden, zeigt Tab. 2.2 eine detailliertere Übersicht über diese im folgenden zu diskutierenden Faktoren.[3] Den landesspezifischen Einflußfaktoren auf Geschäftsprozesse wurde bisher eher weniger Aufmerksamkeit gewidmet. Die Erfahrungen, die im Rahmen der zunehmenden Zahl von Projekten zur globalen Einführung von SAP R/3 gemacht werden, zeigen jedoch, daß landesspezifischen Anforderungen an Geschäftsprozesse eine große Bedeutung zukommt. Wie sich in der Projektpraxis zeigt, sind einige der Probleme, mit denen diese Projekte zu kämpfen haben, auf die mangelnde Berücksichtigung der landesspezifischen Anforderungen zurückzuführen.

Wirtschaftspolitische Rahmenbedingungen als erste Kategorie dieser landesspezifischen Einflußfaktoren beeinflussen unter anderem etwa Geschäftsprozesse in den Bereichen der Import- und Exportabwicklung.

Tab. 2.2
Landesspezifische Einflüsse auf Geschäftsprozesse

Wirtschaftspolitische Rahmenbedingungen
• Tarifäre und nichttarifäre Handelshemmnisse
• Staatliche Eingriffe in Wirtschaftsbereiche
• Unterstützung von Wirtschaftsbereichen
Natürliche und geographische Rahmenbedingungen
• Geographische Gegebenheiten
• Ressourcen und Bodenschätze
• Bevölkerungszahl und -verteilung
Infrastrukturelle Rahmenbedingungen
• Verkehrsinfrastruktur
• Kommunikationsinfrastruktur
Landesspezifische Markt- und Organisationsstrukturen
• Markt- und Wirtschaftsstrukturen
• Arbeits- und Beschäftigungsstrukturen
• Organisationsstrukturelle Besonderheiten
Rechtliche Rahmenbedingungen
• Handelsrecht
• Steuerrecht
• Arbeitsrecht und Sozialgesetze
• Ökologische Gesetze
Ökonomische Rahmenbedingungen
• Wachstumsrate
• Inflationsrate
• Beschäftigungszahlen
Geschäftspraktiken und andere kulturelle Faktoren
• Kaufgebräuche
• Verhandlungsgebräuche und -verhalten
• Vertragsgebräuche
• Organisationskulturelle Besonderheiten

Nationale Vorgaben führen hier i.d.R. zu unterschiedlichen Prozeßstrukturen in den einzelnen Landesgesellschaften, mit teilweise erheblichen Komplexitätsunterschieden. Zu Vorgaben in diesem Sinn zählen insbesondere tarifäre und nichttarifäre Handelshemmnisse, wie bspw. Zölle, Kontingente und Normen. Aber auch staatliche Eingriffe in und Unterstützung von bestimmten Wirtschaftsbereichen können Auswirkungen auf Geschäftsprozesse nach sich ziehen. Dies gilt etwa für die Abwicklung und Dokumentation von Subventionen und anderen Fördermaßnahmen.

natürliche und geographische Rahmenbedingungen

Die zweite Kategorie, natürliche und geographische Rahmenbedingungen eines Landes, beeinflußt die Gestaltung und Bedeutung von Geschäftsprozessen ebenfalls in vielerlei Hinsicht. In einem Land mit knapper bebaubarer Fläche und dementsprechend enger Bebauung ist die optimale Nutzung der zur Verfügung stehenden Fläche notwendig. Eine Produktion in kleinen Losen und eine möglichst geringe Beanspruchung von Lagerflächen durch häufige Anlieferprozesse sind nur zwei Folgen dieses Umstandes. Die im System R/3 implementierten Strukturen müssen in diesem Fall etwa eine einfachere und schnellere Abwicklung der Prozesse erlauben.

Infrastrukturelle Rahmenbedingungen

Die Verkehrsinfrastruktur als erster Teil der infrastrukturellen Rahmenbedingungen umfaßt die Art, Verfügbarkeit und Qualität von Verkehrswegen und Transportmitteln. Ein gut ausgebautes Straßennetz und die Verfügbarkeit ausreichender Transportmittel etwa erlaubt die Belieferung von Kunden innerhalb kurzer Zeit nach der Bestellung und führt so zu schnelleren, damit aber oft auch komplexeren Prozeßvarianten gegenüber einem Land, in dem die infrastrukturellen Bedingungen weniger gut sind.

Die Kommunikationsinfrastruktur, d.h. die Art, Verfügbarkeit und Qualität von Kommunikationsmedien und Kommunikationsnetzen, zeigt ebenfalls Einflüsse auf die Struktur von Geschäftsprozessen. Hierbei ist insbesondere die Verfügbarkeit elektronischer Kommunikationsmedien bedeutsam. Ein Austausch von Geschäftsdaten per *EDI* (Electronic Data Interchange) und eine darauf basierende Verkoppelung der Geschäftsprozesse von bspw. Kunde und Lieferant setzt trivialerweise eine entsprechende Verfügbarkeit dieser Infrastruktur voraus. Auch bspw. die Frage, ob und mit welchem Aufwand sich die im Release 3.0 verfügbaren *Workflow-Komponenten* des Systems R/3 in einer Landesgesellschaft *sinnvoll* implementieren lassen, wird von der dort verfügbaren Kommunikationsinfrastruktur beeinflußt.

Electronic Commerce und *CSCW* (Computer Supported Cooperative Work) verändern Geschäftsprozesse in großem Umfang. Voraussetzung hierfür ist ebenfalls die Verfügbarkeit entsprechender Infrastruktur, insbesondere in Form von *Internet* und *Intranets*.

landesspezifische Markt- und Organisationsformen

Zu landesspezifischen Markt- und Organisationsformen als der vierten Kategorie von Einflußfaktoren zählen der Verflechtungs- und Konzentrationsgrad des nationalen Marktes, aber auch die Organisationsform und der Organisationsgrad von Arbeitnehmerinteressen. Von diesen Faktoren gehen ebenfalls Einflüsse auf Geschäftsprozesse aus. So spielen in einer hochgradig verflochtenen Wirtschaft etwa ausgefeilte Prozesse zur Marktforschung, Angebotsanalyse oder Lieferantenbeurteilung eine eher geringe Rolle, wenn ein Großteil der Lieferbeziehungen durch die Mitgliedschaft in Konsortien, Verbünden oder ähnlichen Gruppierungen bereits festgelegt ist.

rechtliche Rahmenbedingungen

Der Einfluß rechtlicher Rahmenbedingungen auf Geschäftsprozesse liegt in vielen Fällen unmittelbar auf der Hand. Handelsrechtliche Regelungen (inkl. Rechnungslegungs- und Veröffentlichungspflichten), Steuerrecht oder Arbeitsrecht stellen Vorgaben für betriebliche Prozesse dar. Daß auch ökologisch motivierte Gesetzgebung zu deutlichen Auswirkungen auf Geschäftsprozesse führen kann, läßt sich derzeit in Europa anhand der - bisher allerdings freiwilligen - Realisierung der EU-Verordnung zum Öko-Audit in Unternehmen beobachten.

ökonomische Rahmenbedingungen

Nationale ökonomische Rahmenbedingungen stellen weitere wichtige Einflußfaktoren dar. In Ländern mit hohen Inflationsraten sind bspw. finanzwirtschaftliche Prozesse vorhanden, die anderswo nicht notwendig sind. Auch Order- und Vertriebsprozesse weisen unter solchen Bedingungen abweichende Strukturen auf.

Geschäftspraktiken und kulturelle Faktoren

Der Bereich der Geschäftspraktiken und anderer kultureller Faktoren schließlich umfaßt landesspezifische Kauf-, Verhandlungs- und Vertragsgebräuche sowie spezifische organisationskulturelle Besonderheiten. Das Ausmaß der organisatorischen Strukturierung und Programmierung von Orderprozessen bspw., aber auch der Grad der Autonomie von Sachbearbeitern innerhalb dieser Prozesse, wird stark durch die Kultur eines Landes beeinflußt. Komplexe Vertriebsprozesse mit detaillierten Angeboten oder Auftragsbestätigungen fehlen möglicherweise ganz in einem Land, in dem mündliche Absprachen einen hohen Stellenwert einnehmen. Vertriebs- und Serviceprozesse werden insgesamt umfangreicher gestaltetet, je nach vorherrschendem Grad der Kundenorientierung in einem Land. Mahnprozeduren entfallen in Ländern mit allgemein sehr engen Geschäftsbeziehungen zum Teil ersatzlos.

Durch die Kombination der Einflüsse dieser landesspezifischen Rahmenbedingungen entsteht für jede Landesgesellschaft einer globalen Unternehmung ein häufig einzigartiges Set an Prozeßstrukturen.

3 Strategien des Umgangs mit landesspezifischen Geschäftsprozessen

In praktisch allen Projekten zur weltweiten Einführung der Standardsoftware SAP R/3 ist mit landesspezifischen Anforderungen an Geschäftsprozesse umzugehen. Ohne Frage kann dieser Umstand großen finanziellen und zeitlichen Projektaufwand verursachen, ohne Frage erhöht eine vollständige Analyse, Modellierung und anschließende Berücksichtigung landesspezifischer Geschäftsprozesse die Projektkomplexität erheblich. Es ist verständlich, daß globale Unternehmen versuchen, bei Analyse und Modellierung der Geschäftsprozesse im Rahmen der Standardsoftwareeinführung diesen Aufwand möglichst niedrig zu halten. Landesspezifische Anforderungen werden vor diesem Hintergrund oft als Hemmschuh und kostentreibendes Übel angesehen, dem es auszuweichen gilt.

Welche Alternativen bieten sich Unternehmen, auf landesspezifische Anforderungen zu reagieren? Tab. 3.1 gibt drei grundsätzliche Strategien des Umgangs mit diesen Anforderungen wieder.

Tab. 3.1
Strategien des Umgangs mit landesspezifischen Anforderungen im Rahmen der Standardsoftwareeinführung

1.	Dezentrale Gestaltung landesspezifischer Geschäftsprozesse
2.	Zentrale Gestaltung global gültiger Geschäftsprozesse
3.	Koordinierte Gestaltung landesspezifischer Geschäftsprozesse

Strategie 1

Die **dezentrale Vorgehensweise** nach Strategie 1 bedeutet, daß das globale Unternehmen *keine* weltweite Koordination und gegebenenfalls Harmonisierung der Geschäftsprozesse seiner Landesgesellschaften anstrebt. Die Einführung des Systems R/3 und die damit zusammenhängende Gestaltung der Geschäftsprozesse wird in diesem Fall durch die einzelnen Landesgesellschaften gesteuert. Ein globales Projektteam beschränkt sich, falls überhaupt existent, allein auf die technische Einführungsberatung. Diese Strategie vermeidet *prima facie* globalen Koordinierungs- und Harmonisierungsaufwand und hält somit den Projektaufwand niedrig. Dabei wird jedoch übersehen, daß diese Strategie in der Regel zu höherem Folgeaufwand führt, dann nämlich, wenn nach der Einführung von R/3 die fehlende Koordination der Geschäftsprozesse und Systemstrukturen zu Reibungsverlusten innerhalb des Gesamtunternehmens führt. Die Effizienz und Effektivität von Informations- und ggf. auch Güterflüssen wird mit größerer Wahrscheinlichkeit durch inkompatible Informations- und Prozeßstrukturen beeinträchtigt. Außerdem verschenkt diese Strategie, wie gleich zu argumentieren sein wird, *Lernchancen* und damit potentielle *Wettbewerbsvorteile* für das Gesamtunternehmen.

Strategie 2

Die zweite Strategie stellt gewissermaßen das Gegenteil der ersteren dar. Um den Projektaufwand niedrig zu halten, versucht das Unternehmen in diesem Fall, jeweils nur *eine* Version je Geschäftsprozeß zu entwickeln, die dann, so die Idee, in *allen* Landesgesellschaften in gleicher Form implementiert wird. Diese Strategie umfaßt zwar in der Regel bereits eine minimale Anpassung des Systems R/3 an die jeweiligen Länder durch technische Parametrisierung im Rahmen des Customizing, da ohne diese Maßnahmen das System für die jeweilige Landesgesellschaft praktisch nicht nutzbar ist. Sie beabsichtigt aber eben keine landesspezifische Anpassung von Geschäftsprozessen, sondern verfolgt das Ziel, jeweils nur eine Version je Geschäftsprozeß (**Master Process**) zu entwerfen und im System R/3 zu implementieren. Dieser Prozeß soll in allen Landesgesellschaften zum Einsatz kommen. Die Prozesse der einzelnen Landesgesellschaften, so die Erwartung, sollten sich standardisieren lassen. Der zeitliche, personelle und finanzielle Projektaufwand soll auf diese Weise überschaubar bleiben. Hierbei wird jedoch übersehen, daß die oben beschriebenen landesspezifischen Geschäftsprozesse teilweise bereits durch gesetzliche oder ähnliche imperative Rahmenbedingungen vorgegeben sind und sich daher auch bei gutem Willen der jeweiligen Landesgesellschaft nicht standardisieren lassen. Spezifische Anforderungen führen dann dazu, daß von einem globalen Standard abgewichen werden muß -

womit wiederum ein größerer Folgeaufwand aufgrund von Reibungsverlusten oder notwendiger Koordinierung ex post verursacht wird.

Strategie 3

Obwohl zu Beginn mit höherem Aufwand verbunden, erscheint Strategie 3 daher letztlich am erfolgversprechendsten. Dabei werden Geschäftsprozesse landesspezifisch analysiert. Im Unterschied zu Strategie 1 wird in diesem Fall allerdings ein Abgleich und ggf. eine Harmonisierung der Geschäftsprozesse über alle Landesgesellschaften angestrebt. Nur auf diese Weise können landesspezifische Erfordernisse vor der Einführung der Standardsoftware erkannt und bei der Implementation berücksichtigt werden. Zweifellos erhöht dieser Umstand den zeitlichen und finanziellen Projektumfang in der Planungs- und Analysephase. Ohne daß hierzu bereits gesicherte empirische Befunde vorliegen, legen Projekterfahrungen jedoch die Vermutung nahe, daß eine Berücksichtigung der landesspezifischen Erfordernisse bereits in der Analyse- und Designphase einen *insgesamt* geringeren Aufwand nach sich zieht als die nachträgliche Realisierung der sich bei der Einführung oder gar erst im laufenden Betrieb der Landesgesellschaft als notwendig herausstellenden zusätzlichen, eben landesspezifischen, Systemmerkmale.

In diesem Beitrag wird deshalb nicht nur argumentiert, daß eine Untersuchung und Modellierung der landesspezifischen Geschäftsprozesse ohnehin notwendig, sondern auch, daß diese *sinnvoll* und *vorteilhaft* ist. Der auf den kompletten Lebenszyklus bezogen niedrigere Gesamtaufwand ist jedoch nicht der einzige Grund für Strategie 3. Die Analyse der Geschäftsprozesse bietet darüber hinaus in großem Umfang *Lernchancen*, deren erfolgsrelevantes Potential bisher von globalen Einführungsprojekten meist vernachlässigt wurde.

Wie oben dargestellt, vereint jede Landesgesellschaft ein einzigartiges Set an Prozessen und Praktiken, die auf den verschiedenen landesspezifischen Einflußfaktoren beruhen oder durch diese mitverursacht sind. Bei näherer Betrachtung zeigt sich, daß einige dieser spezifischen Prozeßvarianten im globalen Vergleich erfolgreicher sind als andere, weil sie zu schnelleren, kostengünstigeren oder qualitativ hochwertigeren Ergebnissen führen. In der Zusammenschau über das Gesamtunternehmen ergibt sich damit eine Auswahl an unterschiedlich erfolgreichen Geschäftsprozessen für einzelne Aufgabenstellungen. Es gilt für globale Unternehmen die *Lernchancen*, die in diesen Unterschieden liegen, zur Optimierung ihrer Geschäftsprozesse weltweit zu nutzen und so *Wettbewerbsvorteile* zu gewinnen. Im nächsten Abschnitt wird eine Vorgehensweise entwickelt, die es Unternehmen gestattet, diese Lernchancen wahrzunehmen.

Die Idee, das **Erfahrungspotential landesspezifischer Geschäftsprozesse zur Prozeßoptimierung** einzusetzen, ist grundsätzlich nicht neu. Konzepte wie Kaizen und TQM (Total Quality Management), Lean Management und Kanban, Target Costing oder Activity Based Costing demonstrieren, wie die in einem Land erfolgreich ausgeübten Praktiken durch Untersuchung und Strukturierung weltweit nutzbar gemacht wurden. So wie diese Praktiken von Forschern und Beratern für globale Unternehmen auf einem allgemeinen Niveau verfügbar gemacht wurden, können *erfolgreiche* Geschäftspraktiken einer Landesgesellschaft *innerhalb* eines globalen Unternehmens auf einem *detaillierteren* Niveau für alle anderen Landesgesellschaften dieses globalen Unternehmens verfügbar gemacht werden.

Eine globale Strategie ist auch für die SAP AG als Hersteller des Systems R/3 selbstverständlich. Bereits in der Vergangenheit wurden daher seitens der SAP AG wesentliche Elemente landesspezifischer Anforderungen für die offiziell unterstützten Länder realisiert. Bereits heute enthält das System R/3 für alle diese Länder zumindest die unmittelbar notwendigen Landesspezifika, d.h. insbesondere technische und rechtliche Anforderungen. Das Umsetzen von Strategie 3 bedeutet aber hinsichtlich des Systems R/3 eben nicht lediglich eine Lokalisierung der Anwendung durch Anpassung von Sprache, Code pages, Tabellen, Zahlen-, Datums- und Währungsformaten, sondern die **koordinierte Gestaltung und *Abbildung* landesspezifischer Geschäftsprozesse im System**. Aufgrund des damit verbundenen hohen Aufwandes ist eine Berücksichtigung landesspezifischer Geschäftsprozesse *bereits im Auslieferungszustand* des Systems R/3 heute (noch) nicht gegeben.

4 Vorgehensweise und Projektorganisation in globalen Unternehmen

Wie ist vorzugehen, um die in den landesspezifischen Geschäftsprozessen liegenden Lernpotentiale nutzbar zu machen? Im folgenden werden einige Hinweise zu Vorgehensweise und Organisation weltweiter Einführungsprojekte gegeben.[4]

Zusammensetzung des Projektteams

Zur Durchführung eines entsprechenden Projektes empfiehlt sich eine **semi-dynamische Zusammensetzung des Projektteams**. Ein Kernteam von wenigen Mitarbeitern betreut das Projekt über die gesamte Projektdauer. Dieses Kernteam kann sich aus unternehmenseigenen und externen Mitarbeitern zusammensetzen. Es sollte in jedem Fall möglichst international besetzt sein, um eine erhöhte Sensibilität für landesspezifische Anforderungen zu gewährleisten. Zur Erhebung dieser Anforderungen wird das Kernteam um Mitarbeiter der jeweilig betroffenen Landesgesellschaft oder externe Berater mit Firmensitz im betreffenden Land ergänzt. Diese Personen übernehmen später die Aufgabe der Implementierung und Betreuung vor Ort. Je Land ändert das Projektteam somit teilweise seine Zusammensetzung. Das Kernteam hat die Funktion, die oben beschriebenen Lernchancen wahrzunehmen und dadurch einen supranationalen Transfer von Know-how innerhalb des globalen Unternehmens zu gewährleisten.

Prozeßstrukturen

Bei der Analyse in den jeweiligen Landesgesellschaften ist zu unterscheiden zwischen denjenigen Prozeßstrukturen, die durch gesetzliche Regelungen oder andere nationale Rahmenbedingungen zumindest kurz- oder mittelfristig fixiert sind, und solchen, die zu den frei gewählten oder historisch gewachsenen Geschäftspraktiken gehören. Gerade in letzteren liegt ein Großteil des Lernpotentials.

Um dieses Lernpotential allgemein verfügbar zu machen, sind potentiell zunächst alle Geschäftsprozesse aller Landesgesellschaften zu untersuchen und zu modellieren. Um den Projektaufwand allerdings zu beschränken, bietet es sich an, das Wissen der jeweiligen Landesgesellschaften zu nutzen und in einem mehrstufigen Verfahren aktiv einzubringen. Einen Überblick über eine entsprechende Vorgehensweise gibt Abb. 4.1.

Demnach sollten Landesgesellschaften zunächst aufgefordert werden, die nach ihrer Überzeugung erfolgreichen Geschäftsprozesse zu benennen. Parallel dazu sind diejenigen Prozesse zu benennen, die aufgrund rechtlicher und ähnlich imperativer Rahmenbedingungen im jeweiligen Land unbedingt erforderlich sind. Alle benannten Prozesse werden landesspezifisch modelliert. Weisen einzelne Regionen, in denen mehrere Landesgesellschaften aktiv sind, sehr große Ähnlichkeiten hinsichtlich der dargestellten Rahmenbedingungen auf, so kann das dominierende Land dieser Region als *Lead Country* definiert werden.[5] Die in diesem Land analysierten Prozesse bilden als ***Lead Processes*** die Vorgabe für weitere Länder der Region.

In der an die Analyse anschließenden **Bewertung** werden die als erfolgreich benannten Prozesse auf verallgemeinerbare Merkmale untersucht. Solche Charakteristika werden in einen Katalog der „**Best Business Practices**" aufgenommen. Daneben werden die nach einem Review als tatsächlich landesspezifisch notwendig beurteilten Prozesse in einen weiteren Katalog aufgenommen.

Auf Basis des aggregierten Wissens über erfolgreiche Geschäftspraktiken kann nun zunächst eine weltweite Harmonisierung von Geschäftsprozessen durchgeführt werden, die für die einzelnen Landesgesellschaften zur Verbesserung eines Teils und ggf. zur Bestätigung eines anderen Teils ihrer Prozesse führt. Anschließend sind auf Basis des Katalogs der landesspezifischen Erfordernisse notwendige Modifikationen vorzunehmen. Diese Prozesse werden schließlich im System R/3 realisiert und implementiert.

Der Prozeß der Geschäftsprozeßoptimierung ist fortlaufend. Bereits bei der Implementierung kann es sich zeigen, daß weitere Modifikationen vorzunehmen sind. In diesem Fall wird eine Neubewertung der entsprechenden Prozesse notwendig, die sich ggf. auf den Katalog der "Best Business Practices" auswirkt und zu entsprechenden Anpassungen von Prozessen und Systemmerkmalen führt. Neue Anforderungen, die sich aus den laufenden Operationen ergeben, können sich in gleicher Weise auf die Bewertung der modellierten Prozesse auswirken oder gar eine abermalige Analyse und Modellierung notwendig machen.

Abb. 4.1
Vorgehensweise weltweiter Analysen

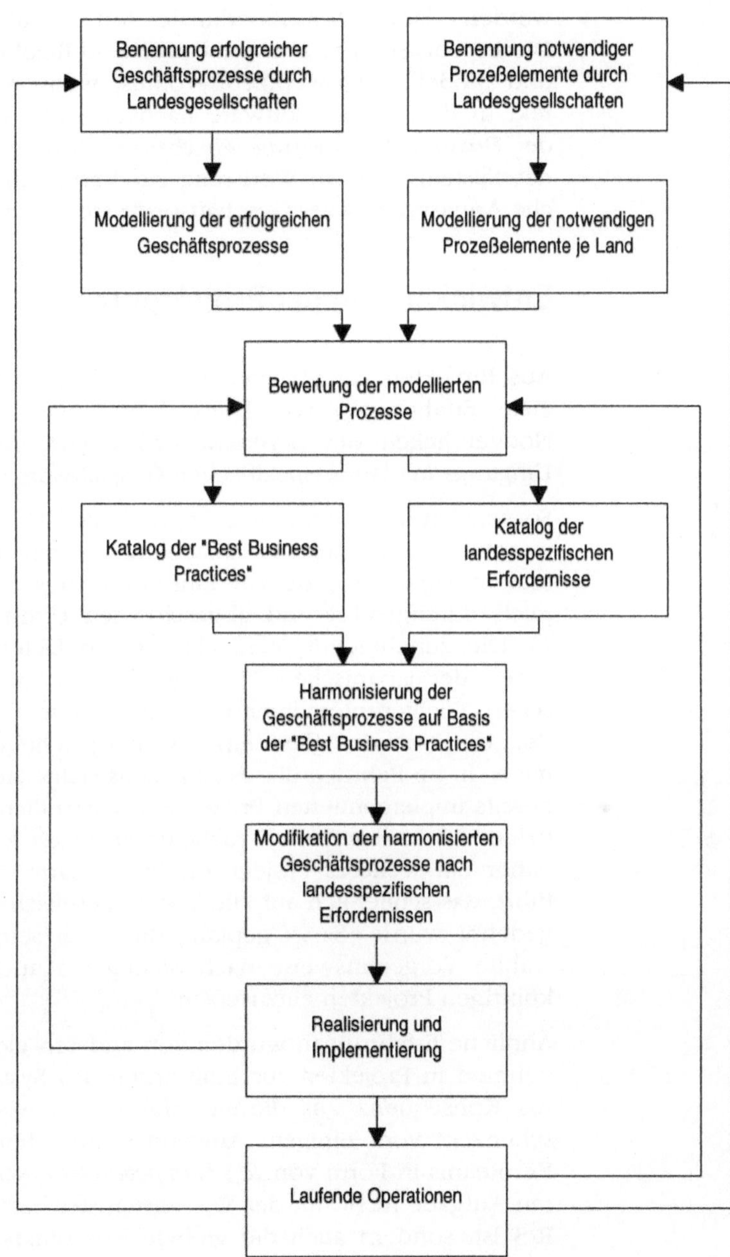

Im Sinne eines *„kontinuierlichen Prozeßverbesserungsprozesses"* werden damit Prozeßmerkmale fortlaufend weiterentwickelt. Dieses Vorgehen setzt ein entsprechend flexibles Konfigurations- und Modellierungswerkzeug voraus, wenn Verbesserungen direkt in der Standardsoftware nachvollzogen werden sollen. Mit der *Business Engineering Workbench (BEW)* steht im Release 3.0 des Systems R/3 ein Werkzeug zur Verfügung, das kontinuierliche Anpassungen der Geschäftsprozesse erlaubt.[6]

5 Entwicklung in der Projektpraxis

Aus Projekten zur globalen Einführung des Systems R/3 liegen erste Erfahrungen vor. Diese Erfahrungen unterstreichen die Notwendigkeit der Berücksichtigung von und des sinnvollen Umgangs mit landesspezifischen Geschäftsprozessen.

So wurden in einem global operierenden Unternehmen der Automobilbranche zunächst unabhängig voneinander in den USA und in Japan Projekte zur Einführung des Systems R/3 erfolgreich durchgeführt und abgeschlossen (entsprechend Strategie 1). Die zunehmende Verflechtung von Lieferbeziehungen zwischen der japanischen Muttergesellschaft und dem amerikanischen Tochterunternehmen brachte jedoch bereits nach kurzer Zeit die Notwendigkeit eines weitergehenden Prozeßabgleichs mit sich. Im Rahmen dieses Abgleichs stellte sich heraus, daß die bereits implementierten Prozesse in wesentlichen Teilen eine effiziente Zusammenarbeit nicht unterstützen konnten. Es wurde daher ein weiteres Projekt zur Prozeßharmonisierung durchgeführt, das schließlich auf alle Tochtergesellschaften weltweit ausgedehnt wurde. Es ist geplant, die in diesem Folgeprojekt gewählte Vorgehensweise nach Strategie 3 auch in anderen zukünftigen Projekten einzusetzen.

Ähnliche Erfahrungen wurden von anderen global tätigen Unternehmen in Projekten zur Einführung des Systems R/3 gemacht. Als Konsequenz aus diesen Erfahrungen werden in der Zwischenzeit von einigen Anwenderunternehmen eigenständige Kernteams in Form von *R/3 Competence Centers* eingerichtet, deren Aufgabe nicht nur der Wissenstransfer bezüglich des Systems R/3 ist, sondern auch die globale Koordination von Geschäftsprozessen analog der beschriebenen Strategie 3. In bestimmten Fällen werden gar *gemeinsam* von der SAP AG und dem Anwenderunternehmen *Customer Support Centers* eingerichtet, die diese Aufgaben übernehmen. Auch deren Aufgabe besteht zunehmend in der kontinuierlichen Entwicklung und globalen Harmonisierung von Prozessen neben deren Implementation im System R/3. Der oben bereits angeführten *Business Engineering Workbench* kommt im Rahmen dieser Aufgaben eine besondere Bedeutung zu.

6 Resümee und Ausblick

Die Problematik landesspezifischer Geschäftsprozesse bei der globalen Einführung des Systems SAP R/3 verdient eine hohe Aufmerksamkeit. Erfahrungen aus der Unternehmenspraxis wie konzeptionelle Überlegungen legen dabei eine Vorgehensweise im Projekt nahe, die auf landesspezifische Geschäftsprozesse nicht nur passiv reagiert, sondern deren nutzenstiftendes Potential aktiv nutzt. Die in diesem Beitrag vorgestellte Vorgehensweise stellt einen möglichen Weg dar, um die in den landesspezifischen Prozessen liegenden Lernpotentiale zu aktivieren, um "Best Business Practices" zu identifizieren und damit auch um Wettbewerbsvorteile für globale Unternehmen zu generieren.

Diese Ergebnisse sind nicht nur für die Unternehmenspraxis, sondern auch für die organisationswissenschaftliche Forschung von Interesse. Methodisch gesicherte Erkenntnisse über die Zusammenhänge zwischen Prozeßstrukturen, landesspezifischen Rahmenbedingungen und dem Erfolg von Unternehmen liegen nämlich bislang praktisch nicht vor. Eine nähere Untersuchung dieser Problematik liegt daher nicht nur aus unternehmenspraktischen, sondern auch aus wissenschaftlichen Gründen nahe.

Anmerkungen

1 Unter Geschäftsprozeß sei eine Kette von Aktivitäten verstanden, die durch ein oder mehrere Ereignisse (Zustände) ausgelöst wird und ein oder mehrere Ergebnisse (Zustände) generiert, die für einen internen oder externen Kunden von Wert sind. Ähnlich, etwas weniger exakt, definieren etwa Hammer und Champy (1993), S. 35: "a collection of activities that takes one or more kinds of input and creates an output that is of value to the customer".

2 Die Einflußfaktoren auf Geschäftsprozesse und die Auswirkungen dieser Faktoren auf die Einführung von Standardsoftware in globalen Unternehmen wird von den Autoren in einem Forschungsprojekt näher untersucht. In diesem Zusammenhang werden auch bereits vorliegende Forschungsergebnisse diskutiert, die in Relation zu dieser Thematik stehen und auf die in diesem Beitrag nicht weiter eingegangen werden kann. So werden etwa im Rahmen des situativen Ansatzes der Organisationswissenschaften die Zusammenhänge zwischen Kontextfaktoren und formaler Organisationsstruktur seit längerem untersucht, vgl. dazu Kieser und Kubicek (1992), insb. S. 207-225. Die Erfolgsfaktorenforschung versucht, Bedingungen zu identifizieren, die den Erfolg von Unternehmen beeinflussen; vgl. Grimm (1983), S. 21. Trotzdem liegen hinsichtlich der Wirkungen von Einflußfaktoren auf die Struktur von *Geschäftsprozessen* bisher praktisch keine empirischen Erkenntnisse vor.

3 Die Übersicht über alle Dimensionen dient lediglich der Einordnung der landesspezifischen Einflußfaktoren in einen Gesamtzusammenhang. Die übrigen Dimensionen werden daher an dieser Stelle nicht näher erläutert. Methodisch gesicherte oder empirisch unterstützte Erkenntnisse zur Klassifikation von Einflußfaktoren liegen praktisch nicht vor. Viele Beiträge zum Thema der internationalen Unternehmensführung enthalten aber mehr oder weniger explizit Hinweise auf solche Einflußfaktoren oder beleuchten einzelne Zusammenhänge näher; vgl. bspw. Meffert und Bolz (1992), Sauvant und Aranda (1992), Senti (1992), Welge (1992), Macharzina (1992).

4 Wenige Veröffentlichungen setzten sich bisher mit der konkreten Projektorganisation einer Geschäftsprozeßoptimierung im Zusammenhang mit der globalen Einführung eines Anwendungssystems auseinander. Eine Ausnahme sind etwa Ban und Ito (1995), die dazu Erfahrungen der Firma MELCO (Mitsubishi Electrical Co.) berichten.

5 Vgl. zum Lead-Country-Ansatz Kreutzer (1987).

6 Vgl. SAP AG (1996), Zencke (1996).

Literatur

Ban, Kazuma/Ito, Toshio (1995): Reengineering de kaisha wo syuugoutensai ni kaeru hon, Tokyo.

Grimm, U. (1983): Analyse strategischer Faktoren, Wiesbaden.

Hammer, Michael/Champy, James (1993): Reengineering the Corporation. A Manifesto for Business Revolution, New York.

Kieser, Alfred/Kubicek, H. (1992): Organisation, 3. Aufl., Berlin/New York.

Kreutzer, Ralf T. (1987): Lead-Country-Konzept: Ansatz einer internationalen Marketing-Steuerung, in: WiSt Wirtschaftswissenschaftliches Studium, 8. Jg., S. 416-419.

Kumar, Brij/Haussmann, Helmut (Hrsg.) (1992): Handbuch der internationalen Unternehmenstätigkeit, München.

Macharzina, Klaus (1992): Organisation der internationalen Unternehmenstätigkeit, in: Kumar, Brij/Haussmann, Helmut (Hrsg.): Handbuch der internationalen Unternehmenstätigkeit, München, S. 591-608.

Meffert, Heribert/Bolz, Joachim (1992): Globalisierung des Marketing bei internationaler Unternehmenstätigkeit, in: Kumar, Brij/Haussmann, Helmut (Hrsg.): Handbuch der internationalen Unternehmenstätigkeit, München, S. 657-684.

SAP AG (Hrsg.) (1996): Business Engineering Workbench. Efficient R/3 Implementation (3 CD-ROM), Walldorf.

Sauvant, Karl P./Aranda, Victoria (1992): Der internationale Rechtsrahmen für transnationale Unternehmen, in: Kumar, Brij/Haussmann, Helmut (Hrsg.): Handbuch der internationalen Unternehmenstätigkeit, München, S. 71-98.

Senti, Richard (1992): Zölle und nichttarifäre Handelshemmnisse, in: Kumar, Brij/Haussmann, Helmut (Hrsg.): Handbuch der internationalen Unternehmenstätigkeit, München, S. 121-140.

Welge, Martin K. (1992): Strategien für den internationalen Wettbewerb zwischen Globalisierung und lokaler Anpassung, in: Kumar, Brij/Haussmann, Helmut (Hrsg.): Handbuch der internationalen Unternehmenstätigkeit, München, S. 569-590.

Zencke, Peter (1996): Model-driven configuration of the R/3 System to meet today´s changing business needs, in: SAP info focus March 1996: Continuous Business Engineering, S. 6-9.

Geschäftsprozeßoptimierung mit SAP R/3 bei Finanzdienstleistern

Dipl.-Kfm. Herbert Rohlfing
Fa. CSC Ploenzke Consulting GmbH, Wiesbaden

1 Der SAP-Einsatz bei Finanzdienstleistern

Seit etwa Mitte der achtziger Jahre finden SAP-Produkte verstärkten Einsatz auch bei Finanzdienstleistern (Banken, Versicherungen und Leasinggesellschaften). Insbesondere seit Einführung des auf einer Client/Server-Architektur basierenden SAP R/3-Systems steigt der Einsatz von SAP-Modulen bei Finanzdienstleistern rapide an.

Dabei sind es primär Anwendungen im Rechnungswesen (Back Office), die durch SAP R/3 abgelöst werden. In Frage kommen hier vor allem die Module FI-GL (Hauptbuchhaltung), AM (Anlagenbuchhaltung) und CO-CCA (Kostenstellenrechnung).

Diese Module bieten den Vorteil, daß sie weitgehend branchenunabhängig eingesetzt werden können. Obwohl ursprünglich für Industriebelange konzipiert, können FI, AM und CO-CCA auch für Finanzdienstleister verwendet werden.

Über das übliche Customizing hinausgehende Anpassungen können mit Hilfe der SAP-Entwicklungsumgebung vorgenommen werden, sind aber nach unseren Erfahrungen nur im begrenzten Umfang notwendig.

Von der SAP-Einführung im Rechnungswesen versprechen sich die Finanzdienstleister folgende Vorteile:

Vorteile der SAP-Einführung im Rechnungswesen

- Verringerter Abstimmungsaufwand zwischen den Anwendungen durch die Integration der Module und Prozesse;
- Transparenz der Prozesse durch die Dokumentation im R/3-Referenzmodell;
- Optimierung der Geschäftsprozesse durch Vorgabe von Standards.

Die Konzentration des SAP-Einsatzes auf die sekundären Geschäftsprozesse im Rechnungswesen wurde in der Vergangenheit von den Finanzdienstleistern damit begründet, daß die Geschäftsprozesse nicht wettbewerbskritisch sind, d.h. sie betreffen nicht die Schnittstelle Finanzdienstleister/Kunde. Mit diesen Prozessen kann sich der Finanzdienstleister bei seinen Kunden nicht gegenüber Wettbewerbern abgrenzen.

Diese Focussierung auf das Back Office hat sich geändert, seit SAP mit den Modulen IS-IS (Industry Solution Insurance) und

TR-TM (Treasury) auch Lösungen für das Front Office, d.h. die primären Geschäftsprozesse von Finanzdienstleistern, anbietet.

Die folgende Grafik zeigt zusammenfassend, welche Anwendungen bei Finanzdienstleistern durch SAP-Lösungen unterstützt werden können:

Abb. 1.1
Unterstützung von Anwendungen bei Finanzdienstleissern durch SAP

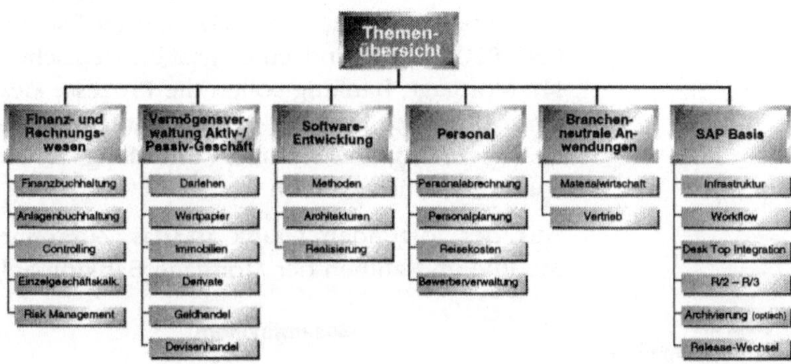

Auch für Finanzdienstleister gilt, daß ein nachhaltiger Nutzen einer SAP-Einführung nur durch ein begleitendes Redesign von Geschäftsprozessen erreicht werden kann. Eine Beibehaltung vorhandener Abläufe würde lediglich eine 'Elektrifizierung' vorhandener Unzulänglichkeiten bedeuten.

Schwerpunkt bei der Prozeßoptimierung bildet dabei das Design der Sollprozesse. Istprozesse werden nur erhoben, um die vom Projekt betroffenen Prozesse zu identifizieren.

Das Design der Sollprozesse erfolgt auf Basis der im R/3-Referenzmodell beschriebenen Geschäftsprozesse. Über das Customizing hinausgehende Abweichungen vom SAP-Standard sollten möglichst unterbleiben. Es sollte eher versucht werden, die betrieblichen Abläufe an die R/3-Geschäftsprozesse anzupassen.

2 SAP-Lösung für Hypothekenbanken

Eine Weiterentwicklung der oben erwähnten Module IS-IS und TR-TM stellt die Standardlösung **'Mortgage Banking'** für Hypothekenbanken dar, eine Gemeinschaftsentwicklung von SAP, CSC PLOENZKE und einer großen deutschen Hypothekenbank. Mit Mortgage Banking sollen die Prozesse des Aktiv- und Passivgeschäftes, des Derivate-, Geld- und Devisenhandels ebenso wie des Rechnungswesens und Controllings in einer integrierten Lösung unterstützt werden.

Aus der folgenden Grafik ist das Zusammenwirken der SAP-Module im Rahmen der Mortgage Banking-Solution ersichtlich:

Abb. 2.1 Zusammenwirken der SAP-Module im Rahmen der Mortgage Banking- Solution

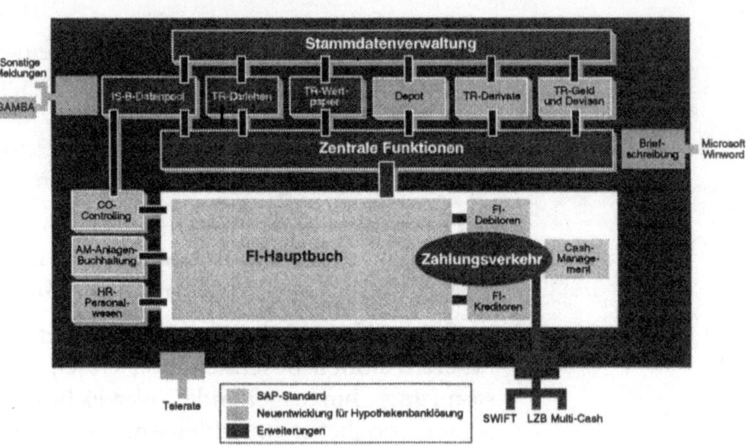

Mit Mortgage Banking wird erstmalig eine integrierte Standardlösung auf SAP-Basis angeboten, die alle wesentlichen primären und sekundären Geschäftsprozesse einer Hypothekenbank umfaßt. Mortgage Banking ist durchgängig releasefähig zu den SAP-Weiterentwicklungen. Wettbewerbsdifferenzierende Erweiterungen können mittels der SAP-Entwicklungsumgebung geschaffen werden.

Die Grundfunktionen in der Darlehens- und Wertpapierbearbeitung des SAP-Standards wurden gezielt um hypothekenbankspezifische Besonderheiten erweitert.

Dabei wurden aus DV-technischer Sicht zwei Methoden verwendet:

- gekapselte, vom Standard unabhängige, funktionale Erweiterungen;
- über User-Exits in den Standard integrierte Erweiterungen.

Dadurch ist sichergestellt, daß das System nicht nur releasefähig bleibt, sondern auch von den Weiterentwicklungen des Standards profitiert.

Die Depotbuchhaltung ist ein umfangreiches Modul zum stükkemäßigen Verwalten sowohl von Kundenbeständen als auch von eigenen Beständen. Sie ist wiederum durch **User-Exits** sehr eng mit der wertmäßigen Wertpapierverwaltung des SAP-Standards verbunden. Aber auch die Integration zur Partnerverwaltung und zu den zentralen Funktionen ist gegeben.

Weitere Module, wie Kontokorrent oder Spar, sind in Vorbereitung.

Die Korrespondenz erfolgt über eine integrierte Winword®-Schnittstelle. Die Integration wurde hier DV-technisch mit dem SAP Standard-Protokoll RFC (Remote Function Call) realisiert. Damit ist es z.B. möglich, im Rahmen der Darlehensbearbeitung ein Angebotsschreiben am Arbeitsplatz zu erzeugen und es dann ggf. weiterzubearbeiten.

Der SAP-Zahlungsverkehr wurde erheblich erweitert. Zur effizienten Unterstützung des 4-Augenprinzips ist die Zahlungsvorschlagsliste durch ein Online-Freigabeverfahren ersetzt worden. Der Anschluß an SWIFT®, LZB oder MULTICASH-Format ist ebenso in Vorbereitung wie Netting-Algorithmen, Leitwegsteuerung und erweiterte Avisierung. Sämtliche Funktionen können durch den Sachbearbeiter dezentral gesteuert werden.

Der Data-Feed für Kurs-, Zins- und Deviseninformationen ist über Telerate realisiert.

Das Meldewesen erfolgt zum größten Teil mit der Standardsoftware SAMBA®. Dabei wird der SAMBA®-Nachbearbeitungsteil aus den relevanten Modulen versorgt. Daneben werden auch andere Meldungen, wie z.B. nach §9 WPHG, unterstützt.

Die SAP-Branchenlösung für Banken, IS-B (Industry Solution Banking), arbeitet mit denselben Datenstrukturen wie die Treasury-Module. Die funktionale Integration wurde im Rahmen der Hypothekenbanklösung geschaffen. Dadurch ist es z.B. möglich, automatisch während der Darlehensbearbeitung die Margenkalkulation des IS-B anzustoßen und die errechneten Margen zu übernehmen.

3 SAP-Einführung bei einer US-Großbank

Als ein Beispiel aus unserer Beratungspraxis wird im folgenden die erste SAP-Einführung bei einer US-Großbank beschrieben. Dieses SAP-Projekt umfaßte die Module FI-GL (Hauptbuch), FI-X/GL (Erweitertes Hauptbuch), AM (Anlagenbuchhaltung), PS (Projektsystem), MM-PUR (Beschaffung), PM (Plant Maintenance), CO-CCA (Kostenstellenrechnung), CO-PCA (Profitcenterrechnung) sowie IS-B (Industry Solution Banking). Die Einführung erfolgte auf Basis des SAP R/3 Releases 3.0.

Für alle Beteiligten (Bank, Beratungsfirmen und SAP) stellte dieses Projekt eine besondere Herausforderung dar:

- Da es sich um die erste SAP-Einführung bei einer US-Großbank handelte, war zu Beginn des Projektes nicht sicher, in welchem Umfang die SAP-Module die bankspezifischen Geschäftsprozesse unterstützen würden.
- Die von der Bank geforderte Unterstützung aller Geschäftsprozesse im Beschaffungswesen, Rechnungswesen und Controlling erforderte die Einführung nahezu aller SAP-Module, die für eine Geschäftsbank in Frage kommen. Die dadurch bedingte fachliche Komplexität des Projektes stellte wiederum besondere Herausforderungen an die Projektorganisation.
- Ein weiterer Einflußfaktor, der die Komplexität des Projektes erhöhte, war die Anzahl der Konzerngesellschaften (ca. 250 Gesellschaften weltweit), für die SAP eingeführt werden sollte. Davon erforderten allerdings nur 40 Gesellschaften einen 'echten' Konfigurationsaufwand. Bei den übrigen Konzerngesellschaften handelte es sich im wesentlichen um Grundstücksgesellschaften bzw. kleinere Auslandstöchter, für die ein Minimalcustomizing ausreichte.
- Das Bank-Controlling sollte durch das neue SAP-Modul IS-B (Industry Solution Banking) abgedeckt werden. Dieses Modul war erst im Herbst 1996 für deutsche Kunden ausgeliefert worden. Im Rahmen des Projektes mußte eine Anpassung des IS-B an die Anforderungen des US-Marktes vorgenommen werden, wobei die Bank die Rolle eines Pilotkunden spielte.

Mit diesem umfangreichen Projekt verfolgte die Bank im wesentlichen folgende Ziele:

Projektziele

- Vereinheitlichung der historisch gewachsenen Anwendungslandschaft im Finanz- und Rechnungswesen;
- damit verbunden eine Reduzierung der Schnittstellen und des Abstimmungsaufwandes;
- konzernweite Vereinheitlichung der Prozesse in Beschaffung, Rechnungswesen und Controlling;
- Zusammenführung der drei bisher separaten Datenbanken für das Hauptbuch, die Konsolidierung und das Controlling.

Vor Projektstart war - unabhängig vom SAP-Projekt - von der Bank eine Bestandsaufnahme der Prozesse im Rechnungswesen vorgenommen worden. Ergebnis waren ein Datenmodell sowie ein Prozeßmodell mit den künftigen Sollfunktionen.

SAP-Einführung bei einer US-Großbank

Da das SAP-System konzern- und weltweit eingeführt werden sollte, wurde besonderer Wert auf eine Vereinheitlichung der Prozesse gelegt. Zu diesem Zweck wurde in einer ersten Projektphase ein Global Design entworfen, das die wesentlichen Organisationsstrukturen des SAP-Systems (u.a. Kostenrechnungskreis, Buchungskreise, Stammdaten) sowie die globalen Prozesse umfaßte.

globale Prozesse

Globale Prozesse sind konzernweit einheitliche Prozesse mit gleichem Ablaufschema. Hierzu gehören z.B. die Beschaffungsprozesse und die Prozesse im Rechnungswesen, sofern diese nicht von nationalen Rechnungslegungsvorschriften beeinflußt werden. Kostenrechnungsprozesse, z.B. Verteilungszyklen, waren dagegen bei den einzelnen Konzerngesellschaften aufgrund geschäftspolitischer Besonderheiten häufig unterschiedlich ausgeprägt.

Diese erste Projektphase des Global Design nahm einen Zeitraum von etwa sechs Monaten in Anspruch. Im Projektteam waren Teammitglieder aus den wichtigsten Konzerngesellschaften vertreten, um die Allgemeingültigkeit der definierten Prozesse sicherzustellen. Nach Abschluß des Global Design wurde SAP nach und nach bei allen Konzerngesellschaften eingeführt. Dabei wurde jede Konzerngesellschaft jeweils vollständig auf SAP umgestellt.

Zu Beginn einer jeden SAP-Einführung wurde von der betreffenden Konzerngesellschaft eine **Validierung der globalen Prozesse** durchgeführt. Dabei sollte geprüft werden, ob die globalen Prozesse die Anforderungen der Konzerngesellschaft unterstützen. Es galt der Grundsatz, daß die Prozesse in den Konzerngesellschaften an die globalen Prozesse anzupassen sind. Abweichungen von diesem Grundsatz waren nur bei geschäftspolitischen bzw. gesetzlichen Notwendigkeiten zulässig.

Als zentrales Dokumentationstool wurde Lotus Notes ausgewählt. Neben der Dokumentationsfunktion sollte Lotus Notes auch die Projektorganisation unterstützen:

- Für jeden Geschäftsprozeß wurde ein sog. 'Script' angelegt. Gegliedert nach SAP-Modulen ergab sich folgende Anzahl von Geschäftsprozessen (Scripts):

CO-CCA	20 Scripts
CO-PCA	3 Scripts
FI-GL	20 Scripts
AM	15 Scripts
FI-AP	17 Scripts
PM	8 Scripts
PS	12 Scripts
MM-INV	4 Scripts
MM-PUR	5 Scripts
Integrierte Prozesse	30 Scripts

- Durch die Dokumentation in Lotus Notes wurde die Validierung der globalen Prozesse wesentlich erleichtert. Die Scripts konnten als Basis für die Prozeßabstimmungen mit den Konzerngesellschaften verwendet werden.
- Die Scripts dokumentierten den „Werdegang" eines Prozesses:
  - Istbeschreibung
  - Sollbeschreibung
  - Abgleich der Sollfunktionen mit der SAP-Funktionalität User Acceptance Test einschließlich Abnahme durch Key User
  - Beschreibung des Prozeßablaufs im SAP-System (End User-Dokumentation als Basis für Schulungsunterlagen)
  - Durch diesen Aufbau der Scripts konnte deren Status („noch nicht begonnen", „in Arbeit!", „fertiggestellt", „abgenommen") als Gradmesser für das Erreichen von Meilensteinen und den aktuellen Projektstand verwendet werden.

Für jeden Geschäftsprozeß (Script) wurden vier Sections angelegt, die nachfolgend beschrieben werden:

Sections eines Geschäftsprozesses

Section A
Diese Section beinhaltete eine **Beschreibung des gegenwärtigen Ist-Prozesses sowie des reenginierten Soll-Prozesses**. Bereits bei der Beschreibung der Ist-Prozesse wurde versucht, auf mögliche Probleme bei der SAP-Installation, z.B. das Mengengerüst, einzugehen. Außerdem wurden die derzeitigen Schwachstellen im Prozeßablauf beschrieben.

Bei der Beschreibung der Soll-Prozesse wurden auch die wesentlichen Abweichungen vom Ist einschließlich einer Begründung festgehalten. Die Sollprozesse wurden unabhängig von der späteren Übernahme auf SAP beschrieben.

Sowohl die Dokumentation der Ist- als auch der Sollprozesse erfolgte unter Beantwortung folgender Fragen:

Was:	Definition des Prozesses
Wer:	Personen bzw. Rollen, die in den Prozeßablauf eingebunden sind
Wo:	Gültigkeit des Prozesses (konzernweit oder nur auf einzelne Konzerngesellschaften bezogen)
Wann:	Häufigkeit, in der der Prozeß ausgeführt wird, z.B. täglich, monatlich usw.
Warum:	Gründe, weshalb der Prozeß benötigt wird, z.B. gesetzliche Anforderungen, Lieferung von Informationen für die Geschäftssteuerung; auch Nutzenüberlegungen wurden hier dokumentiert.
Wie:	Beschreibung des Prozessablaufs

Section B
In dieser Section wurden die **einzelnen Funktionen des Soll-Prozesses mit dem Funktionsumfang des entsprechenden SAP-Modules abgeglichen**. Jede Funktion wurde im Detail beschrieben und der entsprechenden SAP-Transaktion gegenübergestellt.

Falls eine Funktion unzureichend oder gar nicht durch SAP abgedeckt wurde, stand zunächst eine Anpassung der bankbetrieblichen Prozesse im Vordergrund. Erst wenn dies nicht möglich war, wurde eine entsprechende, über das eigentliche Customizing hinausgehende, Änderung im SAP-System vorgenommen.

Beispielsweise war für das externe Meldewesen ein sog. Regulatory Type erforderlich, der im SAP-Standardumfang nicht vorgesehen ist. Hier wurde ergänzend zur Erfassungstransaktion in der Finanzbuchhaltung ein zusätzlicher Subscreen aufgebaut.

Ein anderes Beispiel: Der Schlüssel für Bankprodukte wurde im Material-Stammsatz des Modules MM abgebildet.

Beide Lösungen waren von vornherein als Zwischenlösungen konzipiert, da diese Anforderungen künftig durch das IS-B-Modul abgedeckt werden.

Im Verlauf des Projektes zeigte sich auch, daß einzelne Prozesse durch SAP nicht zufriedenstellend abgedeckt werden konnten. Dies war z. B. bei der Kostenstellenplanung der Fall. Hier wurde das Altsystem beibehalten und die Planungsdaten über eine Schnittstelle ins SAP-System übergeleitet.

Ein weiterer Abschnitt in Section B war für die Dokumentation der Userprofile vorgesehen. Hier wurden alle Rollen und Userprofile (Berechtigungen) dokumentiert, die für die Durchführung des Prozesses notwendig sind.

Section C
Diese Section diente zur **Testdokumentation**.

Test und Abnahme der Prozesse durch die Key User (Process Owner) erfolgte im Rahmen eines User Acceptance Testes, der in einen User Test und einen Integrations Test unterteilt war.

Im User Test wurden einzelne Prozesse getestet, z.B. der Buchungsprozeß im FI-Hauptbuch. Die Testdokumentation umfasste:

- die Eingabedaten für jedes Eingabefeld;
- erwartete Ergebnisse;
- tatsächliche Ergebnisse;
- beim Testen aufgetretene Probleme;
- Kommentare.

Über die Lotus Notes Link-Funktion wurde eine Verbindung von der Testdokumentation zur Lotus Notes „Issue Database" aufgebaut, in der alle offenen Probleme und Fragen festgehalten wurden. Jedes Teammitglied hatte die Möglichkeit, Lösungsvorschläge zu den in der „Issue Database" dokumentierten Problemen zu unterbreiten.

Der Integration Test als zweiter Teil des User Acceptance Testes wurde ebenfalls in der Section C dokumentiert. Dieser Test umfaßte die integrierten Prozesse, d.h. solche Prozesse, die mehr als ein SAP-Modul umfaßten. Die zu einem integrierten Prozeß gehörenden Teilprozesse waren i.d.R. schon im Unit Test getestet worden, so daß im Integration Test nur noch das Zusammenwirken der Einzelprozesse überprüft werden mußte.

In Section C wurde auch die Abnahme des Prozesses durch den Key User festgehalten, d.h. dessen Name und das Datum der Abnahme.

Da für jeden Prozeß mehrere Testfälle denkbar waren, war die Section C als 'multiple' Section angelegt.

Section D

Diese Section diente dazu, den **Ablauf des Prozesses im SAP-System** zu dokumentieren. Die Beschreibung beinhaltete die Reihenfolge der im SAP-System auszuführenden Aktivitäten sowie die Menüpfade zum Auswählen der Transaktionen.

Zum einen wurde die Section D als Handbuch und Leitfaden für die Enduser verwendet, zum anderen bildete sie die Grundlage für den Aufbau eines computergestützten Trainings.

Resümee

Auch wenn nicht alle anfangs geplanten Einsatzmöglichkeiten durch SAP realisiert werden konnten, zeigte sich insgesamt, daß die Prozesse im Beschaffungs-, Rechnungswesen und Controlling der Bank durch SAP gut unterstützt wurden. Allerdings konnten die von der SAP-Einführung erhofften Einsparungen bei der Mitarbeiterzahl nicht in vollem Umfang realisiert werden.

Einerseits wurden durch das Prozeß-Reengineering sowie durch die Integration der SAP-Module Arbeitsabläufe vereinfacht und Mitarbeiterkapazitäten freigesetzt. Andererseits mußten jedoch zusätzliche Mitarbeiter für die laufende Betreuung des SAP-Systems, für die Hardware und Basissoftware (Unix) und das Datenbanksystem (Oracle) eingesetzt werden. Da es sich hier i.d.R. um hochqualifizierte Mitarbeiter mit entsprechendem Gehaltsniveau handelt, wurden die realisierten Einsparungspotentiale zu einem erheblichen Teil wieder aufgezehrt.

Mit der Dokumentation der Prozesse in Lotus Notes wurden ebenfalls gute Erfahrungen gemacht. Zwar lag der Dokumentation keine Methode, wie z.B. die Ereignisgesteuerten Prozeßketten (EPK) zugrunde, aber als pragmatische Lösung wurde Lotus Notes schnell von den Teammitgliedern und von den Endusern akzeptiert. Ein weiterer Vorteil war, daß auf umfangreiche Methoden- und Toolschulungen - Lotus Notes wurde bereits im Hause eingesetzt - verzichtet werden konnte.

Als Nachteil mußte in Kauf genommen werden, daß die Dokumentationen in Teilbereichen methodisch nicht „sauber" waren, z.B. wurden Prozesse nicht in einem einheitlichem Detaillierungsgrad beschrieben. Um diesen Nachteil auszugleichen, wurden einige Berater als Integration Architects eingesetzt. Sie hatten u.a. die fachliche Integrität und Konsistenz der dokumentierten Prozesse zu überwachen. Vor dem Hintergrund der mit der Prozeßdokumentation beabsichtigten Ziele - Abgleich der Prozeßfunktionen mit der SAP-Funktionaliät - erwies sich der Lotus Notes-Einsatz als optimaler Kompromiß.

Migration von SAP R/2 nach SAP R/3

Dipl.-Oec. Bülent Uzuner

Fa. CSC Ploenzke Informatik GmbH, Niederlassung Bremen

1 Einleitung

Eine SAP R/3-Einführung beinhaltet in der Regel auch immer eine Datenmigration, da in den seltensten Fällen eine Einführung auf der „grünen Wiese" durchgeführt wird. Sowohl bei einer Migration von SAP R/2 als auch bei einer Migration von SAP-fremden Systemen wird in jedem Falle ein Datentransfer vom Alt- zum Neusystem erforderlich. Auch bei einem Systemwechsel innerhalb von SAP (R/2 nach R/3) handelt es sich immer gleichzeitig um eine Neueinführung des R/3-Systems mit zusätzlicher Datenübernahme aus dem Altsystem. Hierbei ist es weitgestgehend unerheblich, ob es sich bei dem Altsystem um R/2 oder ein anderes System handelt. Der Unterschied ist lediglich darin zu sehen, daß bei einem Wechsel von R/2 nach R/3 die Möglichkeit besteht, die SAP-Standard-Migrationstools einzusetzen. Inzwischen wird hier auch keine große Differenz mehr zwischen R/2 4.3 und R/2 5.0 gemacht.

Eine Migration nach R/3 ist in jedem Falle, unabhängig vom Vorsystem, auch die Chance eine Bereinigung der Altdaten durchzuführen. Nichts ist in einem Unternehmen beständiger als deren Daten und Informationen, aber dennoch birgt eine reine 1:1-Migration die Gefahr auch unvollständige, nicht mehr benötigte und veraltete Daten zu übernehmen. Nicht zuletzt durch die Altdatenbereinigung kann der zu migrierende Datenbestand reduziert werden, was wiederum eine Verminderung der Datenübernahmezeit bewirkt.

Die Migration ist immer nur eine Teilphase innerhalb eines R/3-Einführungsprojektes. Abhängig von der Geschäftsstrategie werden in der Regel die Organisationsabläufe und die Informationsflüsse neu definiert, so daß auf dieser Basis auch das Customizing im R/3-System durchgeführt werden kann (siehe Abbildung 1.1). Auch wenn kein Business Process Reengineering in radikalem Sinne erfolgt, wird in den allermeisten Fällen zumindest ein Business Process Improvement durchgeführt und im Rahmen der Systemumstellung erforderliche Veränderungen realisiert. Das können im einfachsten Falle ein neuer Kontenplan oder eine neue Kostenstellenstruktur sein. Eine technische Migration bedeutet in jedem Falle nur die Migration der Daten und nicht der Funktionen und der Einstellungen (Systemparametrisierung).

Abb. 1.1
Projektteilphasen bei einer R/3-Einführung

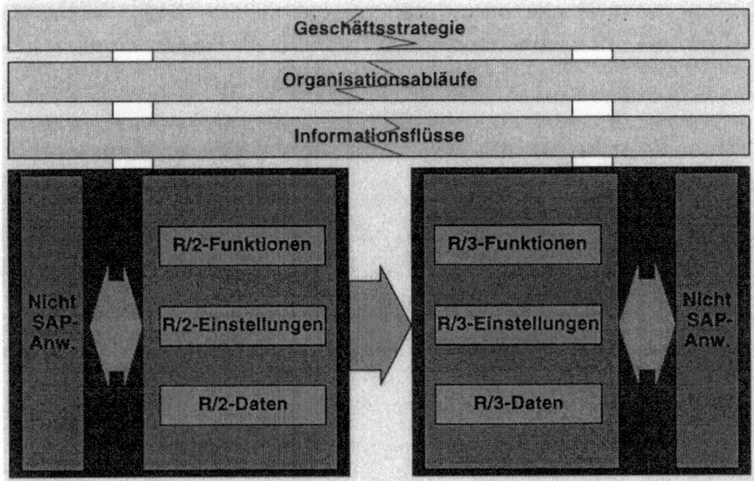

Das R/3-System ist ein komplett neu entwickeltes, prozeßorientiertes System mit einem neuen relationalem Datenbankdesign, das in allen Funktionen neu programmiert wurde[1].

Eine Migration nach R/3 ist von daher eine nicht zu unterschätzende Aufgabe. Die folgenden Seiten zeigen auf, welche Komplexität hinter einem solchem Vorhaben steckt.

2 Migrationsstrategien

Es muß in jedem R/2-R/3 Migrationsprojekt individuell, je nach Rahmenbedingungen und Restriktionen festgelegt werden, wie migriert werden soll. Grundsätzlich sind folgende Migrationsszenarien denkbar:

- Migration im Batch-Input-Verfahren (BTCI),
- Migration mit direktem update auf der Datenbank,
- manuelle Datenübernahme oder
- Kombination: BTCI und direktem update auf der Datenbank mit oder ohne manueller Datenübernahme.

1 Schäfer, Michael (SAP AG): Migration: Ein Überblick, Präsentation beim Internationalen Migrationsforum der SAP AG im April 1996, S. 18.

Haupteinflußfaktoren für die Frage der Migrationsstrategie sind die

- einzusetzenden Applikationen,
- das Datenvolumen und
- die grundsätzliche Vorgehensweise.

Die SAP-Standard-Migrationstools unterstützen nicht alle Applikationen, so daß diese Restriktion die Auswahl der einzusetzenden Migrationsstrategie eingrenzt (siehe 3.2.2. Restriktionen).

Das Datenvolumen ist deshalb ebenso ein Einflußfaktor für die Migrationsstrategie, weil das BTCI-Verfahren bei einem hohen Datenvolumen nicht mehr in einem vertretbarem Zeitaufwand eingesetzt werden kann (siehe Abbildung 2.1).

Abb. 2.1
Datenvolumen

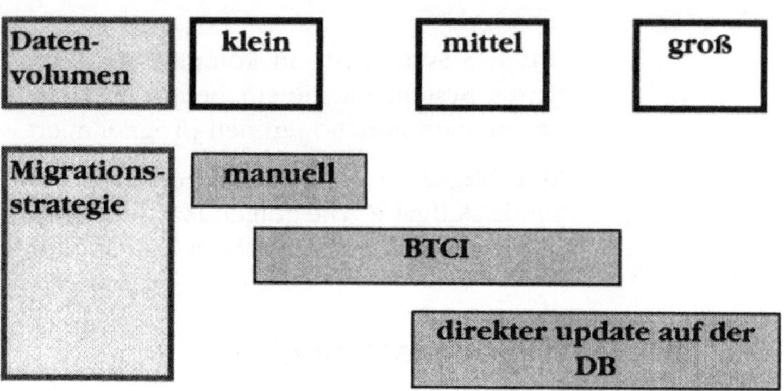

Wenn die Vorgehensweise „Big Bang“ heißt, ist bei mittelgroßen bis sehr großen Datenvolumen in der Regel nicht an ein BTCI-Verfahren zu denken. Ein „Little Bang“, d.h. temporär versetzte Produktivtermine der einzelnen Applikationen, kann durchaus auch bei mittelgroßen bis großen Datenvolumen mit dem BTCI-Verfahren durchgeführt werden.

Das zukünftige und das vergangene Reorganisationskonzept können ebenfalls die Migrationsstrategie beeinflussen. Falls im Altsystem bis zum Zeitpunkt der Datenmigration keine Reorganisation durchgeführt wurde, aber in jedem Falle alle historischen Daten übernommen werden sollen, ist sicherlich aufgrund des zu vermutenden hohen Datenvolumens eher ein „harter“ update vorzuziehen, als ein BTCI-Verfahren. In diesem Falle kann im neuen R/3-System eine Reorganisation und ggf. eine Archivierung durchgeführt werden.

Bei einem BTCI-Verfahren ist es in jedem Falle empfehlenswert, eine letzte Reorganisation vor oder nach der Migration zu machen, um die Altdaten auch später - nach dem Abstellen des R/2-Systems - verfügbar zu haben.

Die Migrationsstrategie hängt vom Einzelfall ab und muß aufgrund der oben genannten Einflußfaktoren individuell entschieden werden. In jedem Fall sollte auf der Basis der Migrationsstrategie ein Migrationskonzept erstellt werden.

3 Migrationskonzept

Ein Migrationskonzept ist eine Aufstellung aller zu migrierenden Datenobjekte. In einem Migrationskonzept sollte festgelegt werden, welche Migrationsobjekte mit welcher Migrationsstrategie zu welchem Zeitpunkt vom Vorsystem nach R/3 übernommen werden sollen. Sehr detailliert sollten alle einzusetzenden Migrations- und Hilfsprogramme zur Datenübernahme, Überprüfung und Protokollierung der Migration dokumentiert werden. Als zusammenfassendes Dokument der Migration ist es empfehlenswert, daß jegliche Selektionskriterien für die Altdatenübernahme oder auch andere Informationen über die Migration in einem solchen Migrationskonzept aufgeführt sind.

Grundsätzlich können bei einer Migration von R/2 nach R/3 drei technische Verfahren verwendet werden (siehe Punkt 2. Migrationsstrategien).

Bei einer Migration aus einem SAP-fremden System nach R/3 entfällt die zweite Alternative („harter" update) hinsichtlich der Nutzung von SAP-Migrationsstools, da diese nur bei einer Migration von R/2 nach R/3 eingesetzt werden können.

Für die drei oben genannten Techniken zur Datenmigration lassen sich folgende **Vor- und Nachteile** zusammenfassen:

Tab. 3.1 Vor- und Nachteile der Datenmigration

Technik	Vorteil	Nachteil
manuelle Neueingabe	• kein Customizing des Migrationsregelwerkes • keine Programmierung von Migrationsprogrammen	• hoher Aufwand • mögliche Übertragungsfehlerrate
BTCI	• kein Customizing des Migrationsregelwerkes • Testen des Customizings • einfache Selektion beim Datenextrakt (Datenbereinigung)	• Programmieraufwand • höhere Laufzeiten bei der Migration als beim „harten" update auf die Datenbank
„harter" update (SAP-Migrationstools)	• Migrationsregelwerk für komplexe Zusammenhänge • geringere Laufzeiten bei der Datenübernahme als beim BTCI-Verfahren	• Customizing des Migrationsregelwerkes • übernommene Daten können inkonsistent zum Customizing sein • nicht für alle Applikationen einsetzbar

Es ist nicht zwingend notwendig, sich für das eine oder Verfahren zu entscheiden. Bei der Entscheidung des Migrationsverfahrens ist es keine Frage des „Entweder-oder", eine Kombination des BTCI-Verfahrens mit der „harten" Datenbankschreibung ist durchaus denkbar und auch sinnvoll. Die manuelle Neueingabe ist je nach Datenvolumen nur als Ergänzung zu den beiden anderen Verfahren anzusehen. Nur beim „harten" update auf der Datenbank mit Unterstützung der SAP-Migrationstools muß vorher das Migrationsregelwerk in R/3 eingestellt werden.

Ein wesentlicher Vorteil des BTCI-Verfahrens ist, daß bei der Datenübernahme gleichzeitig die Systemparametrisierung getestet wird.

Laut einer SAP-Studie von 64 Migrationsprojekten wurden bei Möglichkeit der Mehrfachnennung 61% der Datenmigrationen mit dem BTCI-Verfahren und 88% mit den SAP-Standard-Migrationstools durchgeführt [2].

3.1 Batch-Input-Verfahren

Alternativ zu den SAP-Migrationstools bietet SAP auch eine Reihe von Standard-BTCI-Programmen für den Datenimport in R/3. Mit diesen ABAPs können Stamm- und Bewegungsdaten, keine Tabellen, in das R/3-System im BTCI-Verfahren importiert werden. Der Einsatz dieser Programme ist unabhängig vom Quellsystem, lediglich die entsprechende Satzbettstruktur muß vorhanden sein, aber auch hierfür sind teilweise entsprechende Programme standardmäßig verfügbar.

Die Ausgabe aus dem R/2-System bzw. einem Fremdsystem ist in diesem Falle individuell zu programmieren. Für den Export aus dem R/2-System (sequentieller File) können teilweise bereits vorhandene Standard-ABAPs nach gerinfügiger Modifikation eingesetzt werden.

Beispiel für den Ablauf der Materialstammdatenmigration von R/2 nach R/3 :

2 Schäfer, Michael (SAP AG): Migration: a.a.O., Seite 9.

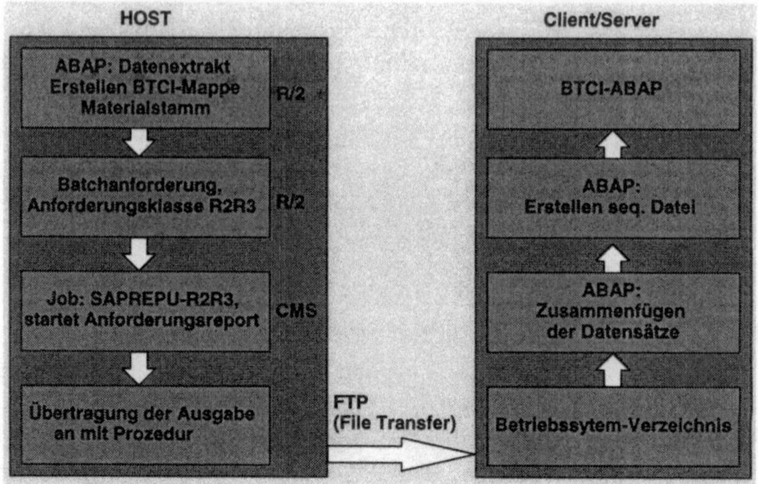

Abb. 3.1 Beispiel für die technische Datenmigration im BTCI-Verfahren

Bei einer Migration von R/2 nach R/3 ist zunächst ein Datenextrakt in R/2 zu erstellen, welcher dann für den File Transfer in das Client-Server-System (Unix oder Windows NT) vorbereitet und durchgeführt wird (siehe Abbildung 3.1). In R/3 sind die Datensätze dann in diesem Beispiel mit einem ABAP zusammenzufügen und als sequentielle Datei zu erstellen, bevor sie per BTCI eingespielt werden.

Die Programme müssen unbedingt alle nacheinander aufgerufen werden, da sie die Ergebnisse der vorausgegangenen Programme weiterverarbeiten.

Im folgenden soll aufgezeigt werden, wie in einem Migrationskonzept für die BTCI-Strategie ein Überblick über die einzusetzenden Programme und deren Einsatzzeitpunkte geschaffen werden kann.

3.1.1 Migrationsüberblick

Innerhalb eines Migrationskonzeptes für die Migrationsstrategie im BTCI-Verfahren ist es von hoher Bedeutung, neben den Detailangaben zur Migration auch pro Applikation die Migration transparent zu machen. Daher empfiehlt es sich, für die entsprechenden Applikationen einen Migrationsüberblick zu erstellen.

In einem solchen Migrationsüberblick sollten folgende Informationen enthalten sein:

- **Migrationsobjekt:**
  Beispiel für die technische Datenmigration im BTCI-Verfahren heißen diese?
- **manuell/maschinell:**
  Wie werden die Daten übernommen?
- **Migrationszeitpunkt:**
  Taggenaue Festlegung der Datenübernahme.
  Größere Datenbestände können auch portioniert in BTCI-Mappen abgelegt und anschließend entweder nacheinander oder auch parallel abgespielt werden, was die Übernahmedauer erheblich reduziert.
- **R/2-Exportprogramme:**
  Programme, die zur Ausgabe der selektierten oder nicht selektierten Daten dienen.
  Das können sowohl von SAP bereits zur Verfügung gestellte Standard-ABAPs sein, als auch individuell erstellte.
- **R/3-Importprogramme:**
  Programme, die zum Einlesen der Daten dienen
  Das können sowohl von SAP bereits zur Verfügung gestellte Standadrd-ABAPs sein, als auch individuell erstellte.
- **R/2- oder R/3-Hilfprogramme:**
  Zur Überprüfung der Vollständigkeit der übernommenen Daten können sowohl bereits vorhandene als auch individuell erstellte Hilfsprogramme eingesetzt werden.
- **Umsetzungstabellen:**
  Eventuell werden Umsetzungstabellen eingesetzt, wenn bspw. Stammdatennummern verändert werden oder gleichzeitig mit der Migration eine neue Kostenstellen- oder Sachkontenstruktur aufgebaut wird.

3.1.2 Erfahrungen mit SAP-Standard-BTCI-Programmen

Im folgenden werden exemplarisch die Erfahrungen mit ABAPs wiedergegeben, die für eine Migration nach dem BTCI-Verfahren eingesetzt werden können.

a) RMMMBIMO und RMMMBIME für die Materialstammdatenübernahme (Stand 2.2)

Das Programm RMMMBIME erzeugt eine sequentielle Datei mit den Materialstammdaten, die dann von RMMMBIMO als Inputdatei verwendet wird. Erst RMMMBIMO erzeugt eine BTCI-Mappe, mit deren Abspielen die Materialstammdaten ins R/3 aufgenommen werden.

RMMMBIME kann nicht direkt übernommen werden, es liefert lediglich Beispiele dafür, wie die Materialstammdaten für RMMMBIMO aufbereitet werden müssen. Diese Beispiele sind hilfreich für die selbst vorzunehmende Aufbereitung der Materialstammdaten.

In der zu erzeugenden Inputdatei für RMMMBIMO müssen die Materialstammdaten vordefinierten Strukturen zugewiesen werden; diese besitzen lediglich Felder der Typen CHAR, UNIT und DATE.

Die Länge der vordefinierten Strukturen überschreitet 132 Zeichen. Da bei der Überspielung vom HOST an das Client/Server-System maximal 132 Zeichen in einer Zeile der zu übertragenden Datei übernommen werden, können die Strukturen nicht komplett, sondern nur zerlegt aus dem R/2 überspielt werden. R/3-seitig müssen die zerlegten Strukturen dann zunächst wieder zusammengesetzt werden.

Probleme mit dem Programm RMMMBIMO:

- Im Standard ist nur die Übernahme von 16-stelligen Nummern möglich, bei Materialstammnummern mit geringerer Stellenzahl muß eine entsprechende Modifikation vorgenommen werden.
- Wenn das Programm zunächst nur für die Simulation (d.h. am Ende des Einspielens Daten nicht abspeichern) verwendet werden soll, bedarf es zusätzlicher Programmierung.
- Das Programm arbeitet bei mehreren Organisationsebenen (z.B. Anlegen eines Materials für mehrere Lagerorte oder Werke) nicht richtig. Die von SAP vorgegebenen Einträge in der sequentiellen Inputdatei führen nicht zum Ziel. Erst eine komplizierte selbst entwickelte Logik in dem Programm, das die Inputdatei für RMMMBIMO erzeugt, erlaubt das fehlerlose Einspielen von Materialstämmen für mehrere Organisationsebenen.

Die Zeichen ÄäÖöÜü§ wurden nicht richtig übernommen. Dies ist kein spezifisches Problem der Standardprogramme. Es kann durch den Aufruf der Routine „Translate" behoben werden.

Probleme können entstehen, wenn das Customizing im R/3 noch nicht ganz abgschlossen ist. Ferner können Probleme auftreten, wenn bestimmte Datenkonstellationen im R/2 noch erlaubt, im R/3 aber nicht mehr zulässig sind.

b) RM06IBI0 und RM06IBIE für die Einkaufs(EK)-Infosatzübernahme

Das Programm RM06IBIE erzeugt eine sequentielle Datei mit den EK-Infosatzdaten, die dann von RM06IBI0 als Inputdatei verwendet wird. Erst RM06IBI0 erzeugt eine BTCI-Mappe, mit deren Abspielen die EK-Infosätze ins R/3 aufgenommen werden.

RM06IBIE kann nicht direkt übernommen werden. Es liefert lediglich Beispiele dafür, wie die EK-Infosätze für RM06IBI0 aufbereitet werden müssen. Diese Beispiele sind hilfreich für die selbst vorzunehmende Aufbereitung der EK-Infosätze.

Typkonvertierungen und R/2-seitige Zerlegungen vordefinierter Strukturen sind analog zur Materialstammdatenübernahme erforderlich.

Die Dokumentation der beiden Programme ist dürftig und zum Teil fehlerhaft.

Probleme mit dem Programm RM06IBI0:

- Im Standard ist lediglich die Verarbeitung von 16-stelligen Nummern möglich, bei geringerer Stellenanzahl ist eine Programmanpassung notwendig.
- Wenn das Programm zunächst nur für die Simulation (d.h. am Ende des Einspielens Daten nicht abspeichern) verwendet werden soll, bedarf es zusätzlicher Programmierung.
- Das in der vordefinierten Struktur KONP enthaltene Feld KPEIN muß ggf. gekürzt werden.
- Die Variable TABIND muß ggf. umgesetzt werden.

3.2 SAP-Migrationstools

Für eine Migration von R/2 4.3 oder 5.0 nach R/3 bietet die SAP AG kostenlose Migrationsprogramme an. Allerdings bezieht sich das lediglich auf die Programme nicht auf zusätzliche Beratungsleistungen, die fakturiert werden.

Diese Migrationstools decken all die Anwendungsbereiche ab, bei denen grundsätzlich die betriebswirtschaftlichen Abläufe in R/2 ähnlich gestaltet werden wie in R/3. Dennoch gibt es auch hier unterschiedliche Restriktionen je nach Ausgangsreleasestand im R/2 (4.3 oder 5.0).

Das sogenannte Migrationspaket umfaßt Programme für den Export aus dem R/2-System, Transport und Import der Daten in das R/3-System. Desweiteren werden Anpassungstabellen, in denen das Mapping der Datenfelder eingestellt werden kann (Regelwerk), zur Verfügung gestellt.

Mit den Migrationstools können grundsätzlich folgende Daten migriert werden:

- Stammdaten,
- Bewegungsdaten und
- ATAB-Tabellen mit Stammdatencharakter.

Nicht migriert werden:

- Modifikationen,
- Branchenlösungen (z.B.: IS-OIL, RIVA, RV-CPG, RV-Export, RV-Transport, Stahlhandel)
- ABAP-Programme (Standard und individuelle),
- Steuerungstabellen und
- Archive.

Archivdaten, die in das entsprechende R/2-System wieder zurückgeladen, können migriert werden.

Darüber hinaus werden jene Daten nicht migriert, die in der R/3-Umgebung neu aufgebaut werden können (z.B. Materialbedarfe, Matchcodes, Sekundärindizes).

Die Migration der Releasestände R/2 4.3/4.4 nach R/3 werden nur eingeschränkt unterstützt, da zwischen den Releaseständen 4.3/4.4 und 5.0 größere funktionale Unterschiede existieren. Bei der Migration von R/2 4.3 nach R/3 3.0B werden nur die Module RF, RA, RK-S und RM-MAT von den Standard-Migrationstools unterstützt.

Für folgende Module ist eine Migrationsunterstützung durch die SAP AG nicht geplant: RP, RK-P, RK-K und RV-Preise/Konditionen. Alle anderen Module werden auf ihre Migrationstauglichkeit überprüft und ggf. unterstützt.

3.2.1 Individualentwicklungen

Eine Umsetzung von individuellen ABAP/4-Programmen wird von den SAP-Standardtools nicht unterstützt. Grundsätzlich können die eigenen ABAPs auch per download und anschließendem upload in das R/3-System transportiert werden, jedoch sind sie nicht lauffähig, da sich im R/3-System die Tabellennamen größtenteils geändert haben und somit ein Zugriff nicht mehr möglich ist. Desweiteren haben sich je nach Quellstand (4.3 oder 5.0) eine Reihe von Programmierbefehlen verändert.

Eine Migration von R/2 nach R/3 sollte in jedem Falle dazu genutzt werden, um die historisch gewachsene hohe Anzahl von Individual-ABAPs und -Transaktionen zu bereinigen. Praxisprojekte zeigen, das eine detaillierte Untersuchung der Individualentwicklungen und deren tatsächliche Nutzung eine erhebliche Reduzierung zulassen.

Bei Individual-ABAPs konnten Verminderungen bis zu 75 % erreicht werden, wobei die Aufteilung auf die einzelnen Applikationen folgendermaßen aussah:

- FI: 36 %
- FI-AA: 79 %
- CO: 74 %
- MM: 54 %.

Bei der Anzahl der Individual-Transaktionen konnte in den oben erwähnten Praxisprojekten eine Reduktion von bis zu 63 % erreicht werden.

Eine Verkleinerung der hohen Individual-ABAP-Anzahl ist nicht allein durch das Wegstreichen von nicht genutzten Reports, weil vielleicht der Anwendungsfall nicht mehr vorliegt oder keiner mehr erklären kann, wer eigentlich den Bedarf für eine solche Auswertung geäußert hat, zu erreichen. Auch die Substitution durch neue Standard-ABAPs, den ABAP-Query oder durch den Report Writer, der eine Vielzahl von Auswertungsmöglichkeiten bietet, ermöglicht eine erhebliche Reduzierung. Je kleiner die Anzahl der Individual-ABAPs desto niedriger auch der Wartungs- und Pflegeaufwand.

Eine Umsetzung der Individual-ABAPs kann in einem Migrationsprojekt einen erheblichen Anteil beanspruchen. Die SAP AG hat nach einer Untersuchung von 64 Migrationsprojekten ermittelt, daß pro Individual-ABAP externe Beratungskosten von DM 2.300,-- entstanden sind [3].

3.2.2 Restriktionen

Die SAP-Migrationstools beinhalten in ihrer Nutzung Einschränkungen sowohl im Zusammenhang mit den entsprechenden R/2- bzw. R/3-Versionen als in ihrer Funktionalität.

Die Verfügbarkeit von Migrationstools je nach Versionsstand sieht laut SAP folgendermaßen aus:

Abb. 3.2 Verfügbarkeit der Migrationstools

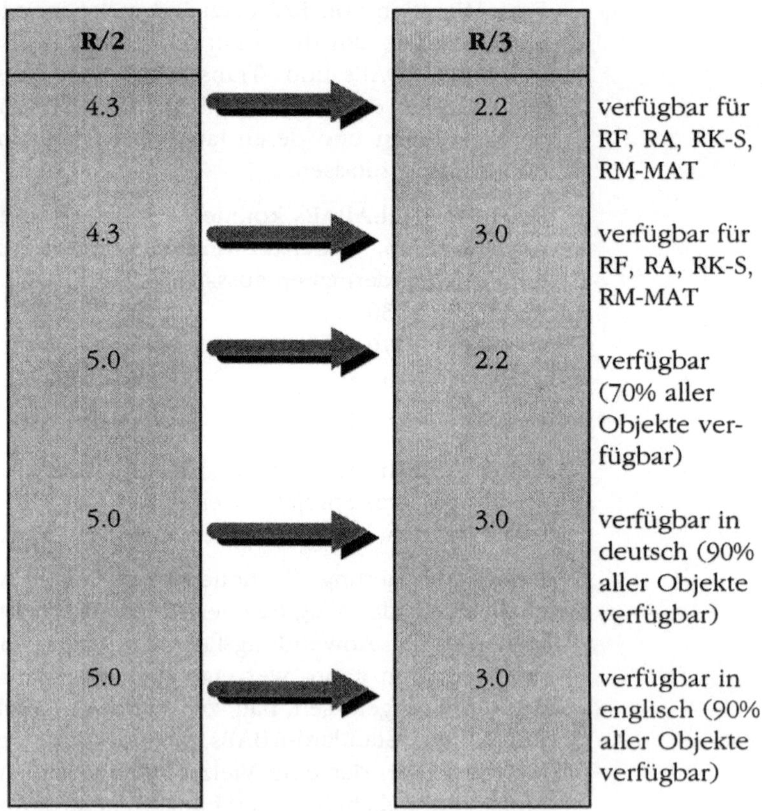

3 Schäfer, Michael (SAP AG): a.a.O., Seite 11.

Für die Datenmigration von R/2 5.0 nach R/3 3.0 gibt es z.B. in den Bereichen Finanz- und Anlagenbuchhaltung, Kostenrechnung und Materialwirtschaft u.a. folgende Restriktionen:

Tab. 3.2
Migration im Finanzbereich

Migrationsobjekt	Restriktion
Debitorenstamm	• Falls Vertriebssichten zu übernehmen, Objekte VTKU / VTKB
Bewegungsdaten	• Für Umsatzsteuervoranmeldung exakte Stichtagsabgrenzung nötig.

Anlagenbuchhaltung

Es existieren nur zwei Migrationsobjekte:

- Anlagenbuchhaltung laufendes Geschäftsjahr
- Anlagenbuchhaltung Vorgeschäftsjahr

Beide enthalten sowohl Stamm- als auch Bewegungsdaten.

Tab. 3.3
Migration im Anlagenbereich

Migrationsobjekt	Restriktion
• **Anlagenbuchhaltung laufendes Geschäftsjahr**	• Keine Plansätze (im R/3 als Investionsmaßnahme zu definieren) • Keine Budgetsätze (im R/3 in den Komponenten IM oder PS) • Keine Gegenstandsartensätze • Keine Zuordnung einer Anlage zu mehreren Kostenstellen nach Verteilschlüssel • Keine Mehrschichtnutzung im kalkulatorischen oder Zusatzbereich • Stillegung in R/2-AFA-Bereichen unterschiedlich -> R/3-AFA-Geplantwerte differieren zu R/2 • Keine Zeitwertversicherung (aber Versicherungsbasiswert) • Keine maschinell gerechneten Vermögenswerte • Für Anlagen, die im gleichen Geschäftsjahr 6B-Rücklagen und Abgänge haben, werden keine Wertfelder und Bewegungen migriert. • Keine Historienverwaltung, Aufwertungen, Investitionsteuer und Archivdaten • Änderungsbelege geplant, aber nicht realisiert • AIB'S dürfen nur durch RA-Transaktionen bebucht sein (nicht durch TK88). • Anlagenklassen müssen im R/3 neu angelegt werden • Vorher Prüfung des Anlagenbestandes mit Anlagengitter , keine Übernahme von fehlerhaften Anlagen. • Pro Buchungskreis muß einheitlicher Jahreswechsel vorgenommen sein.
• **Anlagenbuchhaltung Vorgeschäftsjahr**	• Einschränkungen wie Anlagenbuchhaltung laufendes Geschäftsjahr • Empfehlung: Vorgeschäftsjahr soll im R/2 abgeschlossen sein !

Tab. 3.4
Datenmigration Kostenrechnung

Migrationsobjekt	Restriktion
Kostenstellen-stamm	• Keine Kostenstellen, die weder beplanbar noch bebuchbar sind und auch nicht bebucht waren in den migrierten Geschäftsjahren. • Kostenstellenhierarchie wird als Standardhierarchie aufgebaut.
Leistungsarten	• Keine Ressourcen (T202R) oder Sondertexte (T202T)
Auftragsstamm • **Unterhaltung** • **Investition**	• Keine Aufträge folgender Typen: ⇒ Fertigungsaufträge (R/2-Typ F) ⇒ Instandhaltungsauftrag (R/2-Typ W) ⇒ Grobplanungsaufträge (R/2-Typ G) ⇒ Periodenauftrag (R/2-Typ D) ⇒ Prüfaufträge (R/2-Typ Q) ⇒ Plankalklationsauftrag (R/2-Typ M) ⇒ Projekt-Arbeitspaket (R/2-Typ P) ⇒ Kostensammler (R/2-Typ V) ⇒ Hierarchie-Verdichtungsauftrag (R/2-Typ H) • Keine Abrechnungsbelege • Keine Summensätze für Obligo, Abweichungen, Kostenschichtung, Abgrenzung • Keine Investitionsaufträge mit Abrechnung an AIB
Kostenstellen-gruppen • **Standard-hierarchie** • **Alternativ-hierarchien**	• Standardhierarchie aus Kostenstellen-Migration • Bei mehreren Geschäftsjahren legt das letzte Geschäftsjahr die Position in der Standardhierarchie fest. • Keine Migration von Alternativhierarchien.

Bewegungsdaten Kostenrechnung	• migriert werden Einzelposten im IST-Bereich • nicht migriert werden: ⇒ Umlage, Verteilung und Abgrenzungen ⇒ Buchungen mit nichtverrechenbaren Leistungen ⇒ Vortragsbuchungen bei Aufträgen

Tab. 3.5 Datenmigration Materialwirtschaft

Migrationsobjekt	Restriktion
Material	Mit den Tools nicht übernehmbar: • Unbewertete Teilbestände müssen vorher ausgebucht werden. Materialreorg wird empfohlen.
EK-Infosätze	Mit den Tools nicht übernehmbar: • Wenn EK-Infosätze sowohl für Buchungskreise (BUK) als auch für Werke verwendet werden, werden die allgemeinen Daten nur einmalig übernommen.
Bestände	Mit den Tools nicht übernehmbar: • Kundenbeistellungen und Siloeigenschaften
Bestallanforderungen (BANF)	Mit den Tools nicht übernehmbar: • Beistell-BANF • BUK-übergreifende Umlagerungs-BANF • Felder für Vertriebniederlassungsaufträge • Verteilungs-KZ „B“ muß im R/3-Übernahmeprogramm umgesetzt werden. • Streckenlieferungs-BANF: Anlieferungsadresse muß im R/3-Übernahmeprogramm umgesetzt werden.
Anfragen/Angebote	Vor der Migrationen müssen alle Anfragen/Angebote, die seit dem letzten Druck geändert wurden, ausgedruckt werden.

Rahmenverträge/ Kontrakte	Vor den Migrationen müssen alle Rahmenverträge, die seit dem letzten Druck geändert wurden ausgedruckt werden.
Bestellungen	Mit den Tools nicht übernehmbar: • siehe BANF • Streckenlohnbearbeitungsbestellungen Vor der Migrationen müssen alle Bestellungen, die seit dem letzten Druck geändert wurden ausgedruckt werden.
Verbräuche	Übernahme bis zu 60 vergangene Perioden
Prognose	Mit den Tools nicht übernehmbar: • Nachbearbeitungssätze, müssen durch Prognoselauf in R/3 erstellt werden • extern erzeugte Prognosewerte • Prognoseprofile
Preisentwicklung	Nur die automatisch Erzeugten werden übernommen
Einkaufsstatistik Einzelsätze	Die Periodizität muß in R/3 auf monatlich gesetzt werden.
Einkaufsstatistik Summensätze	Die Periodizität muß in R/3 auf monatlich gesetzt werden.
Inventurhistorie	Mit den Tools nicht übernehmbar: • Inventurbelegpositionen, die den Status „aufgenommen" haben

Beim Einsatz der Migrationstools wird davon ausgegangen, daß grundsätzlich innerhalb eines Migrationsobjektes alle Datensätze übernommen werden. Die Migrationstools erlauben in gewissem Umfang auch ein selektives Einlesen von Daten, jedoch bedeutet dieses ein Mehraufwand beim Customizing des Regelwerkes. Alternativ können mit den Exportprogrammen aus dem R/2-System selektiv Daten ausgegeben werden, was allerdings auch nur mit Mehraufwand realisiert werden kann, da die bereits bestehenden Programme individuell modifiziert werden müssen.

3.2.3 Aufwand

Für das Customizing des Migrationsregelwerkes, ohne daß die SAP-Migrationstools nicht einsetzbar sind, beträgt die durchschnittliche Parametrisierungszeit ca. 1,5 Personentage pro Migrationsobjekt.

4 Schlußbetrachtung

Der Einsatz von SAP-Migrationstools bedeutet nicht zwangsläufig auch eine Reduzierung des Migrationsaufwandes. Eine Verminderung der Datenübernahmezeit kann erreicht werden, wenn das Datenvolumen sehr groß ist und die Migration per „hartem" update geschieht.

Der Hauptzeitfaktor eines Migrationsprojektes R/2-R/3 ist allerdings nicht die Datenübernahme selbst, auch wenn sie auf gar keinen Fall unterschätzt werden sollte, was sehr häufig der Fall ist. Von geringer Bedeutung ist das Customizing, wenn es um den Zeitaufwand geht. Die größten Zeitfaktoren beinhalten die Phasen Ist-Aufnahme und Detailkonzept sowie die Kommunikation während des gesamten Projektverlaufes. Es darf nicht unberücksichtigt bleiben, daß eine R/2-R/3-Migration auch immer wie eine Neueinführung zu behandeln ist.

Nicht nur aufgrund des hohen Zeitaufkommens, sondern wegen der besonderen Bedeutung bezüglich des Projekterfolges, sind die oben genannten Projektphasen und die Kommunikation nicht zu vernachlässigen. Die Kommunikation ist ein wesentlicher Bestandteil des Akzeptanzmanagements und wird vielfach nur rudimentär durchgeführt. Insbesondere die Integration des Betriebsrates und der Wirtschaftsprüfer zu einem frühen Zeitpunkt bewahrt das Migrationsprojekt vor unnötigen Kommunikations- und Akzeptanzproblemen in den späteren Projektphasen, was wiederum den Projektaufwand beeinflußt.

Der Einsatz von „wiederverwendbaren Komponenten" aus bereits durchgeführten R/2-R/3-Migrationsprojekten kann sowohl beim BTCI-Verfahren als auch beim „harten" update für einen erheblichen Zeitvorteil sorgen. Hierbei sind nicht nur bereits erprobte Migrationsprogramme (Standard oder individuell erstellte), sondern auch Dinge, wie Projektplanung und -organisation und Berechtigungs- und Mandantenkonzept, mit geringer Modifikation wiederverwendbar.

Konzeption und Umsetzung einer Systemarchitektur für die Produktionssteuerung in der Prozeßindustrie

Dr. Peter Loos

Institut für Wirtschaftsinformatik - IWi
Universität des Saarlandes

1 Einleitung

Fertigungsnahe Systeme zur Planung und Steuerung der Produktionslogistik sind bereits seit einigen Jahren in Form von Fertigungsleitständen in der stückorientierten Fertigung erfolgreich im Einsatz. In der prozeßorientierten Industrie besteht dagegen meist eine konzeptionelle und systemtechnische Lücke zwischen lang- und mittelfristiger Planung einerseits und der Prozeßautomation andererseits. Aus diesem Grund wurden in dem Projekt CAPISCE Module für die Produktionssteuerung unter besonderer Berücksichtigung der Anforderungen der Prozeßindustrie entwickelt. Der Beitrag gibt einen Überblick über typische Anforderungen an Logistikinformationssysteme in der Prozeßindustrie und beschreibt die Umsetzung in dem Projekt CAPISCE anhand der Ausgangsbedingungen und der Modulkonzepte. Anschließend wird die als PP-PI bezeichnete Implementierung und die Integration in R/3 erläutert. Insbesondere wird dabei auf den Integrationsgedanken im Sinne einer durchgängigen Geschäftsprozeßunterstützung eingegangen. Eine kurze Darstellung der ersten Pilotinstallationen und eine Bewertung schließen den Beitrag.

2 Charakterisierung der Prozeßindustrie

Im Gegensatz zur diskreten Produktion der stückorientierten Fertigung, bei der die Herstellung von Teilen in unterschiedlichen Losgrößen im Vordergrund steht und die das typische Anwendungsgebiet für Computer Integrated Manufacturing (CIM) ist, stehen bei der Prozeßindustrie verfahrenstechnische Umwandlungsprozesse ungeformter Rohstoffe und Endprodukte im Vordergrund. Zu der Prozeßindustrie gehören bspw. die Branchen Chemie und Pharma, Nahrungs- und Genußmittel, Gummi sowie Papier. Aufgrund der Herstellungsverfahren ergeben sich spezielle Anforderungen an die unterstützenden Informationssysteme für Logistik und Produktion, die im folgenden anhand einiger Kriterien verdeutlicht werden [5,12,14,17,25]:

Anforderungen an die unterstützenden Informationssysteme für Logistik und Produktion

- Physische und chemische Eigenschaften der zu verarbeitenden Stoffe und Endprodukte müssen in der Materialwirtschaft berücksichtigt werden, z.B. schwankende Qualität bei mineralischen, pflanzlichen oder tierischen Rohstoffen der

Urproduktion, teilweise begrenzte Haltbarkeit von Materialien oder spezielle Lagerbedingungen und -restriktionen.

- In der Prozeßindustrie fallen während des Herstellungsprozesses häufig Kuppelprodukte in einem nur bedingt beeinflußbaren Verhältnis an. Dies gilt insbesondere für die Urproduktion. Die Kuppelprodukte solcher analytischen Stoffumwandlungsprozesse, die sowohl Haupt-, Neben- als auch Abfallprodukte sein können, sowie zyklische Materialflüsse, z.B. bei Katalysatoren, führen zu einem komplexen inner- und überbetrieblichen Stoffverbund mit entsprechenden Auswirkungen auf die Produktionsplanung und Materialdisposition.
- Umweltschutzbestimmungen und Gefahrstoffverordnungen haben einen direkten Einfluß auf die Produktionsplanung und die Durchführung von Logistikprozessen. So kann sich bspw. die gleichzeitige Produktion oder Lagerung zweier bestimmter Produkte ausschließen.
- Häufig sind Funktionen für die Berechnung von Input-Output-Beziehungen oder Produktionszeiten nicht-linear (z.B. nicht-lineare Substitution von Rohstoffen) oder enthalten nicht-deterministische Parameter (z.B. Wettereinfluß auf Produktionsprozeß).
- Bedingt durch die physischen Eigenschaften der Materialien muß häufig mit unterschiedlichen Einheiten gerechnet werden, z.B. mit Gewicht, Volumen, Konzentration, Produktionsstunden oder Ansatzmenge.
- In noch stärkerem Maße als bei der diskreten Fertigung müssen die Daten der Produktion protokolliert und archiviert werden. Dies betrifft nicht nur die Qualität der Erzeugnisse, sondern auch die Qualität der Rohstoffe und die Protokolle des Herstellungsprozesses.

kontinuierliche und chargenweise Produktion

Je nach Art der Stoffausbringung kann zwischen einer kontinuierlichen und einer diskontinuierlichen Produktion unterschieden werden. Die kontinuierliche Produktion zeichnet sich durch einen gleichförmigen Materialstrom in speziellen Anlagenkonfigurationen aus. Kontinuierliche Prozesse sind typisch für die Massenfertigung der Grundstoffindustrie und Mineralölverarbeitung. Bei der diskontinuierlichen Produktion wird dagegen eine bestimmte Menge eines Materials verfahrenstechnisch hergestellt. Eine solche Menge wird als **Partie**, **Charge** oder **Batch** bezeichnet, weshalb hier auch von Chargenproduktion gesprochen wird (allerdings wird häufig auch bei kontinuierlichen und diskreten Prozessen die Produktionsmenge einer definierten Periode als Charge bezeichnet). Chargenproduktion ist typisch für die Bereiche Feinchemikalien und Spezialitäten, wie z.B. pharmazeutische Produkte. Da bei diskontinuierlicher Fertigung die Produkte tendenziell durch die Kundennähe stärkeren Schwankungen unterworfen sind und deshalb meist Mehrzweck- und Mehrproduktanlagen eingesetzt werden, ergibt sich wie bei der diskreten Fertigung die Notwendigkeit, die Produktion flexibel an kurzfristigen Anforderungen auszurichten, was eine ebenso kurzfristige Produktionsplanung und -steuerung notwendig macht. Nicht selten findet man auch hybride Formen, bei der die ersten Schritte kontinuierlich, die folgenden Schritte diskontinuierlich ablaufen.

3 Architektonische Einordnung

Während die Logistik- und Produktionsplanungsprozesse der stückorientierten Fertigung schon lange Gegenstand der anwendungsorientierten Forschung und Entwicklung sind, besteht in der prozeßorientierten Industrie dagegen häufig eine **konzeptionelle und systemtechnische Lücke** zwischen lang- und mittelfristiger Planung einerseits und Prozeßautomation andererseits.

Projektziel und -organisation

Das **Projekt CAPISCE** (Computer Architecture for Production Information Systems in a Competitive Environment) hat sich deshalb zum Ziel gesetzt, eine Architektur und darauf aufbauend Softwaremodule für die kurzfristige Produktionssteuerung zu entwickeln. Eine wichtige Prämisse war dabei die Integration der lang- und mittelfristigen Planung und der Prozeßautomation im Sinne einer ganzheitlichen Geschäftsprozeßunterstützung. Das Konsortium des Projektes CAPISCE, das von der Europäischen Union im Rahmen des ESPRIT-Programmes gefördert wurde, bestand aus den Partnern Digital Equipment (Warrington, England), IDS Prof. Scheer (Saarbrücken), IWi (Universität des Saarlandes), SAP (Walldorf) und Zeneca (Manchester, England). Die Partner Digital Equipment, IDS und SAP haben bei der Konzeption mitgearbeitet und führen die Realisierung der Software durch. Als Anwender führte Zeneca die ersten Pilotinstallationen in seinen englischen und schottischen Werken durch (dies erklärt auch die englischsprachigen Begriffe des Projektes, die zur besseren Verständlichkeit hier teilweise mit aufgenommen wurden). Als wissenschaftliche Begleitung arbeitete das IWi an der Konzeption und erstellte Studien und prototypische Implementierungen zu ausgewählten Fragestellungen (z.B. [1,11]).

Abb. 3.1
Ebenenkonzept

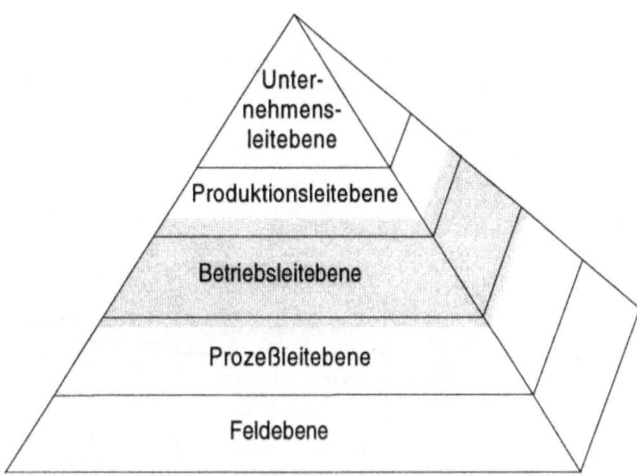

Einordnung in ein Ebenenkonzept

In dem für die chemische Industrie aufgestellten Ebenenkonzept [3] läßt sich der Schwerpunkt der Arbeiten in CAPISCE auf den Ebenen Betriebsleitebene und, soweit sie dispositive und logistische Funktionen innerhalb eines Betriebes betreffen, Produktionsleitebene einordnen (vgl. Abbildung 3.1). Die werks- oder unternehmensweite Planung war nicht primäres Ziel des Projektes. Nach dem Ebenenkonzept ist die Unternehmensleitebene neben den kaufmännischen Funktionen auch für die strategische Planung zuständig. Die Produktionsleitebene hat die Aufgabe der mittelfristigen Planung sowie der Koordination der einzelnen Betriebe. Die Prozeßleitebene und die Feldebene übernehmen die Aufgabe der Automatisierung und der Ausführung der Prozeßschritte [2]. Teilweise findet man, vor allem in der amerikanischen Literatur, den Begriff MES (Manufacturing Execution System) für die Informationssysteme der Funktionen der Betriebs- und Produktionsleitebene.

Einordnung in das CIP-Konzept

Abbildung 3.2 zeigt in Anlehnung an das Y-CIM-Modell [23] die Informationssysteme für die Produktion in der verfahrenstechnischen Industrie [11], die als Computer Integrated Processing (CIP) bezeichnet werden [19]. Die grau hinterlegte Schattierung zeigt die Relevanz der jeweiligen Funktion für die in CAPISCE entwickelten Module.

Abb. 3.2
CIP-Modell

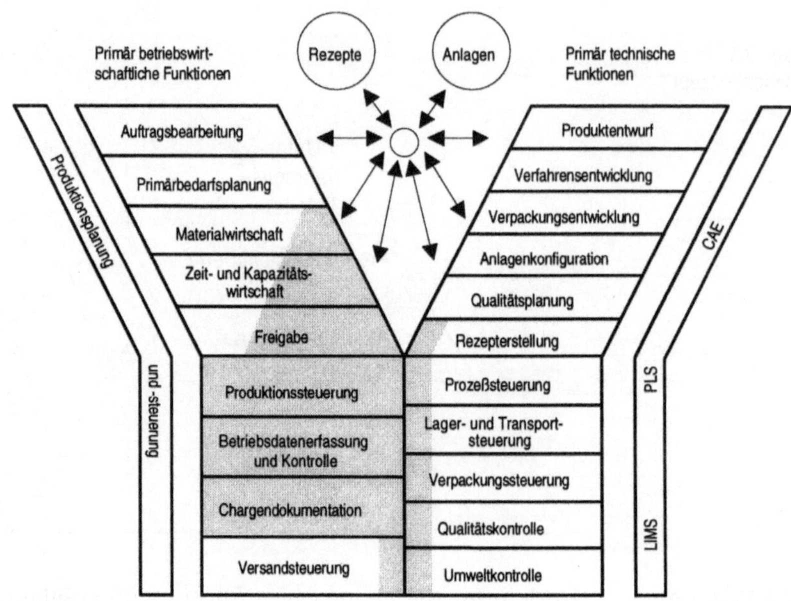

4 Anwendungsmodulkonzeption

Die Anwendungskonzeption für die Produktionssteuerung auf Betriebsebene umfaßt mehrere Module. Sie beinhaltet die Module Ressourcenverwaltung (Resource Management), Rezeptverwaltung (Recipe Management), Bestandsführung (Inventory Management), Prozeßplanung (Scheduling) und Prozeßkoordination (Process Management). Weiterhin sind die Schnittstellen für die Verbindung zu den unternehmensweiten Planungssystemen (Links to Business Systems), zu LIM-Systemen (Links to LIMS) sowie zur Prozeßautomatisierung (PDAS - Process Data Acquisition Server) berücksichtigt [13]. Abbildung 4.1 zeigt die einzelnen Module im Zusammenhang. Aufgrund der Bedeutung der Integration wurde besonderer Wert auf eine einfache Einbindung der Prozeßautomatisierung gelegt. Deshalb wurden bei dem Entwurf der Systemstrukturen bestehende Empfehlungen für die Gestaltung von Automatisierungssystemen berücksichtigt, insbesondere die Empfehlung der NAMUR [16] sowie der Normierungsentwurf des SP88-Gremiums der ISA [7].

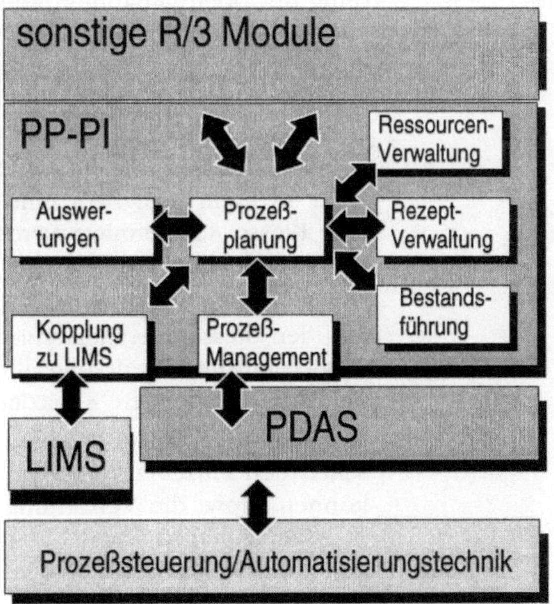

Abb. 4.1
Anwendungsmodule

4.1 Ressourcenverwaltung

Das Modul Ressourcenverwaltung hat die Aufgabe, die in einem Betrieb vorhandenen Produktionsressourcen zu verwalten und die für die Aufgaben der Produktionsplanung und -steuerung notwendigen Informationen über die Produktionsfaktoren zur Verfügung zu stellen. Die Hauptressourcen sind dabei i.d.R. die Produktionsanlagen, wie Kessel, Tanks, Mischer, Trockner etc., es können aber auch andere Ressourcenkategorien, wie Personal, Transporteinrichtungen, Energien (Gas, Wasser, Strom, Dampf, Chlor) oder Entsorgungseinrichtungen, betrachtet werden. Sinnvoll ist die Verwaltung einer Ressource, wenn sie Kapazitätsrestriktionen besitzt und aus Sicht der Produktionsplanung und -steuerung bewirtschaftet werden muß.

Um sowohl die in den Empfehlungen beinhalteten hierarchischen Gliederungen der Ressource Produktionsanlagen (bei [16] wird vom Werk über Anlagenkomplex, Anlage, Teilanlage bis Anlagenteile, bei [7] von Enterprise über Site, Area, Process Cell, Unit, Equipment Module bis Control Module detailliert) als auch unternehmensspezifische Systematiken abbilden zu können, sind verschiedene Konzepte implementiert worden, die eine individuelle Anpassung gestatten:

Ressourcen-klassifizierung

- Die Ressourcenarten gestatten eine prinzipielle Unterscheidung der oben genannten Kategorien, wie Anlagen, Personal etc..
- Mehrere gleichartige Ressourcen einer Ressourcenart können mit Hilfe von Klassen verwaltet werden. Bei der Klassendefinition werden Ausprägungen bestimmter Eigenschaften definiert, die für alle Ressourcen der Klasse gleich sind. So kann bspw. für eine Gruppe gleichartiger Kessel eine Klasse *KSL* definiert werden. Für jeden Kessel wird eine Instanz *KSLn* angelegt und auf die Klasse *KSL* referenziert.
- Mit den Ressourcenhierarchien kann eine NAMUR- oder SP88-konforme Gliederung abgebildet werden. Damit können bspw. verdichtete Kapazitätszahlen ermittelt werden.
- Mit Ressourcennetzen können logische Beziehungen zwischen den einzelnen Ressourcen dargestellt werden. Damit können bspw. die Verrohrung und Transportmöglichkeiten zwischen Anlagen abgebildet und für die Planung der Anlagenreihenfolge eines Auftrages genutzt werden.

- Mit einem Klassifikationsschema, wie es auch bei Sachmerkmalsleisten für Materialien genutzt wird, können Merkmale über die Fähigkeiten und mögliche Verwendung von Ressourcen festgelegt werden.

Die Ressourcenverwaltung umfaßt auch **Kapazitätsmanagementfunktionen**, mit denen das Kapazitätsangebot verwaltet wird. Die zeitliche Verfügbarkeit von Ressourcen wird über **Schichtprogramme** festgelegt, die die Definition der einzelnen Schichten mit Beginn, Ende und Pausenregelung enthalten. Schichtprogramme werden zeitabhängig den Ressourcen zugeordnet. Bezüglich der Kapazitätsarten weist das System folgende Konzepte auf:

Ressourcenkapazitäten

- Ressourcen können mehrere Kapazitäten besitzen. So kann eine Anlage sowohl durch ein maximales Volumen als auch ein maximales Füllgewicht begrenzt sein, oder für eine Personalressource können neben dem Arbeitszeitmodell die zulässigen Arbeitsplatzkonzentrationen von Gefahrenstoffen zur vorbeugenden Überprüfung als Kontaminationsobergrenzen abgebildet werden.
- Kapazitäten können exklusiv oder gemeinsam belegt werden. Exklusive Verwendung von Ressourcen ist typisch für Anlagen, da diese i.d.R. nur von einer Charge gleichzeitig belegt werden können. Ein Mitarbeiter kann dagegen gleichzeitig mehrere Chargen in unterschiedlichen Anlagen fahren.
- Eine Kapazität kann für mehrere Ressourcen gleichzeitig genutzt werden. Solche Poolkapazitäten sind typisch für zentrale Servicefunktionen, wie Dampf, Strom, Wasser oder für von mehreren Anlagen gemeinsam genutzte Vorrichtungen, wie Belade- oder Entladeeinrichtungen.

4.2 Rezeptverwaltung

Rezepte beschreiben den Herstellungsprozeß von Produkten und sind deshalb mit den Arbeitsplänen in der stückorientierten Fertigung vergleichbar. Darüber hinaus enthalten Rezepte auch alle notwendigen Eingangsstoffe, Zwischenprodukte und Endprodukte und weisen damit Merkmale der Stücklisten auf. Um eine allgemeingültige Beschreibung von Prozessen zu gewährleisten, müssen Rezepte in generischen Strukturen definiert werden, mit denen leicht unterschiedliche Bedürfnisse abgedeckt werden können. Die hierzu von der NAMUR und von dem SP88-

Gremium erstellten Empfehlungen sind zwar nicht deckungsgleich, folgen aber dem gleichen Grundkonzept.

Rezeptgenerationen

So werden in beiden Empfehlungen verschiedene Rezeptgenerationen unterschieden, um der Entstehung der Rezepturdaten Rechnung tragen zu können. Diese reichen von einer allgemeinen bis zu einer konkreten Beschreibung. NAMUR differenziert zwischen dem **Urrezept** als allgemeine, anlagenunabhängige Beschreibung, dem **Grundrezept** als verfahrensspezifische und produktionsmengenabhängige Beschreibung sowie dem **Steuerrezept** als konkrete Anweisung für eine bestimmte Charge auf einer bestimmten Anlage [10]. In dem SP88-Entwurf werden in ähnlicher Weise die Generation General Recipe, Site Recipe, Master Recipe und Control Recipe unterschieden [7].

Rezeptstrukturierung

Neben den Generationen werden für die Verfahrensbeschreibung auch die Bestandteile der Rezepturen nach ihrer Granularität unterschieden. So teilt sich das Verfahren eines Rezeptes nach der NAMUR-Empfehlung in mehrere Teilrezepte für die Beschreibung eines Verfahrensabschnittes, z.B. Sulfonierung. Diese können wieder aus mehreren Operationen bestehen, die die kleinsten selbständig ausführbaren Einheiten bilden, z.B. Dosieren von H_2SO_4. Operationen setzen sich wiederum aus unterschiedlichen Funktionen zusammen, z.B. Temperieren auf 140 Grad C. Funktionen werden in automatisierten Systemen durch Programme realisiert, die anlagenspezifisch implementiert und aus Rezepten heraus referenziert und parametrisiert werden. Auch in der Detaillierung folgt der SP88-Entwurf einem analogen Konzept. Die Bestandteile der Verfahrensanweisungen sind hier in Unit Procedure, Operation und Phase unterschieden.

Aufgrund des Einsatzbereiches des Systems werden von den genannten Generationen nur das Grundrezept und das Steuerrezept berücksichtigt, die hier als Planungsrezept (Master Recipe) und Steuerrezept (Control Recipe) bezeichnet werden. Darüber hinaus ist ein weiteres Rezeptobjekt eingefügt worden, das als Prozeßauftrag (Process Order) bezeichnet wird. Abbildung 4.2 zeigt einen Vergleich zwischen den Verfahrensbeschreibungen nach der NAMUR-Empfehlung und den hier genutzten Rezepten.

Das Planungsrezept stimmt weitgehend mit dem Grundrezept überein, ist aber, wie das Master Recipe von SP88, anlagenspezifisch. Als Stammdatum werden im Planungsrezept alle notwendigen Informationen über den Herstellungsprozeß in auftragsneutraler Form verwaltet. Die Informationen lassen sich in Rezeptkopf, Verfahren, Ressourcenbedarfe, Materialien und Sicherheitsangaben unterteilen.

Abb. 4.2 Vergleich NAMUR- und CAPISCE-Rezeptstrukturen

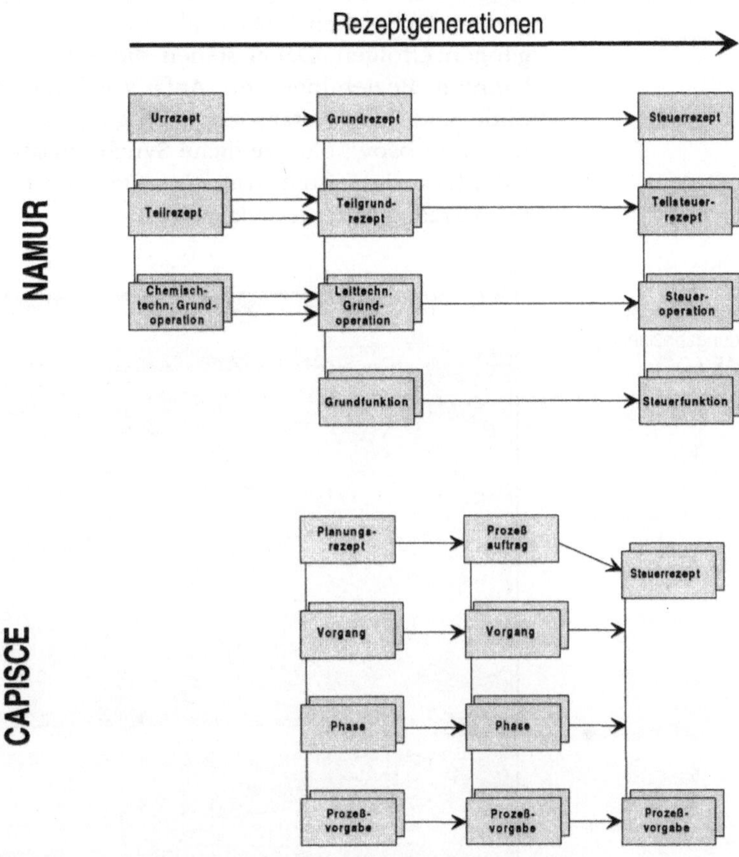

Rezeptkopf

Der Rezeptkopf verwaltet alle allgemeinen Angaben über **Rezeptverwendung** (z. B. Produktions-, Reinigungs-, Umrüst-, Anfahr-, Testrezept), Batchgröße, Status, Textbeschreibung, Änderungshistorie und sonstige Verwaltungsdaten.

Verfahren

Die **Verfahrensbeschreibung** besteht aus den Elementen Vorgang (Operation), Phase (Phase) und Prozeßvorgaben (Process Instructions) (vgl. Abbildung 4.2). Vorgänge und Phasen zusammen stellen ein zweistufiges Konzept zur Strukturierung von Prozessen dar. Sie sind in ihrem Aufbau und in ihren Attributen ähnlich. So besitzen beide zeitverbrauchende Elemente, wie Bearbeitungszeiten. Ein typisches Beispiel sind Phasen, wie Beladen, Dosieren, Nachreaktion, Abkühlen, Entladen für einen Sulfonierungsvorgang. Die Phasen sind immer eindeutig einem Vorgang zugeordnet. Die zeitlichen Abhängigkeiten können mit Hilfe von **Anordnungsbeziehungen** sowohl zwischen Vorgängen und zwischen Phasen als auch zwischen Phasen und Vorgängen erfolgen. Dabei stehen die aus der Netzplantechnik bekannten Beziehungsarten Anfang-Anfang, Anfang-Ende, Ende-Ende und Ende-Anfang zur Verfügung (vgl. Abbildung 4.3). Damit kann bspw. eine zeitliche Synchronisation zwischen der Entladephase des ersten Vorganges und der Beladephase des zweiten Vorganges hergestellt werden.

Abb. 4.3
Darstellung der Anordungsbeziehungen (SAP AG©)

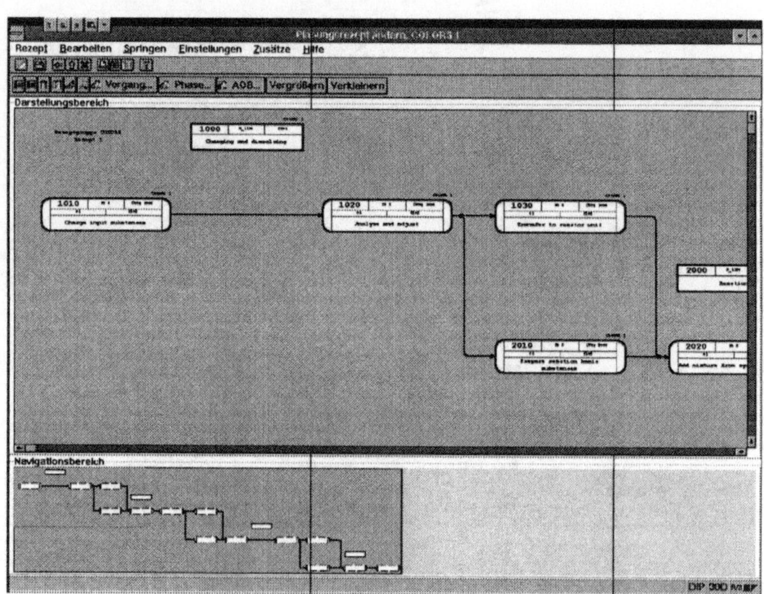

Umsetzung Grundfunktionenkonzept

Jede Phase kann durch beliebig viele Prozeßvorgaben detailliert werden. Prozeßvorgaben werden rezeptunabhängig verwaltet und dienen als Vorlage bei der Erstellung von Rezepten. Es können unterschiedliche Arten von Prozeßvorgaben definiert werden:

Arten von Prozeßvorgaben

- **Prozeßparameter** dienen zur Definition von Anweisungen. Im Fall eines manuellen Prozesses sind Prozeßparameter meist Texte für den Anlagenfahrer. Bei automatisierten Prozessen dienen sie zur Übermittlung von Informationen an das Prozeßleitsystem.

- Mit **Prozeßdatenanforderungen** wird festgelegt, daß das System Istdaten über einen laufenden Prozeß benötigt. Bei Kopplung mit einem Prozeßleitsystem werden hiermit die Informationen definiert, die im Normalfall aus der Prozeßleitebene in die Produktionssteuerung fließen. Für manuelle Fahrweise wird definiert, welche Werte der Anlagenfahrer während des Prozesses erfassen soll.
- **Prozeßdatenabos** dienen zur Festlegung, unter welchen ungeplanten Ereignissen Istdaten über den Prozeß zu melden sind. Bsp.: Falls die Temperatur höher als 143 Grad C steigt, sollen der Druck und der pH-Wert gemeldet werden.
- Mit **Berechnungsformeln** können rezeptspezifische Formeln an das Prozeßleitsystem übermittelt werden, das in Abhängigkeit der Ergebnisse unterschiedliche Aktionen durchführen kann.
- **Prüfergebnisanforderungen** dienen zur Definition von Prüfwerten, die für einen Prozeß erhoben werden sollen.

Es können zu jeder Art beliebig viele Prozeßvorgaben definiert werden, die von beliebig vielen Rezepten genutzt werden. Zusätzlich ist es möglich, neue Arten im System selbst zu generieren. Mit dem Konzept der Prozeßvorgaben kann in eleganter Weise das Grundfunktionenkonzept der NAMUR-Empfehlung abgebildet werden. In Abbildung 4.4 ist die Anwendung der Prozeßvorgaben in einem Planungsrezept dargestellt.

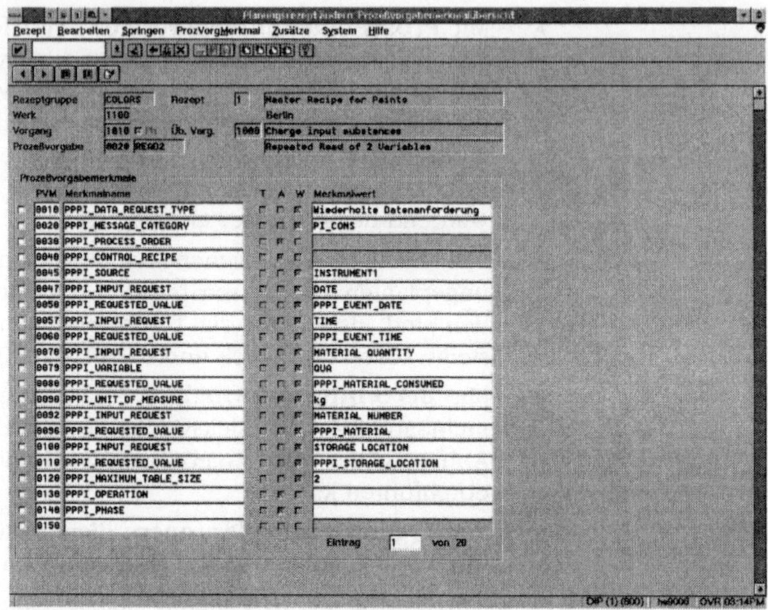

Abb. 4.4 Anwendung der Prozeßvorgaben (SAP AG©)

Ressourcen-zuordnung

Die für die Durchführung eines Prozesses notwendigen Ressourcen, die in der Ressourcenverwaltung definiert werden, können sowohl den Vorgängen als auch den Phasen zugeordnet werden. Zusätzlich kann dem Rezeptkopf eine Ressource zugewiesen werden. Die sogenannte **Primärressource** wird für die gesamte Dauer eines Schrittes belegt. Als Primärressource wird meist die Anlage gewählt. Weiterhin können **Sekundärressourcen** für zusätzliche Bedarfe zugeordnet werden. Die Zuordnung kann sich sowohl auf eine bestimmte Ressource als auch auf eine Ressourcenklasse innerhalb einer Ressourcenart beziehen. Anstelle einer direkten Ressourcenzuordnung können auch Anforderungen an die Ressourcen festgelegt werden, für die das bereits oben erwähnte Klassifikationsschema gilt. So kann die konkrete Ressource für einen Bedarf über den Abgleich von Anforderung und Fähigkeit gefunden werden. Dies stellt die flexibelste Art der Verbindung von Rezepten und Ressourcen dar.

Material im Rezept

Die **Materialliste** enthält alle für ein Rezept notwendigen Materialien sowie deren Menge oder Verhältnis. **Materialien** können in ein Rezept eingehen (Rohstoffe), können erzeugt werden (Endprodukte, Kuppelprodukte, Abfallstoffe), können eingehen und wieder ausgehen (Katalysatoren) oder können erzeugt und wieder verbraucht werden (Intramaterialien). **Intramaterialien** existieren nur zwischen zwei Prozeßschritten, sollen aber bspw.

aufgrund von sicherheitstechnischen Fragen explizit im Rezept dokumentiert werden. Da sie unabhängig von einer sonstigen Verwendung auftreten können, benötigen sie keine Materialstamminformationen. Für die Verrechnung von Materialmengen können Formeln hinterlegt werden, so daß bspw. eine Ausbringungsmenge vom Wirkstoffgehalt des Rohstoffes und vom Luftdruck abhängig sein kann. Die einzelnen Positionen der Materialliste werden entweder auf Rezeptebene, auf Vorgangsebene oder auf Phasenebene dem Prozeß zugeordnet.

Gefahrenhinweise

Zu den Rezepten können Sicherheitsangaben mit gesundheits-, sicherheits- oder umweltrelevanten Hinweisen hinterlegt werden. Sie können als Gefahrenhinweise bei der Produktion, Handhabung, Transport, Abfallbeseitigung oder Lagerung dienen.

Auftragsbezug

Während die Planungsrezepte Stammdaten darstellen, handelt es sich bei den Prozeßaufträgen und bei den Steuerrezepten um auftragsabhängige Rezepte. **Prozeßaufträge** dienen zur Durchführung sämtlicher dispositiver Funktionen innerhalb des Systems, während die **Steuerrezepte** als Schnittstelle zur Prozeßausführung genutzt werden. Durch diese Zweiteilung kann besser auf die unterschiedlichen Anforderungen der Funktionen eingegangen werden.

Ein Prozeßauftrag ist ein Bewegungsdatum, das für die Herstellung einer konkreten Charge gebildet wird. Dazu wird, entsprechend den Produktionsanforderungen, für jede Charge ein Prozeßauftrag als Kopie eines Planungsrezeptes angelegt und eröffnet. Zusätzlich enthält ein Prozeßauftrag Datenfelder für alle Funktionen, die im Rahmen der Auftragsbearbeitung notwendig sind, wie Rezept- und Chargenidentifikation, geplante und realisierte Werte für Mengen, Termine, Zeiten, Kosten, Kontierung, Materialverbräuche etc. Nach Eröffnung des Prozeßauftrages kann dieser abgeändert werden, so daß auch von den Vorgaben des Planungsrezeptes abgewichen werden kann. Der Aufbau des Steuerrezeptes wird im Kapitel über die Prozeßkoordination erläutert.

4.3 Bestandsführung

Die Bestandsführung hat die Aufgabe, die sich im Betrieb befindlichen Materialien zu kontrollieren. Da aus Sicht eines Betriebes keine eigenständige Materialdisposition notwendig ist, ist die **betriebsinterne Bestandsführung** als eine spezielle, detaillierte Sicht auf die werks- oder unternehmensweite Bestandsführung und nicht als eigenständiges Modul zu betrachten.

Zu den Funktionen der betriebsinternen Bestandsführung gehören Lagerverwaltung auf Lagerplatzebene mit chargen- und qualitätsgenauer Bestandsführung, Verwaltung von beschränkten, freien und gesperrten Beständen, Verfallsdatenüberwachung, Verfügbarkeitsprüfungen, Reservierungen, Chargenverfolgung etc..

4.4 Prozeßplanung

Die aus den Produktionsanforderungen und den Planungsrezepten erzeugten Prozeßaufträge werden in der Prozeßplanung den Ressourcen unter Berücksichtigung des Kapazitätsangebotes und der bereits verplanten Kapazität zeitlich zugeordnet. Die **Terminierung** kann der MRP II-Philosophie folgend in zwei Schritten durchgeführt werden [15].

Kampagnenplanung

Bei der Kampagnenplanung wird die Abfolge der Kampagnen auf den Anlagen festgelegt. Eine Kampagne wird als die unmittelbare Folge von Chargen mit produktionstechnisch gleichem Rezept eines Produktes oder sehr ähnlicher Produkte verstanden, bei der zwischen den einzelnen Chargen keine speziellen Reinigungs- oder Umrüstvorgänge durchzuführen sind. Ziel ist dabei die Minimierung des Rüst- und Einrichtungsaufwands der Anlage. Die Kampagnenplanung findet deshalb auf der aggregierten Ebene des Rezeptkopfes und der zugeordneten Ressource statt. **Ergebnis der Kampagnenplanung** ist die Anzahl der Prozeßaufträge bzw. Chargen pro Kampagne, die Reihenfolge sowie Start- und Endtermine für die Prozeßaufträge.

Planung einer Charge

Bei der Detailplanung erfolgt eine exakte Terminierung aller Vorgänge und Phasen der Prozeßaufträge unter Berücksichtigung sowohl der Primär- als auch der Sekundärressourcen. Eine Detailplanung kann auch ohne vorherige Kampagnenplanung erfolgen.

Abb. 4.5
Plantafeldarstellung (SAP AG©)

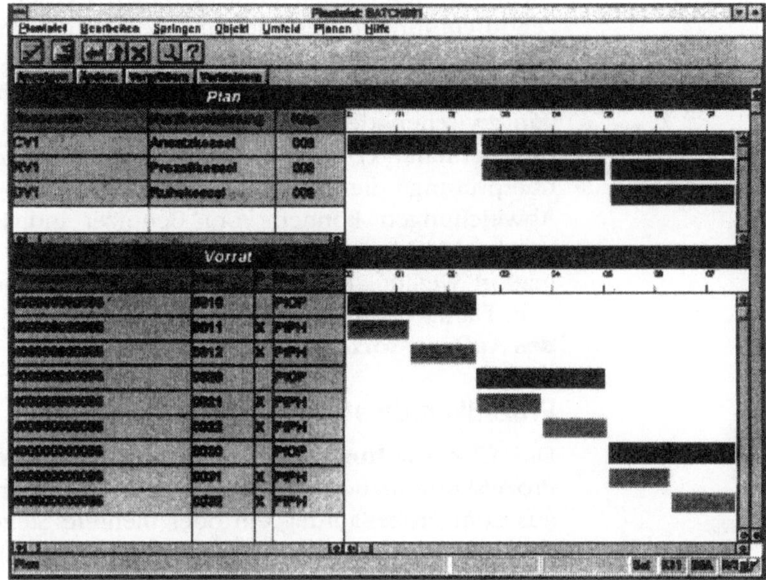

Die Durchführung und Visualisierung der Planung erfolgt interaktiv mit Hilfe einer Plantafel mit Ganttdarstellung, wie sie auch bei Leitstandsystemen für die diskrete Fertigung genutzt wird (vgl. Abbildung 4.5). Dabei sind neben Funktionen für manuelle und automatische Planung, Vorwärts-, Rückwärts- und Mittelpunktsterminierung, Überprüfung der Materialverfügbarkeit etc. zusätzliche, prozeßindustriespezifische Funktionen zu erfüllen, wie

prozeßindustriespezifische Funktionen

- die Darstellung der Vorgangs- und Phasenebene,
- die automatische Berücksichtigung von Reinigungsrezepturen bei Produktwechsel,
- die Berücksichtigung der möglichen und tatsächlichen Verrohrung der Produktionsanlagen,
- die Berücksichtigung von Probeentnahmen und Laborprüfungen,
- die Berücksichtigung von maximalen und nicht-linearen Prozeß- und Übergangszeiten oder
- die Berücksichtigung von Umweltbedingungen oder sonstiger Restriktionen für die Produktion.

Nach der Planung der Prozeßaufträge werden diese für die Prozeßdurchführung freigegeben und an die Prozeßkoordination weitergeleitet. Eine Funktion zur Ermittlung von Terminabweichungen errechnet aus den Prozeßmeldungen die Abweichungen zwischen den geplanten und den tatsächlichen Durchführungsterminen (Deviation Recording). Die Art der Abweichungsüberprüfung, die Abweichungsgründe sowie die Reaktion auf Abweichungen können vom Benutzer individuell konfiguriert werden. Insbesondere für die Planung ist die aktuelle Prozeßsituation wichtig, um Planungsanpassungen vornehmen zu können. Damit dient die Plantafeldarstellung auch dem **Monitoring des Auftragsfortschrittes**.

4.5 Prozeßkoordination

Die **Überwachung der Prozeßdurchführung** wird von der Prozeßkoordination wahrgenommen. Nach der Freigabe werden aus dem Prozeßauftrag ein oder mehrere Steuerrezepte erzeugt. Im Gegensatz zu den Normierungsempfehlungen besteht somit die Möglichkeit, daß ein Planungsrezept (bzw. Grundrezept oder Master Recipe) für die Durchführung auch auf mehrere Steuerrezepte abgebildet wird. Der Sinn liegt darin, daß Planungsrezepte aus Sicht der Disposition gebildet werden und somit Fragen der Belegungsplanung, Stücklistenstrukturierung oder Kalkulation im Vordergrund stehen, während die Steuerrezepte aus Sicht der Prozeßstrukturierung, Anlagenkonfigurierung oder Automatisierung gebildet werden [26].

Steuerrezept-generierung

Die Prozeßkoordination erstellt aus allen Phasen eines Prozeßauftrages, die die gleiche Empfängerkennung aufweisen, ein Steuerrezept (vgl. Abbildung 4.6). Daraus folgt, daß nur dann ein Steuerrezept gebildet werden kann, wenn alle Vorgänge der zu einem Steuerrezept gehörenden Phasen freigegeben werden. Mit der Empfängerkennung wird das Ziel des Steuerrezeptes festgelegt. Dies ist bei manueller Fahrweise der Anlagenbediener, bei automatisierten Systemen ist es die Prozeßsteuerung.

Für **manuelle Fahrweise** wird von der Prozeßkoordination ein Bildschirmdialog angeboten, bei der das Steuerrezept im Form einer Herstellanweisung (Process Instruction Sheet) dargestellt wird. Zusätzlich besteht die Möglichkeit, die Herstellanweisung als Arbeitspapier zu drucken. Die Herstellanweisung wird entsprechend der Prozeßvorgaben des Prozeßauftrages (bzw. des ursächlichen Planungsrezeptes) aufgebaut. So können mit Hilfe von Prozeßparametern Textbausteine am Bildschirm angezeigt und mit Hilfe von Prozeßdatenanforderungen Istdaten oder Unterschriften von der Tastatur abgefragt werden.

Abb. 4.6 Steuerrezeptgenerierung

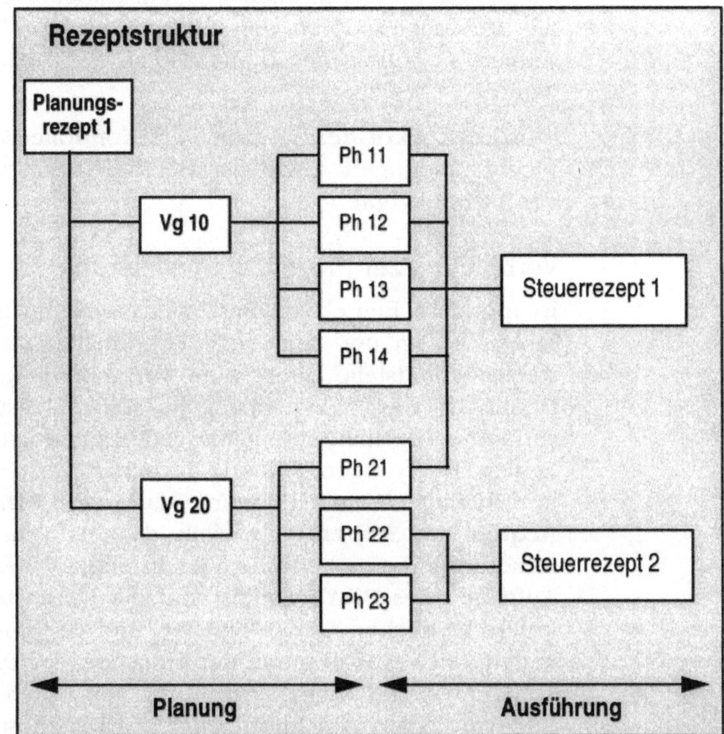

Bei **Einsatz von Prozeßleitsystemen** werden die Steuerrezepte in einer definierten Schnittstelle den externen Systemen zur Verfügung gestellt. Mit den **Prozeßparametern** können bspw. Steuerfunktionen, die sich auf die Ausführung von technischen Funktionen der Anlagenteile beziehen, entsprechend der NAMUR-Empfehlung abgebildet und durch unterschiedliche Variablen rezeptspezifisch angepaßt werden.

Prozeßrückmeldungen

Die Prozeßkoordination nimmt auch die Meldungen der laufenden Prozesse entgegen. Die unterschiedlichen Arten der Meldungen werden analog zu den Prozeßvorgaben definiert. So ist bspw. für jede in den Prozeßanforderungen verlangte Information ein entsprechender Prozeßmeldungstyp zu definieren. Die Prozeßkoordination überprüft die Meldungen und leitet sie über eine Dispatchfunktion an den oder die für den Meldungstyp konfigurierten Empfänger weiter, die sie dann verarbeiten, z.B. die Ressourcenverwaltung, die Rezeptverwaltung, die Prozeßplanung, die Prozeßdokumentation, die Kopplung zu LIMS oder das Mailsystem für Benutzernachrichten. Dabei ist es unerheblich, ob die Meldungen durch den Bildschirmdialog für Herstellanweisungen oder über die Schnittstelle zu externen Systemen erzeugt wurden.

Monitorfunktionen gestatten die Kontrolle der eingegangenen Prozeßmeldungen sowie der Bearbeitungszustände der laufenden Steuerrezepte.

4.6 Verbindung zur Prozeßautomatisierung

Ist in einem Betrieb ein Prozeßleitsystem im Einsatz, kann zwischen diesem und der Prozeßkoordination über eine bereitgestellte Schnittstelle direkt eine Verbindung hergestellt werden. Häufig ist aber kein einheitliches Prozeßleitsystem im Einsatz, sondern es existiert eine heterogene Landschaft unterschiedlicher Regler, Steuerungen, SPS und Terminals verschiedener Hersteller und Intelligenz. Deshalb wurde das Modul **PDAS (Process Data Acquisition Server)** entwickelt, das aus Sicht der Produktionssteuerung eine einheitliche Schnittstelle zur Verfügung stellt. Die Aufgaben des PDAS-Moduls sind die Umsetzung zwischen den unterschiedlichen Geräteformaten und den Prozeßmeldungsformaten, die Verteilung und der Transport der Daten, die Echtzeitaufnahmen und Konsistenzprüfung von Daten sowie das Filtern und Verdichten von Informationen. PDAS besteht aus mehreren Bausteinen, z.B. dem Dynamic Configurator zur Speicherung der Konfigurationen, dem Event Synthesizer für Datenverdichtung und -transport und der Application Toolbox mit Werkzeugen zur Prozeßvisualisierung.

4.7 Verbindung zu LIMS

Neben den logistischen Qualitätsmanagementfunktionen, die den Materialfluß vom Wareneingang bis zum Versand unterstützen, sind in der Prozeßindustrie spezielle Systeme für qualitätssichernde Labors im Einsatz, die als Labormanagement- und -informationssysteme (LIMS) bezeichnet werden [6]. Die Labors sind für die Analyse von Rohstoff-, Zwischenprodukt- und Endproduktproben zuständig. Die Ergebnisse der Analyse können den Produktionsprozeß in erheblichem Maße beeinflussen. So können von den Analysewerten einer Intraprozeßkontrolle die weiteren Verfahrensschritte, die Produktionsdauer oder der Ma-

Labormanagement- und-informationssysteme

terialeinsatz abhängen. Für die Kopplung von LIMS werden die gleichen Mechanismen wie für die Anbindung der Prozeßleitebene genutzt, d.h. Prozeßvorgaben -insbesondere Prüfergebnisanforderung- und Prozeßmeldungen.

4.8 Dokumentation und Auswertung

Aufgaben des Moduls

Das Modul hat einerseits die Aufgabe, Hilfsmittel für die Erzeugung von Reports und Auswertungen über die durchgeführten Prozesse bereitzustellen, z.B. Ermittlung der Anlagenperformance. Hierzu werden allgemein übliche Standardauswertungen angeboten. Wichtig ist jedoch andererseits die Möglichkeit, daß sich der Anwender mit Endbenutzerwerkzeugen relativ einfach aus den zur Verfügung stehenden Daten selbständig individuelle Auswertungen zusammenstellen kann. Dazu können über Selektionsbildschirme Informationen aus Stammdaten (Planungsrezept, Ressourcen etc.) und Prozeßabläufe (Prozeßaufträge, Prozeßmeldungen) extrahiert und nach Übergabe an Windows-Programme, wie Excel und Access, dort aufbereitet und präsentiert werden.

Chargenprotokoll

Als **Dokumentationsaufgabe** ist insbesondere die Bereitstellung der Informationen für elektronische Chargenprotokolle hervorzuheben. Chargenprotokolle sind notwendig, um der allgemein anerkannten und geforderten GMP (Good Manufacturing Practice) der amerikanischen FDA (Food and Drug Administration) zu genügen. Dafür werden alle relevanten Werte und Ergebnisse der Prozesse, wie Material- und Ressourcenverbräuche, Gutmengen, Qualitätsinformationen der Analysen und elektronische Unterschriften der verantwortlichen Anlagenfahrer mit Zeitstempel aufgezeichnet und zusammen mit den Prozeßaufträgen einschließlich der Informationen des Planungsrezeptes gespeichert. Für die geforderte langfristige Aufbewahrung steht eine Schnittstelle zu einem optischen Archiv zur Verfügung.

5 Systemintegration

Durch den vorwiegend dispositiven Charakter der CAPISCE-Funktionen sind die Anwendungsmodule transaktionsorientiert, d.h. es überwiegen Dialoganwendungen (z.B. Datenpflege, Ad-hoc-Auswertungen, interaktive Planung) und automatisierte, zeitunkritische Abläufe (z.B. Generierung von Prozeßaufträgen und Steuerrezepten, Verarbeitung von Prozeßmeldungen). Damit konnten die Module mit der gleichen Systemtechnik wie andere Anwendungen von R/3 realisiert werden, d.h. die Module sind in ABAP/4 auf R/3-Basis entwickelt. Aus Sicht der bestehenden R/3-Logistikanwendungen können die CAPISCE-Module als Erweiterung und Anpassung an die Besonderheiten der Prozeßindustrie betrachtet werden [21]. Es wurden nicht alle Module neu entwickelt, sondern auf die für den Einsatz bei diskreter Fertigung existierenden PP-Module zurückgegriffen.

Bezug zu anderen R/3-Modulen

So ist die Ressourcenverwaltung eine Erweiterung des Moduls Arbeitsplätze, die Bestandsführung ist um chargenrelevante Informationen erweitert worden. Die Rezeptverwaltung wurde auf Basis der Module Arbeitspläne und Fertigungsaufträge implementiert. Die Planungsrezeptköpfe und die Vorgänge sind mit den gleichen Tabellen realisiert wie die Arbeitspläne. Dies war möglich, da die Anforderungen der Rezeptverwaltung in einem nicht unerheblichen Maße die Arbeitsplangestaltung beeinflußt haben. Ein Prozeßauftrag ist wie ein Fertigungsauftrag eine spezielle Belegart, für den der Auftragstyp 40 vorgesehen ist. Für die Umsetzung der Prozeßvorgaben wurden aber neue Tabellen und Masken benötigt. Die Terminierungsfunktionen und die graphische Darstellung der Plantafel des Prozeßplanungsmoduls wurden gemeinsam mit den Funktionen für das Shop Floor Control-Modul entwickelt, wobei die Erfahrungen der DASS-Leitstandsentwicklung eingeflossen sind. Neben der Ganttdarstellung konnten auch für das Management der Ressourcenstrukturen und der Anordnungsbeziehungen in den Rezepten graphisch-interaktive Verwaltungsfunktionen, wie in [11] vorgeschlagen, realisiert werden.

Die **Prozeßkoordination** ist dagegen eine Neuentwicklung. Die Schnittstelle PI-PCS gestattet die Verbindung zu der Prozeßleitebene, sowohl zu dem PDAS-Modul als auch zu anderen Prozeßleitsystemen. Für die langfristige Archivierung wird die Funktion ArchiveLink, für Auswertungen mit Windows-Programmen die OLE-Schnittstelle des R/3-Systems genutzt.

Die Integration zwischen LIM-Systemen und dem R/3-Qualitätsmanagement (QM) erfolgt über Prüfmerkmale, die für Rezeptvorgänge oder -phasen angelegt werden. Über die Prozeßvorgabeart Prüfergebnisanforderung können die Prüfergebnisse der LIM-Systeme den Prüfmerkmalen zugeordnet und von dem QM-Modul weiterverarbeitet werden.

R/3-Integration

Bei der Verwendung bestehender PP-Bausteine hat nicht nur die Reduzierung des Entwicklungsaufwandes im Vordergrund gestanden, sondern vor allem die Anbindung zu den anderen Logistik- und Finanzmodulen. Bspw. führen die gemeinsamen Strukturen von Arbeitsplan und Planungsrezept bzw. Fertigungsauftrag und Prozeßauftrag dazu, daß Prozeßaufträge nicht nur terminiert und an Prozeßleitsysteme weitergeleitet werden können, sondern auch alle anderen Funktionen der Fertigungsauftragsabwicklung zur Verfügung stehen, z.B. die Kalkulation. Auch bei der Namensgebung für Systemobjekte und -abläufe sind die allgemeinen Begriffsdefinitionen des R/3-Systems berücksichtigt. Dies hat den Nachteil, daß die Begrifflichkeiten nicht vollständig deckungsgleich mit den Normierungsempfehlungen sind (z.B. unterschiedliche Bedeutung der Begriffe Operation, Charge oder Funktion). Das wird allerdings durch den Vorteil der **durchgängigen Begriffsgestaltung** über den gesamten Logistikprozeß kompensiert, was auch den integrativen Charakter der Konzeption verdeutlicht. Zusammen mit anderen R/3-Anwendungen kann mit den Modulen die Unternehmensleitebene, die Produktionsleitebene und die Betriebsleitebene entsprechend Abbildung 3.1 abgedeckt werden.

ARIS-Informationsmodelle

Für die Modulkonzeption und zur Beschreibung der logischen Systemfunktionalität wurden Informationsmodelle erarbeitet, die in Form von Geschäftsprozeßmodellen und Datenmodellen dokumentiert sind. Sie sind im R/3-Analyzer und im ARIS-Toolset, die auf der Architektur integrierter Informationssysteme [22,23] basieren, hinterlegt und bilden einen Bestandteil der R/3-Referenzmodelle [9].

PP-PI

Seit Release 3.0 von R/3 sind die CAPISCE-Module unter der Bezeichnung PP-PI allgemein verfügbar, wobei noch nicht alle Module voll den oben beschriebenen Funktionsumfang aufweisen, insbesondere die Prozeßplanung. Andererseits stehen durch die R/3-Integration auch Funktionen in PP-PI zur Verfügung, die nicht explizit in CAPISCE konzipiert wurden. Die genaue Darstellung des Funktionsumfangs ist der Produktbeschreibung zu entnehmen [21]. Aufgrund der Betriebsstruktur der Pilotinstallationen wurden bei der Implementierung vorrangig die Anforderungen der chemischen Chargenfertigung berücksichtigt. Für die Weiterentwicklung von PP-PI ist neben dem Ausbau der Prozeßplanungsfunktionalität auch mit einer stärkeren Unterstützung spezifischer Anforderungen der kontinuierlichen Produktion sowie anderer Branchen, wie Pharma-, Nahrungs- und Genußmittelindustrie zu rechnen. Des weiteren wird mit dem Modul **EH&S (Environmental Protection, Health and Safety)** eine Stoffdatendank für den Einsatz in der chemischen Industrie entwickelt [20]. Neben einer Verbindung mit den Materialstammdaten und der Vertriebsabwicklung (Gefahrgutabwicklung, Sicherheitsdatenblätter) ist auch eine Integration mit PP-PI anzustreben. Diese ist beispielsweise notwendig, um die Betriebsanweisung nach Gefahrstoffverordnung für die Mitarbeiter in der Produktion zu erstellen.

PDAS-Implementierung

Das Modul PDAS als echtzeitorientierte Anwendung ist nicht Bestandteil des R/3-Systems. Es wurde von Digital Equipment auf Basis des Systems BASEstar entwickelt und ist auf den Betriebssystemen UNIX (OSF/1 und andere), Windows NT und OpenVMS verfügbar.

6 Pilotinstallationen und Bewertung

Obwohl Zeneca zu einem der ersten SAP-Anwender gehört (Zeneca ist aus einem Teil des ICI-Konzerns entstanden), waren anfangs in den im Projekt involvierten Unternehmensbereichen nur die SAP-Finanzsysteme im Einsatz. Für den logistischen Bereich wurden ein eigenentwickeltes MRP II-System sowie verschiedene kleinere, meist isolierte Systeme (z.B. ein Short-Term Scheduler) angewandt. Auf der Prozeßausführungsebene werden neben manuell betriebenen Anlagen verschiedene Automatisierungssysteme eingesetzt. Zenecas Ziel ist die durchgängige Unterstützung aller Ebenen. Dazu werden die CAPISCE-Module als Integrationsinstrument genutzt. Zur Zeit werden sukzessive weitere SAP-Module eingeführt, um den gesamten Logistikbereich abzudecken.

erste Installationen

Als Pilotinstallationen wurden die beiden Betriebe Fine Chemicals 1 (FC1) in Huddersfield (England) und Procion in Grangemouth (Schottland) gewählt. In FC1 werden Zwischenprodukte für Farben und Agrochemikalien hergestellt. Der Betrieb ist nur teilweise automatisiert und wird vornehmlich manuell gefahren. In Procion werden Textilfarben in stark automatisierten Prozessen hergestellt. Da noch nicht alle Module produktiv arbeiten, kann zur Zeit noch keine endgültige Aussage über den betrieblichen Nutzen der Installationen getroffen werden. Nach dem jetzigen Stand wird von Zeneca aber folgender Nutzen angegeben:

Nutzenpotentiale

- In der Reduzierung von Lagerbeständen, von Nacharbeiten aufgrund Qualitätsproblemen sowie des administrativen Overheads wird das größte Potential gesehen.
- Auch die Verringerung notwendiger Vorlaufzeiten und unerwarteter Prozeßereignisse wird als Nutzen erwartet.
- In geringerem Umfang sind ebenfalls positive Effekte bezüglich Energie- und Materialausbeute, Abfallaufkommen, Kapazitätsnutzung und Anlagenverfügbarkeit geplant.

Bewertung

Aufgrund weiterer Pilotinstallationen und Untersuchungen zu den Einsatzmöglichkeiten [4,24] können zu PP-PI weitere allgemeine Bewertungen vorgenommen werden:

- Der Hauptvorteil des Systems PP-PI liegt weniger in der dedizierten Unterstützung spezieller Funktionen der Betriebsleitebene, sondern vielmehr in der **Integration mit den unternehmensweiten Logistik- und Finanzsystemen** sowie in der **Anbindung der Prozeßleitebene**. Diese integrativen Aufgaben werden von dem System gut erfüllt.
- In der pharmazeutischen Produktion mit wenig komplexen Verfahrensschritten läßt sich der Vorteil der Integration gut verdeutlichen. Durch die Verbindung zu dem Modul QM lassen sich die Herstellung und die Qualitätssicherung von Wareneingang über Produktion bis Warenausgang durchgängig abbilden. Wichtig hierbei sind auch die Funktionen des Electronic Batch Recording und der Chargenverfolgung sowie die Möglichkeit, sämtliche Unterlagen für die langfristige Dokumentation zu archivieren.
- Mit der komplexen Rezeptverwaltung können sehr detaillierte Produktionsprozesse abgebildet werden. Inwieweit die Funktionalität genutzt wird, muß betriebsindividuell bestimmt werden und hängt stark von dem Automatisierungsgrad der Prozeßführung ab. Manuell betriebene Anlagen lassen sich gut und hinreichend genau abbilden. Die Aufgaben der Prozeßleitebene kann nicht vom PP-PI übernommen werden, so

daß sich bei automatisierten Systemen die Frage nach der Redundanz von Rezeptdaten stellt. Da die Prozeßleitsysteme detaillierte Verfahrensbeschreibungen benötigen, wird man im PP-PI die Rezepte vorzugsweise nur so weit spezifizieren, wie dies für die produktionslogistischen Aufgaben notwendig ist. Mit den Prozeßvorgaben im PP-PI können dann komplexe Grundfunktionen der Prozeßleitsysteme adressiert werden.

- Aufgrund des allgemeinen Ansatzes bietet die Prozeßplanung in PP-PI nur Grundfunktionalität. Bei nicht-trivialen Planungsaufgaben mit speziellen Problemstellungen empfehlen sich deshalb dedizierte Leitstände für Feinplanungsaufgaben [8, 18]. Um einen Bruch des Informationsflusses zu vermeiden, sollten solche Leitstände allerdings direkt mit den Planungsaufträgen von PP-PI arbeiten, wie z.B. der Leitstand PI-2. Dadurch ist nicht nur eine Offline-Planung möglich, sondern auch eine Feinplanung mit reaktiven Steuerungsmöglichkeiten.

Literaturverzeichnis

[1] Allweyer, Th.; Loos, P.; Scheer, A.-W.: An Empirical Study on Scheduling in the Process Industries, in: Scheer, A.-W. (Hrsg.), Veröffentlichungen des Instituts für Wirtschaftsinformatik, Heft 109, Saarbrücken, Juli 1994.

[2] Bertsch, L.; Geibig, K.-F.; Weber, J.: Betriebswirtschaftlicher Nutzen moderner Prozeßleittechnik in der Chemischen Industrie, in: atp - Automatisierungstechnische Praxis, 31(1989)1, S. 5-11.

[3] Eckelmann, W.; Geibig, K.-F.: Produktionsnahe Informationsverarbeitung - Basis für CIP, in: CIM Management, 5(1989)5, S. 4-9.

[4] Fouhy, K.; Parkinson, G.; Moore, S.: Batch Plants become a Reality, in: Chemical Engineering, 102(1995)9, S. 29-33.

[5] Hofmann, M.: PPS - nichts für die chemische Industrie?, in: io Management, 61(1992)1, S. 30-33.

[6] Hörner, E.; Klur, H.-P.; Kuhle, J.: Trends in der LIMS-Entwicklung, in: GIT Fachz. Lab., 38(1994)6, S. 695-696.

[7] ISA-dS88.01 (International Society for Measurement and Control), Batch Control, Part 1: Models and Terminology, Draft 12, 1994.

[8] Jänicke, W.; Thämelt, W.: Rechnergestützte Systeme zur Rezeptfahrweise, in: atp - Automatisierungstechnische Praxis, 36(1994)10, S. 38-47.

[9] Keller, G.; Meinhardt, S.: SAP R/3-Analyzer - Optimierung von Geschäftsprozessen auf Basis des R/3-Referenzmodelles, SAP AG (Hrsg.), Walldorf 1994.

[10] Kersting, F.-J.: Rezeptfahrweise chemischer Chargenprozesse: Anwendung der NAMUR-Empfehlung NE33, in: atp - Automatisierungstechnische Praxis, 37(1995)2, S. 28-38.

[11] Loos, P.: Konzeption einer graphischen Rezeptverwaltung und deren Integration in eine CIP-Umgebung, in: Scheer, A.-W. (Hrsg.), Veröffentlichungen des Instituts für Wirtschaftsinformatik, Heft 102, Saarbrücken, Juni 1993.

[12] Loos, P.: Produktionsplanung und -steuerung in der chemischen Industrie, in: Scheer, A.-W. (Hrsg.), Beiträge zur Tagung der Wissenschaftlichen Kommission Produktionswirtschaft, Saarbrücken 1993, S. 121-135.

[13] Loos, P.; Scheer, A.-W.: CAPISCE - A System Architecture for Production Management in Process Industries, in: World Batch Forum 1994 (Tagungsband, Phoenix AZ, 7.-9. März 1994), S. 18.1-18.8.

[14] Luber, A.: How to Identify a True Process Industry Solution, in: Production and Inventory Management, 12(1992)2, S. 16-17.

[15] Martin, F. C.: Planning Production Campaigns, in: Production and Inventory Management Journal, 30(1989)2, S. 1-5.

[16] NAMUR-Empfehlung (Normenarbeitsgemeinschaft für Meß- und Regelungstechnik in der Chemischen Industrie) NE33, Anforderungen an Systeme zur Rezeptfahrweise, Mai 1992.

[17] Packowski, J.: Betriebsführungssysteme in der Chemischen Industrie: Informationsmodellierung und Fachkonzeption einer dezentralen Produktionsplanung und -steuerung, Wiesbaden 1996.

[18] Packowski, J.: Ein Leitstand für die Betriebsleitebene der chemischen und pharmazeutischen Industrie, in: Pharma-Technologie Journal, 14(1993)3, S. 57-62.

[19] Polke, M.: CIP in der Verfahrensindustrie, in: CIM Management, 5(1989)5, S. 34-35.

[20] SAP (Hrsg.): EH&S Stoffdatendank, System R/3, Release 3.0, Funktionen im Detail, Vorabversion, März 1996.

[21] SAP AG (Hrsg.): Production Planning for Process Industries, R/3 System, Release 3.0, März June 1995.

[22] Scheer, A.-W.: ARIS Toolset: A Software Product is Born, in: Information Systems, 19(1994)8, S. 609-626.

[23] Scheer, A.-W.: Wirtschaftsinformatik - Referenzmodelle für industrielle Geschäftsprozesse, 6. A., Springer Verlag Berlin et al. 1995.

[24] Schumann, A.; Bruns, M.: Der Einfluß von SAP auf die Betriebs- und Prozeßleitebene, in: atp, 37(1995)11, S. 23-31.

[25] Schürbüscher, D.; Metzner, W.; Lempp, P.: Besondere Anforderungen an die Produktionsplanung und -steuerung in der chemischen und pharmazeutischen Industrie, in: Chem.-Ing.-Tech., 64(1992)4, S. 333-341.

[26] Uhlig, R. J.; Bruns, M.: Automatisierung von Chargenprozessen, München-Wien 1995.

Integration von SAP R/3 mit Fuzzy-Tools zur Bewertung von PPS-Entscheidungen

Dr.-Ing. Lutz Schmidt

Technische Universität Ilmenau
Fakultät für Wirtschaftswissenschaften
Fachgebiet Wirtschaftsinformatik I

1 Einleitung

Im betriebswirtschaftlichen Bereich setzt sich Standardsoftware gegenüber individuell entwickelten Programmen immer mehr durch. Mit dem System R/3 der SAP AG steht ein Softwareprodukt zur Verfügung, welches in fast allen betriebswirtschaftlichen Bereichen eines Unternehmens einen hohen Abdeckungsgrad erreicht. Aber Standardsoftware kann nicht allen Anforderungen genügen, so daß zusätzliche Komponenten in ein gesamtbetriebliches Informationssystem eingebunden werden müssen. Der Beitrag beschäftigt sich mit allgemeinen Vorteilen und Möglichkeiten der Integration von betriebswirtschaftlichen Standardsoftwaresystemen und Personalcomputerprogrammen als Bestandteile eines solchen Informationssystems.

Ein Anwendungsfeld für solche Integrationen ist die Bewertung von Entscheidungen im Produktionsplanungsbereich von Unternehmen. Hier kann durch die Anbindung von Fuzzy-Tools an ein R/3-System die Qualität des Entscheidungsprozesses erhöht werden. Nachfolgend werden eine Realisierung aus dem Bereich der mittelfristigen Produktionsplanungsentscheidungen und eine Umsetzung zur Bestimmung der Rentabilität von Kundenaufträgen vorgestellt.

2 Vorteile der Integration

Betriebswirtschaftliche Standardsoftwaresysteme und Softwareprodukte für Personalcomputer (Desktop-Anwendungen) unterscheiden sich in ihrer Architektur und ihren Leistungsparametern. In diesem Kapitel soll gezeigt werden, daß Desktop-Anwendungen eine sinnvolle Ergänzung betriebswirtschaftlicher Standardsoftwaresysteme darstellen.

R/3-System

Das System R/3 wird als **integriertes Informationssystem** in mittleren und großen Unternehmen eingesetzt. Es stellt eine Vielzahl von Funktionen für Vertrieb, Materialwirtschaft, Produktionsplanung und -steuerung, Rechnungswesen und andere Bereiche bereit. Der Einsatz eines solchen Produktes bietet gegenüber Desktop-Anwendungen mehrere Vorteile:

- große Funktionsvielfalt und damit hoher Abdeckungsgrad betriebswirtschaftlicher Anforderungen;
- Integration aller betriebswirtschaftlichen Funktionsbereiche mit zentraler Datenverwaltung;
- Mechanismen für den Zugriff mehrerer Nutzer auf identische Datenbestände;
- Verwaltung und Verarbeitung von Massendaten;
- anpaßbares Konzept zur Verwaltung der Benutzerrechte.

Desktop-Anwendungen

Es ist jedoch nicht möglich, alle Nutzeranforderungen mit einem Softwaresystem wie R/3 vollständig abzudecken. Unternehmensspezifische Details, wie spezielle Planungsverfahren oder flexible grafische Auswertungen können mit Desktop-Anwendungen durchgeführt werden. Große betriebswirtschaftliche Softwaresysteme müssen an die Unternehmensspezifik angepaßt werden. Aufgrund des Anpassungsaufwandes und der zwangsläufig auftretenden Rückwirkungen auf die betrieblichen Organisationsstrukturen und Geschäftsabläufe muß sich ein Unternehmen langfristig an ein solches Produkt binden. Demgegenüber können Desktop-Anwendungen schnell und mit wenig Aufwand ausgetauscht werden.

Desktop-Anwendungen sind sehr **flexibel einsetzbar** und besitzen eine **hohe Anwendungsbreite**. Neben allgemein anwendbaren Programmen, wie Textverarbeitungsprogrammen und Präsentationssoftware, gibt es eine Vielzahl von Programmen für ganz spezielle Einsatzfälle. Im Gegensatz zu komplexen Standardsoftwaresystemen sind PC-Programme mit relativ geringem Aufwand erstellbar. Deshalb ist auch in Zukunft zu erwarten, daß immer wieder neue, innovative Softwarelösungen auf PC-Basis entwickelt und angewendet werden.

Sowohl komplexe betriebswirtschaftliche Standardsoftwaresysteme wie R/3 als auch Desktop-Lösungen haben ihre Berechtigung und werden deshalb weiterhin koexistieren. Bei Integration beider Seiten können die Vorteile beider Lösungen genutzt werden. Während mit R/3 als Kern eines betrieblichen Informationssystems der Hauptteil der erforderlichen Standardfunktionen abgedeckt wird, sind die Desktop-Anwendungen individuell für die Lösung spezieller Aufgaben einzusetzen (1).

Ein Datenaustausch zwischen dem zentralen Informationssystem und den Desktop-Anwendungen erspart Mehrfacheingaben der gleichen Daten und die damit verbundenen Fehler. Konsistenzprobleme können verringert werden. Es wird möglich, ohne die gewohnte Bedienoberfläche des einen Systems zu verlassen, Teilfunktionen des anderen Systems zu nutzen.

3 Möglichkeiten der Integration

3.1 Integration aus Sicht des Nutzers

Zielstellung

Durch die Integration von Desktop-Anwendungen werden zusätzliche Funktionalitäten und komfortablere Benutzerschnittstellen für bestimmte Teilaufgaben bereitgestellt. Zentrales Ziel ist dabei die **Verbesserung der Arbeitsweise** des Nutzers und die **Verringerung von Fehlerquellen**. Aus diesem Grund sind die Möglichkeiten der Integration nicht nur aus technischer Sicht, sondern auch aus Sicht des Nutzers zu betrachten.

Bei der Integration von R/3 und Desktop-Anwendungen müssen aus Nutzersicht folgende Fragen gestellt werden:

- Welche zusätzlichen Funktionen und Informationen stehen zur Verfügung?
- Wird der Nutzer mit zusätzlichen Aufgaben wie Datenabgleich belastet?
- Müssen mehrere unterschiedliche Bedienoberflächen benutzt werden?
- Wie schnell und komfortabel verläuft die Kommunikation?

Ein wesentlicher Vorteil einer Softwareintegration besteht in der **Weiterverwendung von Daten**, die in einem der Systeme bereits vorliegen. Je nach Leistungsfähigkeit der Verknüpfung erfolgt die Datenübertragung automatisch oder durch zusätzliche Nutzeraktionen. Hier sollte angestrebt werden, daß der Nutzer lediglich eine Auswahl der zu übertragenden Daten vornimmt und nicht zusätzlich mit Konvertierungen oder manuellen Dateiübertragungen belastet wird. Ein Problem ist die Überwachung der Aktualität übertragener Daten. Oft werden Datenbestände verarbeitet, die einer permanenten Veränderung durch andere Nutzer unterliegen. Die Überwachung von Veränderungen oder manuell anzustoßende Datenabgleiche führen zu Mehrbelastungen des Nutzers und sind mögliche Fehlerquellen.

Deshalb sind Kopplungskonzepte wünschenswert, die automatische Aktualisierungen vornehmen oder die aktuellen Daten erst kurz vor deren Weiterverarbeitung übernehmen. Diese Forderung läßt sich jedoch bei großem Datenvolumen und permanenten Änderungen der Ausgangsdaten nur schwer erfüllen. Unter diesen Voraussetzungen müssen anwendungsspezifische Kompromisse zwischen Aktualität der Daten und Aufwand für deren Abgleich gesucht werden.

Varianten der Kopplung

Arbeitet ein Nutzer überwiegend mit R/3, sollte die Desktop-Anwendung nur bei Bedarf gestartet werden. Gleiches gilt bei vorwiegender Nutzung eines PC-Programmes und seltenem Zugriff auf das R/3-System. Nachfolgend wird das nur sporadisch genutzte System als Zusatzprogramm bezeichnet. Für diesen gelegentlichen Aufruf eines integrierten Programmes gibt es mehrere Varianten. Technisch unproblematisch, aber für den Nutzer aufwendiger, ist es, wenn das **Starten des Programmes durch den Nutzer** erfolgt. Eine komfortablere Variante ist ein **automatischer Aufruf** des Zusatzprogrammes durch die laufende Softwareanwendung. Dabei können die für den Anwendungsfall relevanten Daten geladen und die anstehenden Verarbeitungsfunktionen bereitgestellt oder sogar gestartet werden.

Der Aspekt der Benutzung unterschiedlicher Bedienoberflächen ist ebenfalls zu beachten. Sind keine Nutzerinteraktionen im Zusatzprogramm notwendig, empfiehlt sich, dessen **Funktionen im Hintergrund abarbeiten** zu lassen. Die Ergebnisse sollten danach an das aufrufende Programm zurückübertragen werden. Ähnlich ist zu verfahren, wenn nur die erweiterten Möglichkeiten der Anzeige des Zusatzprogrammes genutzt werden sollen. Auch dann sind dessen Verarbeitungsfunktionen im Hintergrund auszuführen und die **Ergebnisse automatisch anzuzeigen**. Der Nutzer verbleibt bei beiden Varianten der Abarbeitung vollständig in seiner gewohnten Bedienoberfläche. Es ist nicht notwendig, daß er die Bedienung des Zusatzprogramms beherrscht. Nur wenn eine **direkte Nutzerinteraktion im Zusatzprogramm** notwendig ist, läßt sich der Wechsel der Bedienoberfläche nicht vermeiden.

Die Wahl der geeigneten Variante für den Aufruf und die Abarbeitung der externen Funktionen ist sowohl von der Nutzergruppe als auch von deren Aufgabenprofil abhängig.

3.2 Integration aus Sicht der Softwaretechnologie

Kopplungsarten

Die oben beschriebenen Varianten der Nutzung integrierter Softwaresysteme erfordern unterschiedliche softwaretechnische

Realisierungen. Aus Sicht der Datenübertragung ist zwischen Online- und Offline-Kopplungen zu unterscheiden.

Die **Offline-Kopplung** ermöglicht nur eine getrennte Systembedienung und erfordert einen Datenaustausch über Dateien. Dafür müssen beide Systeme Schnittstellen zur Ein- und Ausgabe von Daten besitzen. Da die internen Datenformate in der Praxis meist voneinander abweichen, ist eine Konvertierung erforderlich. Günstiger als die Verwendung eines externen Konverters ist es, wenn mindestens eine der Datenschnittstellen an beliebige Dateiformate anpaßbar ist.

Abb. 3.1 Offline-Kopplungen über Dateiaustausch

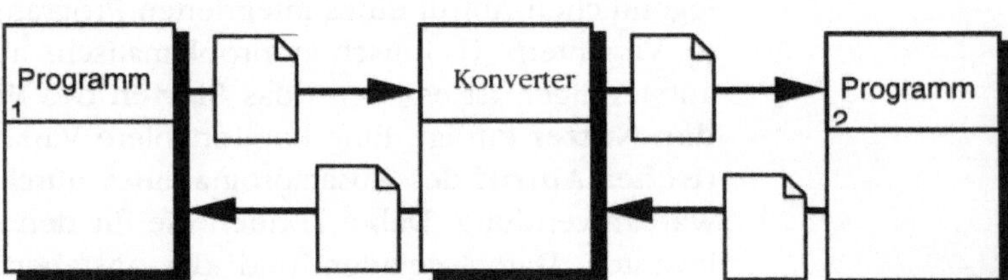

Dateiaustausch über externen Konverter

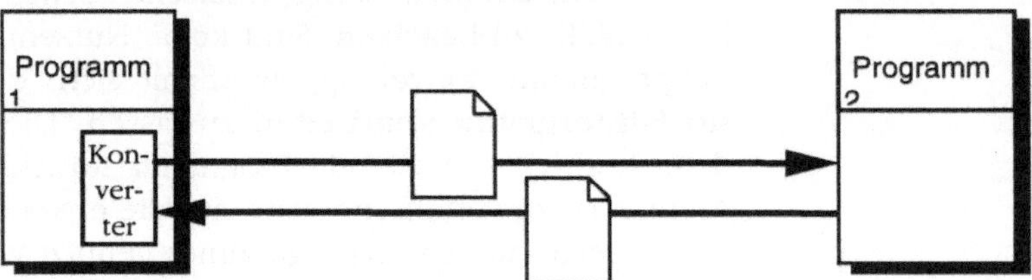

Dateiaustausch über interne Schnittstelle

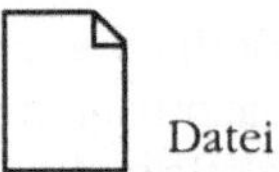

Beim Aufbau von Konvertierungsprogrammen sollten standardisierte Schnittstellenformate berücksichtigt werden. Die Standardisierungsbestrebungen für betriebswirtschaftliche Daten sind jedoch noch nicht sehr weit fortgeschritten.

Online-Kopplungen ermöglichen den direkten Informationsaustausch zwischen Programmen über Nachrichten. Sie können sich auf das Lesen von Daten des zweiten Systems beschränken oder darüber hinaus dessen Verarbeitungsfunktionen nutzen.

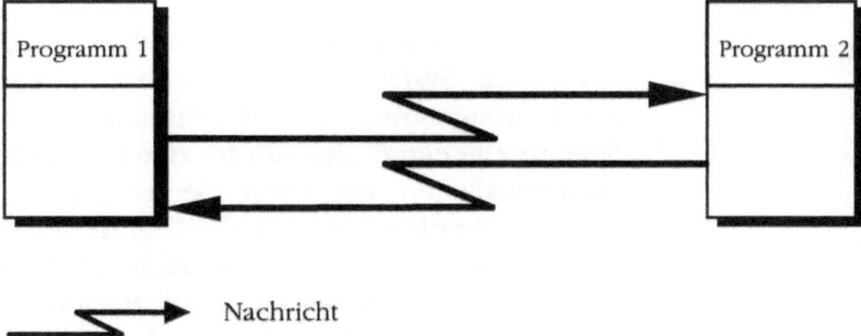

Abb. 3.2 Online-Kopplung über Nachrichtenaustausch

Oftmals bieten Desktop-Anwendungen sehr weitgehende Funktionen der Datenmanipulation. Werden Daten aus einem Standardsoftwaresystem wie R/3 gelesen und weiterverarbeitet, so ist das unproblematisch. Sollen manipulierte Daten zurückgeschrieben werden, treten dann Probleme auf, sobald direkt auf die R/3-Datenbank geschrieben wird. Die Datenkonsistenz ist dann nicht mehr gewährleistet. Dies kann verhindert werden, wenn bei der Datenübertragung alle Prüfungen erfolgen, die bei manueller Eingabe in das Standardsoftwaresystem erfolgen würden. Der lesende Zugriff externer Programme erfordert eine zusätzliche Überprüfung der Zugriffsrechte. Hier bietet es sich an, die Funktionen zur Zugriffskontrolle des aufgerufenen Systems zu nutzen.

Eine **funktionale Kopplung** kann über den reinen Datenaustausch hinausgehen (2). Dann nutzt das aufrufende Programm (Client) Funktionen eines anderen Programms (Server). Dazu müssen einzelne Module des gekoppelten Systems von außen aufrufbar sein. Dies setzt unter anderem voraus, daß diese Funktionen relativ unabhängig von anderen Softwarekomponenten abarbeitbar sind. Bei der Integration von betriebswirtschaftlichen Standardsoftwaresystemen und Desktop-Anwendungen können beide Komponenten sowohl als Server als auch als Client fungieren.

3.3 R/3-Integrationsschnittstellen

Das System R/3 bietet unterschiedliche Schnittstellen, um Kopplungen mit Desktop-Anwendungen zu realisieren (3). Die wichtigsten sind nachfolgend beschrieben.

Dateitransfer

Aus R/3-Programmen ist es möglich, Daten in Dateien auszugeben und aus Dateien einzulesen. Dabei kann der Dateiaufbau frei gestaltet werden. Damit sind die Voraussetzungen für einen **Dateitransfer** gegeben.

ODBC

Über **Open Database Connectivity** werden Daten direkt aus der in das System R/3 eingebundenen relationalen Datenbank unter Umgehung der R/3-Programme bereitgestellt. Diese Schnittstelle eignet sich nur für den lesenden Zugriff, da die R/3-Funktionalitäten zur Datenüberprüfung nicht genutzt werden können. Problematisch ist der Zugriff auf einige spezielle R/3-Tabellen, da bei diesen immer mehrere R/3-Tabellen gemeinsam in einer Datenbanktabelle abgelegt sind. Mit dem Release 3.0 wurde jedoch die Zahl dieser Tabellen stark verringert, so daß sich der Zugriff vereinfacht hat. Eingesetzt wird die Schnittstelle beispielsweise zur Übertragung von Daten an spezielle Auswertungsprogramme. Ein weiteres Problem beim direkten Zugriff auf die Datenbank ist, daß sich bei Release-Wechseln das Datenmodell des R/3-Systems ändern kann und damit eine ODBC-Anbindung nicht aufwärtskompatibel ist.

RFC

Eine funktionale Kopplung kann mit dem **Remote-Function-Call** (RFC) hergestellt werden. Hierbei handelt es sich um R/3-Funktionsbausteine, die über Nachrichten mit einem anderen Programm kommunizieren können. Daten können in beide Richtungen ausgetauscht werden. Über diese Schnittstelle können von R/3 aus andere Programme gestartet und deren Funktionen aufgerufen werden. Es ist aber auch möglich, dafür vorgesehene R/3-Bausteine von außen anzusprechen, um deren Funktionalität zu nutzen. Damit kann R/3 entweder als Client oder als Server benutzt werden.

BDC

Die **Batch Data Communication** (BDC) bietet die Möglichkeit, einen Nutzerdialog automatisch ablaufen zu lassen. Dabei können Daten, die von externen Systemen übernommen wurden, in die R/3-Datenbasis aufgenommen werden. Der Vorteil besteht darin, daß auch mit diesen Daten alle Überprüfungen durchgeführt werden, die bei manueller Eingabe erfolgen würden. Damit bleibt die Datenbank konsistent.

OLE2

Object Linking Embedding (OLE2) ist ein von der Firma Microsoft verwendeter Schnittstellenstandard für Desktop-Anwendungen. Auch im R/3-System stehen Funktionsbausteine zur Verfügung, mit der eine solche Schnittstelle realisiert werden kann. Das erleichtert vor allem die Integration dieser Anwendungen.

BAPI

Das **Business Application Interface** (BAPI) ist die jüngste Schnittstellenentwicklung der SAP AG. Über diese Schnittstelle kann ein Zugang auf betriebswirtschaftliche Objekte im R/3-

System, die Business Objects, erfolgen. Lieferant und Bestellung sind solche Objekte. Der Zugriff auf die Daten der Objekte erfolgt über objekteigene Funktionen (Methoden). Die Methoden sind über Standardinterfaces, wie OLE2 oder RFC, ansprechbar. Schrittweise sollen alle wesentlichen betriebswirtschaftlichen Daten als Business Objekts verfügbar werden.

Mit der im R/3-System integrierten Softwareentwicklungsumgebung können diese Schnittstellen anwendungsspezifisch angepaßt werden. Darüber hinaus kann ein Programmcode für die Schnittstellenfunktionalität von Desktop-Anwendungen generiert werden. Im weiteren werden zwei konkrete Realisierungen funktionaler Kopplungen zwischen R/3 und Fuzzy-Tools vorgestellt. Dabei wurde eine OLE2- und eine RFC-Schnittstelle realisiert.

4 Problematik der Bewertung von PPS-Entscheidungen

Im Bereich der Produktionsplanung und -steuerung werden vielfältige Entscheidungen über Termin sowie Art und Weise der Produktion getroffen. Solche Entscheidungen beinhalten jeweils einen Wahlakt zwischen mehreren Handlungsalternativen. Beispiele dafür sind die Annahme oder Ablehnung von Aufträgen, die Entscheidung über Eigen- bzw. Fremdfertigung oder die zeitliche und örtliche Verlagerung von Arbeitsfolgen.

Zielstellungen

Bei jeder Entscheidung sind die Handlungsalternativen anhand ihrer Auswirkungen zu bewerten. Dazu sind die Auswirkungen potentieller Handlungen zu quantifizieren und anhand der Ziele des gesamten Unternehmens zu vergleichen. Jedoch läßt sich die Erfüllung dieser **globalen Unternehmensziele** nur schwierig bestimmen oder gar vorhersagen. Ein Grund dafür ist, daß die Wirkungen von Handlungsalternativen auf die Unternehmensziele von vielen anderen Faktoren (zum Beispiel Kunden- und Konkurrenzverhalten) überlagert werden. Daher wird in der betrieblichen Praxis zumeist auf **technisch orientierte Ziele** ausgewichen, die meßbar und damit beurteilbar sind.

Bei der Bestimmung der Zielerreichung werden Standardsoftwaresysteme eingesetzt. Beispielsweise wird das Modul Produktionsplanung (PP) des Standardsoftwaresystemes R/3 zur Entscheidungsunterstützung im Produktionsbereich eingesetzt. In diesem können die Auswirkungen einer Entscheidung auf die Fertigung im voraus grob bestimmt werden. Die Kapazitätsplanung liefert Daten über die Auslastung von Maschinengruppen, die Durchlaufzeit und Termintreue der Aufträge sowie den Bestand an Material, halbfertigen Erzeugnissen und Endprodukten. Mögliche Planungsalternativen werden direkt anhand dieser technisch orientierten Ersatzziele bewertet. Im folgenden Bild sind wichtige Unternehmensziele und technisch orientierte Ziele zusammengestellt.

Abb. 4.1
Ziele der Produktionsplanung und -steuerung

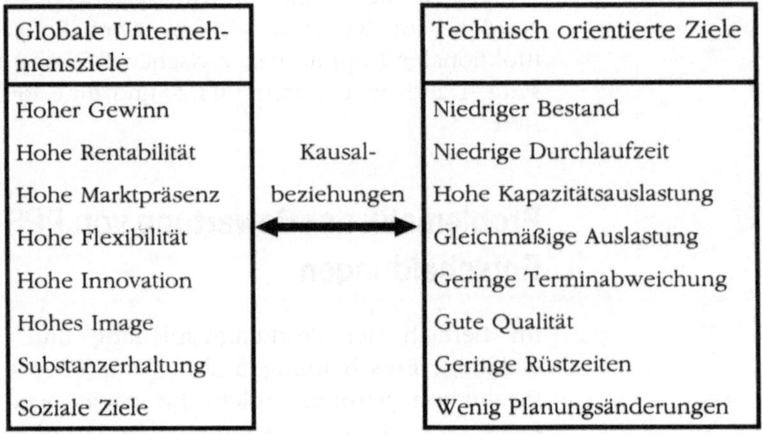

Dabei wird vorausgesetzt, daß eine gute Erfüllung aus der Sicht der technischen Ziele gleichzeitig eine gute Erfüllung in Hinblick auf die globalen Unternehmensziele ist. Diese Bewertung anhand der technisch orientierten Ziele hat jedoch mehrere entscheidende Nachteile:

1. Eine Bewertung unter Berücksichtigung mehrerer technisch orientierter Ziele setzt voraus, daß ein gemeinsamer Maßstab (zum Beispiel die Kosten) dieser Ziele existiert. Solch ein Maßstab läßt sich meist nur unter Zuhilfenahme von starken Vereinfachungen bilden.

2. Die technisch orientierten Ziele können den Zielen des Gesamtunternehmens nicht gleichgesetzt werden. Es bestehen Ursache-Wirkung-Beziehungen zwischen den technisch orientierten Zielen und den globalen Unternehmenszielen, jedoch sind diese nicht vollständig bekannt.

3. Die Ausgangsdaten der Planungsläufe werden als exakt angenommen, obwohl sie in starkem Maße unsicher sind. Bei-

spiel dafür sind pauschale Übergangszeiten für den Wechsel zwischen Arbeitsplätzen. Die Ermittlung der Auswirkungen der Handlungsalternativen berücksichtigt diese Unsicherheiten nicht.

4. Nicht exakt bestimmbare Einflußgrößen zur Beurteilung der Zielerfüllung werden außer acht gelassen. Hier seien beispielsweise ungeplante Ausfälle oder Auftragsänderungen genannt.

5. Die zu berücksichtigenden einzelnen Unternehmensziele sind nicht unabhängig voneinander.

Es ergeben sich mehrere Schlußfolgerungen:

- Die direkte Bewertung von PPS-Entscheidungen anhand technisch orientierter Ziele geht von stark vereinfachenden Annahmen aus und berücksichtigt nicht alle Informationen. Die so gefundenen Ergebnisse müssen deshalb in Frage gestellt werden.

- Viele Zusammenhänge und Daten sind nicht bekannt oder unsicher. Eine absolut exakte Bewertung einer PPS-Entscheidung anhand der Unternehmensziele ist aufgrund dieser unzureichenden Ausgangsinformationen und unbekannten Kausalbeziehungen nicht möglich. Es sollte deshalb angestrebt werden, durch die Einbeziehung möglichst vieler relevanter Informationen den Entscheidungsprozeß zu verbessern. Dabei kommt der Verarbeitung unsicherer Informationen eine große Bedeutung zu.

- Mit herkömmlichen PPS-Systemen lassen sich diese Probleme nicht lösen, weil sie nur für die Verarbeitung exakter Daten ausgelegt sind. Unsichere Informationen lassen sich mit ihnen in der Regel nicht verarbeiten. Diese Systeme müssen deshalb angepaßt oder erweitert werden.

Im folgenden wird untersucht, ob die dargelegten Probleme durch eine Kopplung von Standardsoftwaresystemen und Fuzzy-Systemen überwunden werden können.

5 Eignung von Fuzzy-Systemen

Für einen an den Unternehmenszielen orientierten Entscheidungsprozeß im PPS-Bereich fehlen viele Informationen und Verfahren zu deren Verarbeitung.

Informationsquellen

Betriebswirtschaftliche Standardsoftwaresysteme verwalten zahlreiche Informationen, die für eine exaktere Entscheidungsbewertung anhand der Unternehmensziele genutzt werden können. Dazu gehören gespeicherte Zusatzinformationen, wie Lieferantenflexibilität, Liquidität des Unternehmens, Störhäufigkeit und Streuung der Durchlaufzeiten. Sie können als Indikatoren für die Erreichung nicht direkt meßbarer Ziele genommen werden. Diese Informationen werden bisher kaum verwendet, weil sie situationsabhängig und unsicher sind und deshalb ihr Einfluß auf die Unternehmensziele nicht mathematisch exakt bestimmbar ist. Andere Informationen liegen nicht als kardinale Werte, sondern nur als linguistische Begriffe vor ("wichtiger Kunde", "Engpaßmaschine", "A-Erzeugnis").

Eine weitere ungenügend genutzte Informationsquelle ist das Wissen der **Mitarbeiter im Unternehmen**. Einige Beispiele:

- Ein Disponent kann einschätzen, wie kritisch eine Kapazitätsüberschreitung an einer bestimmten Maschine ist.
- Die Unternehmensleitung kann angeben, wie die Bestandshöhe und die Auslastung gegeneinander abzuwägen sind.
- Ein Fertigungsleiter kann die Auswirkungen von Durchlaufzeiten auf die Kosten und den Gewinn abschätzen.
- Ein Controller kann einschätzen, wie kurzfristige Erlösänderungen gegenüber langfristigen Kostenentwicklungen zu bewerten sind.

Dieses Expertenwissen ist in der Regel nicht rechentechnisch erfaßt. Meist liegt es nur verbal und unpräzise vor. Beide Informationsquellen können nicht mit herkömmlichen Datenverarbeitungsprogrammen verarbeitet werden. Sie können deshalb bisher nicht in eine automatische Bewertung einbezogen werden. Da in der Regel statistische Daten über die genannten Einflüsse fehlen, sind auch Verfahren des Operation Research nicht ausreichend.

Fuzzy Set Theorie

Als Lösung bietet sich die **Theorie der unscharfen Mengen** (Fuzzy Set Theorie) an. Kernpunkt dieser Theorie ist, daß ein

Element nicht exakt einer Menge zugeordnet werden muß. Der Grad der Zuordnung entspricht der Sicherheit der Aussage "Das Element gehört zur Menge". Die gegensätzliche Aussage "Das Element gehört nicht zur Menge" kann gleichfalls mit einer bestimmten Sicherheit angegeben werden. Ausführliche Darstellungen dieser Theorie finden sich in (4), (5) und (6).

Mit den Mitteln der Fuzzy Set Theorie lassen sich eine Reihe von Informationen abbilden und verarbeiten, die mit anderen Methoden nicht oder nur mit hohem Aufwand dargestellt werden können:

Unsichere Ausgangsdaten

Mit Zugehörigkeitsfunktionen können unsichere Ausgangsdaten abgebildet werden. Das heißt, für jeden beliebigen Wert kann bestimmt werden, wie sicher er zuordenbar ist. Abb. 5.1 zeigt die Zuordnung konkreter, normierter Deckungsbeiträge zur Aussage "hoher Deckungsbeitrag". Solch eine Aussage mit sprachlichen Formulierungen, wie "kein", "niedrig" oder "hoch" als Wertebereich, wird linguistische Variable genannt.

Abb. 5.1 Definition der linguistischen Variable „Deckungsbeitrag"

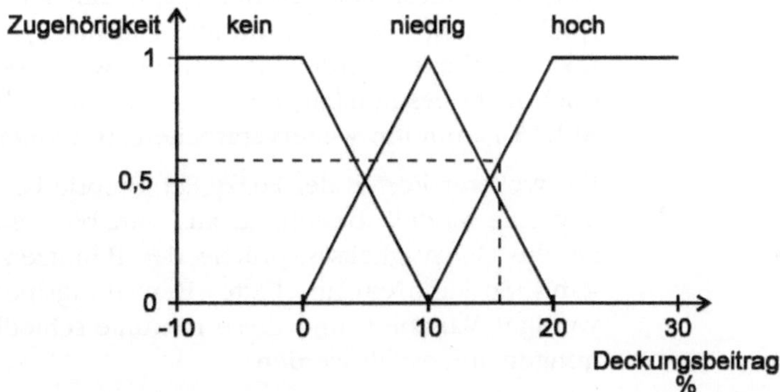

Ein Deckungsbeitrag von 16% der Auftragssumme wird demnach nur mit der Sicherheit von 0,6 als hoch eingeschätzt.

Widersprüchliche Aussagen

Durch die Überlappung von Zugehörigkeitsfunktionen können gleichzeitig zwei gegensätzliche Aussagen, die jeweils zu einem gewissen Grade zutreffen, abgebildet werden (vgl. Entscheidung "ablehnen" und "annehmen" in Abb. 7.2).

Unsichere Verknüpfungen

Einzelaussagen werden im Fuzzy-System durch Regeln und Operatoren miteinander verknüpft. Wenn eine Vorschrift zur Verknüpfung nicht eindeutig ist, kann dieser Sachverhalt beispielsweise als Gewicht (Sicherheit des Zutreffens) der Regel abgebildet und verarbeitet werden. Mit Fuzzy-Entscheidungsmodellen nach Felix (vgl. (7)), welches dem Anwendungsbeispiel im Kapitel 6 zugrundeliegt, können gleich- und gegenläufige Einflüsse auf Ziele berücksichtigt werden.

Nichtlineare Zusammenhänge

Durch spezielle Zugehörigkeitsfunktionen oder Verknüpfungsoperatoren können nichtlineare Beziehungen zwischen Variablen einfach dargestellt werden. So ist im nachfolgend beschriebenen Bewertungsmodell abgebildet, daß mit sinkender Kapazitätsauslastung die Sicherheit wächst, mit der ein Auftrag angenommen werden sollte. Wird jedoch ein bestimmter Schwellenwert der Auslastung unterschritten, verändert sich deren Einfluß auf die Annahmesicherheit nicht mehr.

Abbildung von linguistischem Wissen

Liegen die Informationen nur in sprachlicher Form vor (zum Beispiel "wichtiger Kunde", "normaler Kunde"), so können diese direkt verarbeitet werden. Ist beispielsweise der Deckungsbeitrag noch nicht bestimmbar, reicht es aus, ihn verbal anzugeben (vgl. Abb. 5.1), um ihn weiterverarbeiten zu können.

Ein weiterer Vorteil der Fuzzy Set Theorie ist, daß das zugrundeliegende Modell, bestehend aus Variablen und Verknüpfungen, an die Genauigkeitsansprüche des Benutzers angepaßt werden kann. So kann ein unscharfes Bewertungsmodell mit mehr oder weniger Variablen und diese mit unterschiedlich vielen Ausprägungen aufgestellt werden.

Auf dem Softwaremarkt sind auf Personalcomputern lauffähige Fuzzy-Tools verfügbar, die bereits in verschiedenen Anwendungsfällen zur Unterstützung betriebswirtschaftlicher Entscheidungen eingesetzt werden. Nachfolgend werden zwei Anwendungsbeispiele beschrieben, deren Nutzen zum großen Teil aus der Integration zwischen dem Standardsoftwaresystem R/3 und Fuzzy-Tools erwächst.

6 Anwendungsbeispiel zur Bewertung von PPS-Entscheidungen

6.1 Geschäftsprozeß "Bewertung einer PPS-Entscheidung"

Für die Bewertung von Handlungsalternativen im Rahmen der mittelfristigen Produktionsplanung wurde ein Prototyp erstellt. Dazu wurde das betriebswirtschaftliche Standardsoftwaresystem R/3 der SAP AG um ein Zusatzmodul zur Aufbereitung und Ergänzung entscheidungsrelevanter Daten erweitert und mit dem FuzzyDecisionDesk der Fuzzy Logik Systeme GmbH gekoppelt (8). In der vorliegenden Realisierung können beliebige Handlungsalternativen im Bereich der Produktionsplanung anhand ihrer Auswirkungen auf Unternehmensziele untereinander verglichen werden.Nachfolgend soll die Vorgehensweise zur Bewertung von PPS-Entscheidungen aus Sicht des Nutzers dargestellt werden. Der Geschäftsprozeß ist in Abb. 6.1 als ereignisgesteuerte Prozeßkette dargestellt.

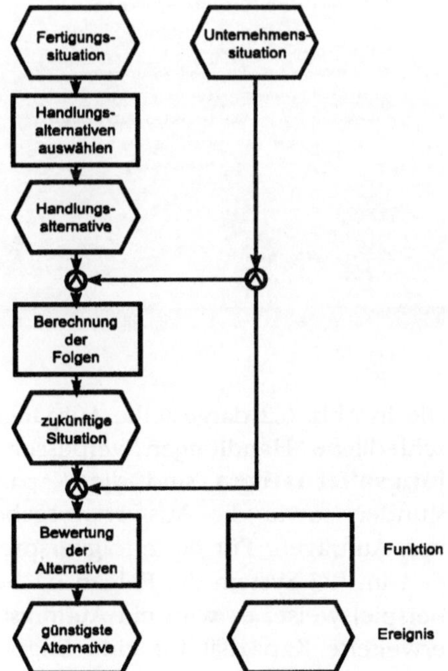

Abb. 6.1 Geschäftsprozeß „Bewertung einer PPS-Entscheidung"

Ablauf des Entscheidungsprozesses

Ausgangspunkt ist eine konkrete Situation des Unternehmens als Ganzes und der Fertigung im Speziellen.

Die **Unternehmenssituation** ist beispielsweise gekennzeichnet durch die Liquidität, die Auftragslage und die Bedingungen des Marktes. Dazu zählen auch die festgelegten Unternehmensziele und ihre Prioritäten.

Die **Fertigungssituation** wird vor allem durch die vorhandenen Ressourcen und die bereits im Prozeß befindlichen Aufträge bestimmt. Beispielsweise liegt eine Situation aus Sicht der Produktionsplanung vor, in der mehrere Aufträge nicht termingerecht fertiggestellt werden können. Grund ist die überlastete Kapazität eines Arbeitsplatzes. Abb. 6.2 zeigt die erfaßten Situationsparameter.

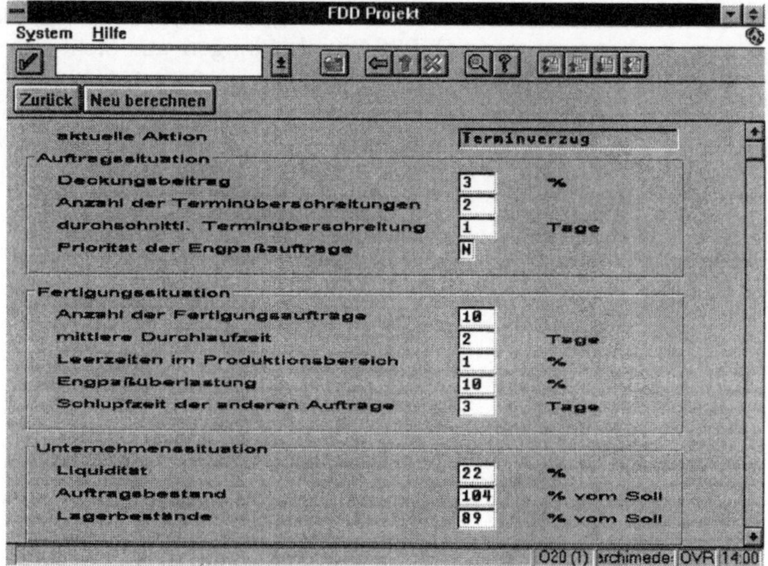

Abb. 6.2
Parameter der Ausgangssituation (SAP AG©)

Die in Abb. 6.2 dargestellte Ausgangssituation kann durch unterschiedliche Handlungen verbessert werden. Mögliche **Handlungsalternativen** sind die Kapazitätserhöhung durch Überstunden sowie die Auswärtsvergabe oder Terminverschiebung von Aufträgen. Für die erfolgversprechendsten Alternativen werden im R/3-System die Folgen nacheinander ermittelt. Das heißt beispielsweise, es wird ein Auftragstermin verschoben oder eine erweiterte Kapazität für eine Engpaßmaschine vorgesehen. Mit

Hilfe der R/3-Planungskomponenten wird jeweils berechnet, welche **zukünftige Situation** sich ergeben würde. Aus den entstehenden Planungsdaten werden die gleichen entscheidungsrelevanten Parameter abgeleitet, die in Abb. 6.2 für die Ausgangssituation dargestellt sind. Da sich nicht alle relevanten Größen errechnen lassen, besteht die Möglichkeit, zusätzliche Fakten manuell zu ergänzen.

Nachdem für mehrere Handlungsalternativen die Folgen ermittelt wurden, kann der Nutzer diese anhand der gleichen Situationsparameter bewerten, die bereits zur Beschreibung der Ausgangssituation herangezogen wurden. Da die Parameter nur die erreichten technischen Zielstellungen verkörpern, müssen sie in **Wirkungen auf die Unternehmensziele** umgerechnet werden.

Die Berechnung dieser Wirkungen basiert auf erfaßten Expertenmeinungen über Zusammenhänge zwischen einzelnen technischen Parametern und Unternehmenszielen. Als Entscheidungsgrundlage werden gewichtete Unternehmensziele herangezogen. Aus diesen Angaben wurde im FuzzyDecisionDesk ein Bewertungsmodell aufgestellt, mit dem die Zielerreichung der Handlungsalternativen ermittelt wird. Das Ergebnis (vgl. Abb. 6.3) wird eingeblendet, ohne daß der Nutzer mit der Datenübertragung oder der Bedienung des Fuzzy-Tools belastet wird.

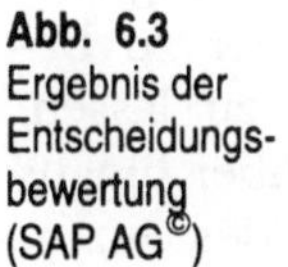

Abb. 6.3 Ergebnis der Entscheidungsbewertung (SAP AG©)

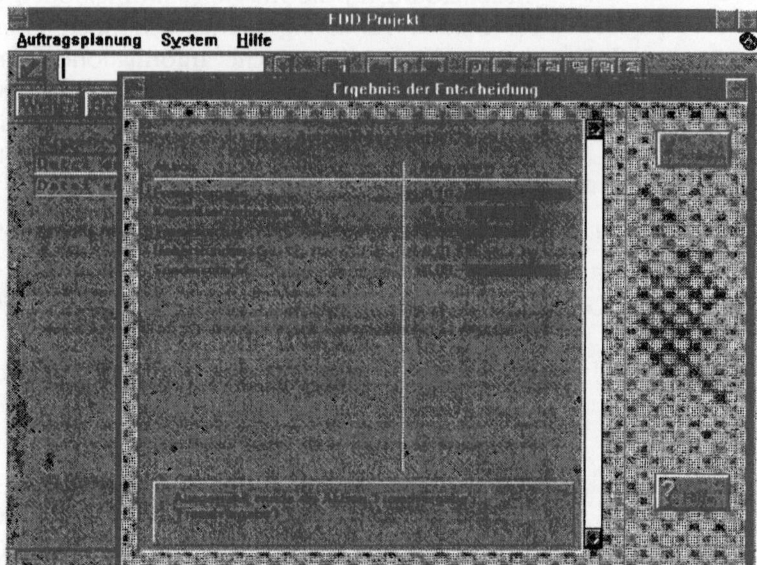

Im dargestellten Beispiel wurde die Alternative nacheinander "Fremdvergabe" als günstigste Alternative ausgewählt.

Aufgrund der realisierten Programm-Programm-Kopplung erfolgen Datenübergabe, Ermittlung der Handlungsalternative und Ausgabe automatisch.

Berücksichtigung der Entscheidungssicherheit

Wie bereits erwähnt, sind viele der Ausgangsdaten und der abgebildeten Zusammenhänge unsicher. Dieser Fakt muß bei der Interpretation des Ergebnisses berücksichtigt werden. Ein Vorteil der realisierten Fuzzy-Lösung ist die **Fehlertoleranz**. Geringe Fehler bei den Eingangsgrößen führen nicht zu großen Abweichungen der Ergebnisse.

Neben der Auswahl der günstigsten Alternative stellt der in Abb. 6.3 dargestellte Beta-Wert ein weiteres Ergebnis der Entscheidungsfindung dar. Er ist ein Maß für die Unterstützung der angestrebten Ziele durch eine Handlungsalternative. Die Differenz zwischen den Beta-Werten verschiedener Alternativen gibt an, wie stark eine Alternative eine andere dominiert. Sie kann als ein **Maß der Entscheidungssicherheit** herangezogen werden. Ist er groß, ist die Entscheidung sicher.

In Abb. 6.3 haben die Alternativen Fremdvergabe und Sonderschicht einen ähnlichen Beta-Wert. Aufgrund der oben beschriebenen Unsicherheit kann deshalb keine sichere Entscheidung gefällt werden. Es empfiehlt sich, insbesondere bei wichtigen Entscheidungen, die Ausgangsinformationen der Bewertung dieser beiden Handlungsalternativen noch einmal exakter zu bestimmen bzw. zusätzliche Informationen einfließen zu lassen. Danach kann eine erneute Bewertung erfolgen. Darüber hinaus kann der Nutzer bei Bedarf die volle Funktionalität des Fuzzy-DecisionDesk nutzen, um den Weg der Entscheidung nachzuvollziehen.

Vorteile der Lösung

Die Praxis in Produktionsunternehmen ist oft dadurch gekennzeichnet, daß viele Entscheidungen unter Zeitdruck getroffen werden müssen. Die beschriebene Vorgehensweise bietet hier mehrere Vorteile:

- Der Nutzer muß die von ihm gewohnte R/3-Umgebung nicht verlassen. Alle externen Funktionen werden automatisch ausgeführt.
- Relativ konstante Einflußfaktoren, wie die Prioritäten der Unternehmensziele, werden ständig berücksichtigt, müssen jedoch nur in größeren Abständen überprüft werden.
- Viele aktuelle entscheidungsrelevante Daten werden automatisch ermittelt und in die Bewertung einbezogen.

- Es ist möglich, klare Entscheidungen schnell zu fällen und mehr Zeit auf die unsicheren Entscheidungen zu verwenden.
- Die Entscheidungen können aufgrund ihrer Sicherheit auf mehrere Nutzergruppen mit unterschiedlicher Kompetenz verteilt werden.

6.2 Softwarerealisation

Bestandteile

Im **System R/3** sind die aktuellen Daten der betriebswirtschaftlichen Funktionsbereiche Rechnungswesen, Vertrieb, Produktionsplanung und Materialwirtschaft gespeichert. Damit steht eine einheitliche Datenbasis aller rechentechnisch erfaßten, betriebswirtschaftlich relevanten Daten zur Verfügung. Aus diesen Daten lassen sich sowohl Informationen über die allgemeine Lage des Unternehmens als auch über die konkrete Situation in einem Produktionsbereich ableiten.

Mit der integrierten Entwicklungsumgebung des Systems R/3 wurde ein **Zusatzmodul zur Gewinnung, Verwaltung und Konvertierung entscheidungsrelevanter Informationen** erstellt. Dieses Modul wertet die Daten aus der R/3-Basis aus, die aufgrund einer spezifischen Planungssituation und der allgemeinen Unternehmenssituation entscheidungsrelevant sind. Die umfangreichen R/3-Datenbestände werden dabei zu wenigen, die Situation charakterisierenden, Parametern zusammengefaßt (vgl. Abb. 6.2). Beispielsweise wird aus den aktuellen Planungsdaten die Anzahl und Höhe der Terminüberschreitungen ermittelt. Die Sachkontenstände der Finanzbuchhaltung bilden die Basis für die Berechnung der Liquidität. Weiterhin können nicht berechenbare Daten, wie entstehende Zusatzkosten, manuell eingegeben werden.

Da es mit den Standardfunktionen des R/3-Systems nicht möglich ist, die Auswirkungen mehrerer Handlungsalternativen zu speichern, werden die ermittelten Parameter der Situation aller Alternativen durch das Zusatzmodul verwaltet. Im Gegensatz zu den umfangreichen Planungsdaten selbst, ist der Umfang der gespeicherten Situationsparameter sehr gering. Das Zusatzmodul beinhaltet weiterhin Funktionen zur Eingabe der Unternehmensziele, ihrer Prioritäten und der Beziehungen zwischen Situationsparametern und Zielen. Im Modul werden die Auswirkungen mehrerer Handlungsalternativen zu einer Wirkungsmatrix zusammengefaßt und an das FuzzyDecisionDesk weitergegeben.

Das für Fuzzy-Entscheidungsunterstützungen konzipierte Tool **FuzzyDecisionDesk** ermittelt, inwieweit mit den gegebenen Handlungsalternativen die Ziele erreicht werden können. Dabei wird die Wichtung der Zielkriterien, Zielkonflikte und Zielgleichläufigkeiten bei der Entscheidungsfindung berücksichtigt. Ergebnis ist die in Bild 6-3 dargestellte Bewertung der Alternativen.

Kopplung

Das R/3-Zusatzmodul läuft auf einem Applikationsserver der R/3-Installation. Das FuzzyDecisionDesk wird auf dem Personalcomputer abgearbeitet, der auch als R/3-Präsentationsserver genutzt wird. Die Kopplung beider Softwaresysteme erfolgt online über eine **OLE2-Verbindung**.

Abb. 6.4
Kopplung zwischen R/3 und FuzzyDecisionDesk

Dabei fungiert R/3 als Client und das FuzzyDecisionDesk als Server. R/3 startet das Fuzzy-Tool und aktiviert dessen Funktionen zur Datenübernahme und zur Entscheidungsermittlung. Die Datenübertragung erfolgt im Format des Fuzzy-Tools, so daß mit den entscheidungsrelevanten Daten auch unabhängig vom R/3-System gearbeitet werden kann. Da nur vorverarbeitete Daten übertragen werden, treten bei der Datenübertragung und der anschließenden Verarbeitung keine Performanceprobleme auf.

7 Anwendungsbeispiel zur Rentabilität von Kundenaufträgen

7.1 Geschäftsprozeß "Bewertung von Kundenaufträgen"

Im folgenden wird eine Realisation zur Bewertung der Rentabilität von Kundenaufträgen dargestellt. Für diesen Anwendungsfall wurde das System R/3 erweitert und mit dem Fuzzy Control Manager der Firma TransferTech GmbH verknüpft (9). Der Geschäftsprozeß zur Bewertung von Kundenaufträgen wird am Beispiel der Annahme oder Ablehnung eines zusätzlich eingegangenen Auftrages dargestellt. Die Lösung ist analog auf andere betriebswirtschaftliche Entscheidungen anwendbar. So kann die Entscheidung, ob ein komplexes Angebot erstellt werden soll oder die Festlegung einer Auftragspriorität ähnlich, erfolgen.

Ablauf des Entscheidungsprozesses

Ausgangspunkt der Auftragsbewertung ist das **Eintreffen eines Kundenauftrages** im Unternehmen. Auch bei diesem Anwendungsbeispiel bilden die R/3-Standardfunktionen der Bereiche Vertrieb und Produktionsplanung die Basis der Berechnung. Wurde ein Kundenauftrag erfaßt, kann der Nutzer über ein Zusatzmodul aus der R/3-Datenbank **entscheidungsrelevante Parameter ermitteln** lassen.

In der betrieblichen Praxis erfolgt die Entscheidung zumeist nur auf Grundlage des durch eine standardisierte Kalkulation ermittelten Deckungsbeitrages. Dabei werden Regelbearbeitungszeiten, durchschnittliche Material- und Bearbeitungskosten dem zu erwartenden Erlös gegenübergestellt. Die Situation im Produktionsbereich während des geplanten Fertigungszeitraumes wird nicht beachtet. Marktorientierte Entscheidungskriterien werden, wenn überhaupt, nur im nachhinein berücksichtigt. In manchen Fällen läßt sich auch keine genaue Kalkulation durchführen. Ein Beispiel dafür sind die Unternehmen, welche kundenspezifische Maschinen und Anlagen projektieren und fertigen. Zum Zeitpunkt der Auftragsannahme lassen sich weder die Kosten noch die Durchlaufzeiten exakt vorherbestimmen, da noch nicht feststeht, was genau produziert werden soll. Aber auch in solchen Fällen liegen Informationen vor, die die Entscheidungsfindung unterstützen können.

Einflußgrößen der Entscheidung

In der vorliegenden Realisierung ist der **Deckungsbeitrag** die zentrale Entscheidungsgröße des vorliegenden Bewertungsmodells. Dieser Wert wirkt sich direkt auf die Unternehmensziele

Gewinn und Rentabilität aus. Es ist möglich, den Deckungsbeitrag aus Erlös und variablen Kosten zu bestimmen oder, wenn diese Daten nicht vorliegen ihn, wie in Abb. 5.1 dargestellt, verbal einzuschätzen. Die Entscheidung wird zusätzlich durch nachfolgende Größen beeinflußt:

- Auftragslage
- Priorität des Erzeugnisses aus Marketingsicht
- Kundengruppe
- Kapazitätsengpässe
- Kosten für die Ausweitung des Kapazitätsangebotes
- Bestände in der Produktion
- Schlupfzeiten eingelasteter Aufträge

Da nicht alle Einflüsse exakt ermittelt werden können, werden unsichere Informationen herangezogen, die mögliche Auswirkungen widerspiegeln. So sind beispielsweise Zusatzkosten möglich, wenn bereits eingelastete Aufträge hoher Priorität verschoben werden müßten, um den neuen Auftrag zu fertigen. Die aus den R/3-Daten ermittelten Parameter können manuell ergänzt oder angepaßt werden. Die folgende Abbildung zeigt die Erfassungsmaske:

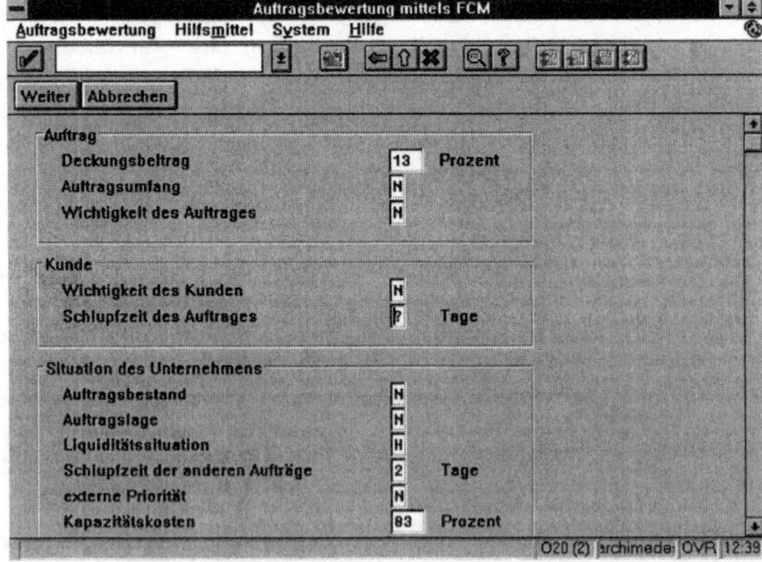

Abb. 7.1 Erfassungsmaske für Situationsparameter (SAP AG©)

Zur **Auswertung** werden die Daten an den Fuzzy Control Manager übergeben und mit einem Bewertungsmodell verarbeitet. Ergebnis ist ein **Entscheidungsvorschlag** über die Annahme oder Ablehnung des erfaßten Kundenauftrages. Der Nutzer kann dabei zwischen zwei Vorgehensweisen wählen:

Alternativen der Abarbeitung

Wird nur ein schnelles Ergebnis des Entscheidungsprozesses gewünscht, kann die **Abarbeitung** des Fuzzy-Reglers **im Hintergrund** erfolgen. Es erscheint nur das an das R/3-System zurückgegebene Ergebnis.

Soll der Weg zur Entscheidung und die Entscheidungssicherheit berücksichtigt werden, kann die Vollversion des Fuzzy-Tools vom R/3-System aufgerufen werden. Der Nutzer kann dann den Fuzzy-Regler **interaktiv abarbeiten** und die Visualisierungsfunktionen des Tools nutzen. Außerdem ist es möglich, die Entstehung der Entscheidung schrittweise nachzuvollziehen und das Modell sowie die Ausgangsdaten bei Bedarf zu konkretisieren. Letzteres ist dann empfehlenswert, wenn die Sicherheit des Entscheidungsvorschlages gering ist.

Berücksichtigung der Entscheidungssicherheit

Zusätzlich zur Entscheidung selbst kann eine Aussage über deren Sicherheit getroffen werden. In Abb. 7.2 werden exemplarisch für die Implementierung des Bewertungsmodells zwei der Einflußgrößen mit ihren Ausprägungen und das berechnete Ergebnis dargestellt.

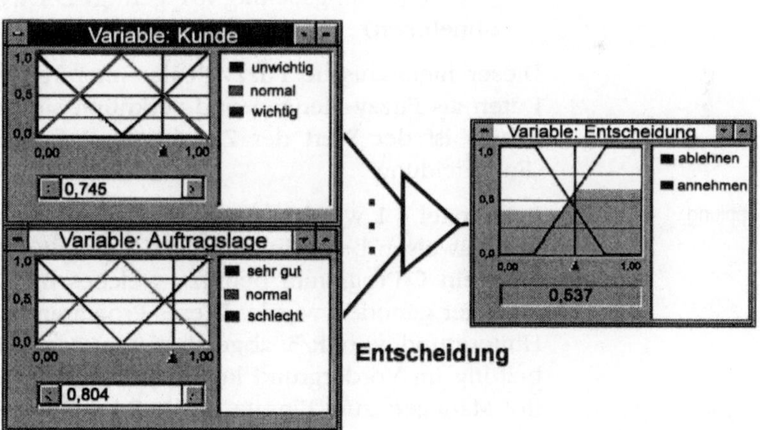

Abb. 7.2 Bewertungsmodell zur Auftragsannahme (Ausschnitt)

Da die Ergebnisvariable "annehmen" nur unwesentlich stärker bewertet wurde als die Variable "ablehnen", ist die Sicherheit, mit der die Entscheidung getroffen werden kann, relativ gering und sollte deshalb, wie bereits beschrieben, nochmals überprüft werden. Eine automatische Weiterverarbeitung des Entscheidungsergebnisses im R/3-System ist technisch möglich, wurde aber im vorliegenden Beispiel nicht angestrebt.

7.2 Softwarerealisation

Bestandteile

Auch bei diesem Anwendungsbeispiel wird das **R/3-System** als Datenbasis genutzt. Erweitert wurde es auch hier um ein in ABAP/4 erstelltes **Modul zur Datenaufbereitung und zur Eingabe der Vorschlagswerte**. Ein Teil der entscheidungsrelevanten Parameter wird direkt aus dem R/3-Datenbestand berechnet. Beispielsweise wird die Auftragslage aus dem aktuellen Auftragsbestand ermittelt.

Das regelbasierte Bewertungsmodell selbst wurde mit dem **Fuzzy Control Manager** implementiert. Die einzelnen Ausgangswerte des Modells wurden als linguistische Variablen vereinbart, die Beziehungen zwischen den Einflußgrößen als Regelbasis abgelegt. Hier ein Beispiel für eine Beziehung und die dafür implementierte Regel:

> Ein Auftrag sollte auch bei geringerem Deckungsbeitrag angenommen werden, wenn die Auftragslage schlecht ist und der Auftrag von einem wichtigen Kunden kommt.
>
> WENN (Auftragslage IST schlecht) UND (Kunde IST wichtig) UND (Deckungsbeitrag IST gering) DANN (Entscheidung IST annehmen)

Dieser hierarchische Fuzzy-Regler interpretiert die übermittelten Daten als Fuzzy-Mengen und verknüpft sie miteinander. Das Ergebnis ist der Wert der Zugehörigkeitsfunktionen der Variable „Entscheidung".

Kopplung

Im Kapitel 7.1 wurden zwei durch den Nutzer auswählbare Vorgehensweisen beschrieben. Bei der Abarbeitung im Hintergrund wird ein C-Programm benutzt, welches mit dem Fuzzy Control Manager generiert wurde. Dieses Programm kann automatisch im Hintergrund von R/3 abgearbeitet werden. Im Falle der Abarbeitung im Vordergrund kommt die Vollversion des Fuzzy Control Managers zum Einsatz. Beide Programme werden direkt vom System R/3 aus aufgerufen. Der Aufruf und die Datenübermittlung erfolgen über **RFC**. Lediglich bei der Datenübertragung zur Vollversion wird zusätzlich eine Schnittstellendatei erzeugt. Abb. 7.3 skizziert beide Möglichkeiten.

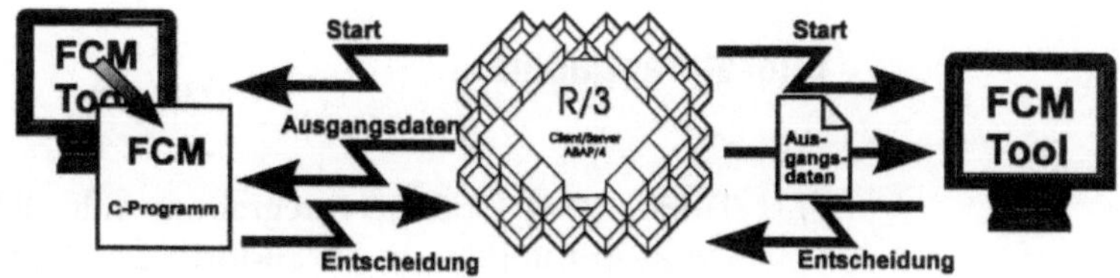

Abb. 7.3 Kopplung zwischen R/3 und Fuzzy Control Manager

8 Ergebnisse

Die Umsetzung der zwei unscharfen Bewertungsmodelle hat gezeigt, daß unter Anwendung der Fuzzy Set Theorie betriebswirtschaftliche Entscheidungen zielkonformer gefällt werden können. Wichtige bisher nicht berücksichtigte Informationen können mit einer derartigen Kopplung einbezogen werden. Dies gelingt, weil eine Reihe von wichtigen Informationen automatisch aus vorhandenen Datenbeständen des R/3-Systems gewonnen werden und zusätzlich das Wissen der Entscheidungsträger in Bewertungsmodelle einfließt.

Darüber hinaus werden Aussagen zur Sicherheit der Entscheidung abgeleitet. Die Ergebnisse sind fehlertolerant, das heißt geringfügige Abweichungen der Ausgangsdaten führen nicht zu sprunghaften Ergebnisänderungen. Dieses Verhalten wurde aufgrund der vorliegenden stetigen Zusammenhänge zwischen den Einflußgrößen angestrebt.

Es ist ausreichend, die Regelmenge auf signifikante Verknüpfungen zu beschränken. Die Problembereiche müssen deshalb nicht vollständig beschrieben werden. Auf der anderen Seite können aber komplizierte, sprachlich erfaßte Zusammenhänge umgesetzt werden. Eine interaktive Beeinflussung der Ausgangsgrößen und damit der Entscheidung ist einfach realisierbar. Die realisierten Online-Kopplungen führen zu kurzen Antwortzeiten und einer einfachen Handhabung des Gesamtsystems.

Der Entscheidungsprozeß im Bereich der Produktionsplanung wird durch herkömmliche PPS-Systeme nicht hinreichend unterstützt. Durch die Anwendung von Fuzzy-Tools und die Verbindung beider kann jedoch eine bessere Qualität dieser Entscheidung erzielt werden.

Literaturangaben

(1) Tillert, P.: Desktop-Integration mit R/3, In Workshop Desktop-Integration, Walldorf 27.09.1995, Vortragsunterlagen.

(2) Schilling, S.: Integration von Fremdprodukten in R/3 - Vorteile der funktionalen Kopplung, in: Wenzel, P. (Hrsg.): Geschäftsprozeßoptimierung mit SAP-R/3, Vieweg, Wiesbaden, 1995.

(3) SAP AG (Hrsg.): SAP-Online-Dokumentation, Version 3.0d, Walldorf, 1996.

(4) Saliger, E.: Betriebswirtschaftliche Entscheidungstheorie, München, Wien, 1988.

(5) Zimmermann, H.-J. (Hrsg.): Fuzzy Technologien: Prinzipien, Werkzeuge, Potentiale, Düsseldorf, 1993.

(6) Kruse, R.; Gebhardt, J.; Klawonn, F.: Fuzzy-Systeme, Stuttgart, 1993.

(7) Felix, R.: Fuzzy Entscheidungsunterstützung bei Analyse und Optimierungsentscheidungen, in: 6. Ilmenauer Wirtschaftsforum "Produktionsfaktor Information", Tagungsband, Ilmenau 1996.

(8) o.V.: FuzzyDecisionDesk für Windows, Benutzerhandbuch zur Version 1.7, Dortmund, 1995.

(9) o.V.: Fuzzy Control Manager (FCM), Bedienungsanleitung, Braunschweig, 1995.

Integration heterogener Systeme in der Automobilbranche: Kopplung FORS/GB mit den SAP R/3-Modulen FI und CO

Prof. Dr.-Ing. Herbert Glöckle

Fachhochschule für Technik und Wirtschaft, Reutlingen

Dipl.-Inf. (FH) Thomas Dietz

Mercedes-Benz AG, Stuttgart

Dipl.-Inf. (FH) Martin Prystaz

Fachhochschule für Technik und Wirtschaft, Reutlingen

Dipl.-Inf. (FH) Ellen Ruckwied

Technodata GmbH, Renningen

1 Aufgabenstellung

In der Automobilzulieferindustrie mit der dort typischen engen Kopplung zwischen dem Automobilhersteller und seinem Lieferanten sind leistungsfähige Systeme im Einsatz, die einen hohen Spezialisierungsgrad im Bereich der Produktionslogistik besitzen. Diese Systeme sind abgestimmt auf die dort üblichen Formen der Zusammenarbeit, geprägt von kurzfristigen Lieferabrufen, basierend auf vorher vereinbarten Rahmenverträgen. Als Steuerungsmethode werden oft Fortschrittszahlensysteme eingesetzt.

Das R/3-System deckt mit seinen Modulen einen weiten betriebswirtschaftlichen Bereich in den Unternehmen ab. Durch die branchenbedingte Situation wird es jedoch erforderlich, Schnittstellen zwischen den bestehenden Systemen in der Produktionslogistik und dem SAP-System zu realisieren.

Eine weitere Besonderheit dieser Branche ist die enge Kommunikation mit Hilfe von genormten DFÜ-Schnittstellen, wie EDIFACT oder ODETTE, die in den auf die Zulieferindustrie spezialisierten Systemen stark ausgeprägt ist. Wenn, wie dies in den der Automobilbranche üblich ist, die endgültigen Lieferabrufe erst wenige Stunden vor der Auslieferung festgelegt werden, dann sind solche Kommunikationsstrukturen, die ohne Zeitverlust auf dieser Strecke auskommen, ein wichtiger Erfolgsfaktor.

Im Bereich der Finanzwirtschaft und des Controllings bieten diese Spezialsysteme dagegen oft keine oder nur ein unbefriedigendes Leistungsspektrum. Deshalb bietet es sich an, hier auf die Komponenten des R/3-Systems, d.h. auf die Module FI und CO zurückzugreifen. Insbesondere im Zuge weiterer Internationalisierung und der damit verbundenen Verlagerung von Produktionsstätten ins Ausland wird es für die Unternehmenszentrale immer wichtiger, ein international einsetzbares, den Gegebenheiten des jeweiligen Produktionslandes trotzdem Rechnung tragendes Finanzwirtschaftspaket zu implementieren. Durch die einheitliche Form wird es möglich, die notwendigen Zahlen zur Steuerung und Kontrolle des Geschehens vor Ort in relativ einfacher Weise zu erfassen und der Zentrale kurzfristig zur Verfügung zu stellen. Die Systemeinführung und die Wartung werden dadurch ebenfalls erleichtert.

So wurde von der Firma SLIGOS Industrie GmbH, die ihr relativ weit verbreitetes System FORS/GB vertreibt, die Bitte an uns herangetragen, eine Kopplung zwischen den beiden Systemen FORS/GB und R/3 zu konzipieren und zu realisieren.

An Hand eines Beispielunternehmens aus der Automobilbranche wurden die notwendigen Schnittstellen entworfen, die Parametrisierungsarbeiten im R/3-System vorgenommen und die Kopplung realisiert. Besondere Probleme ergaben sich an zwei Stellen:

Durch die Überdeckung der Funktionalität des FORS/GB- und des R/3-Systems war es notwendig, eine saubere Trennlinie zwischen den Funktionalitäten zu ziehen, die im einen oder im anderen System abgewickelt werden sollen und dies in organisatorischen Absprachen festzuhalten.

Ein zweites, sich durch die ganze Arbeit hindurchziehendes, Problem war die unterschiedliche Hierarchieabstufung in der Unternehmensorganisation im SAP- und im FORS/GB-System. Das SAP-System kennt als unterste Stufe im Bereich des Rechnungswesens den Buchungskreis, während FORS/GB darüber hinaus alle Rechnungen etc. auf eine andere Stufe, das Werk, bezieht. Im Datenaustausch ergeben sich hier einige Zuordnungsprobleme, auf die im Verlauf der weiteren Darstellung noch genauer eingegangen wird.

Im folgenden sollen zunächst die Funktionalität und Funktionsaufteilung der beiden Systeme FORS/GB und R/3 dargestellt werden. Im Anschluß werden die wesentlichen Bestandteile des Unternehmensszenarios vorgestellt und die schnittstellenrelevanten Geschäftsprozesse beschrieben. In den weiteren Kapiteln wird dann die Funktionalität in den Modulen FI und CO aufgezeigt. Hieraus leitet sich das Feindesign der Schnittstellen zwischen diesen beiden Systemen ab.

In einem Kommentar zur vorgestellten Lösung soll auf einige Aspekte, die einen funktionalen Ausbau des Systems betreffen, und auch auf einige nur schwer automatisierbare Schnittstellenprobleme verwiesen werden.

2 Funktionsaufteilung des Gesamtsystems

Das in einem Betrieb implementierte Gesamtsystem umfaßt Teilfunktionalitäten aus dem FORS/GB-System und Teilfunktionalitäten aus dem R/3-System. Da beide Systeme sich in einem weiten Bereich der Vertriebs-, Materialwirtschafts- und Produktionsfunktionen funktional überlagern, ist eine praktikable Aufteilung der genutzten Funktionen notwendig. Dies erscheint zunächst als nicht besonders problematisch, wird aber dadurch erschwert, daß z.B. in einem hochintegrierten System wie dem R/3, das eine redundanzfreie Datenhaltung anstrebt, ein Teil der vertriebsrelevanten Daten im Modul SD gepflegt werden. Da dieser aber im Zusammenspiel mit dem System FORS/GB gar nicht genutzt wird, sind gewisse Daten plötzlich jenseits der Schnittstelle angesiedelt. Bei der Abstimmung der organisatorischen Abläufe ergeben sich nun Schwierigkeiten, da z.B. die Stammdaten eines Kunden nicht nur an einem System erfaßt werden können, sondern zum Teil an beiden Systemen gepflegt werden müssen.

2.1 System FORS/GB

FORS/GB ist ein Softwarepaket [5], mit dem eine integrierte Informationsverarbeitung in allen produktionsorientierten Betriebsbereichen ermöglicht wird. Es setzt dabei auf einen Verbund von Fortschrittszahlen auf, die die gesamte betriebliche Ablauforganisation unterstützen. Die Organisation mit dem Fortschrittszahlensystem ermöglicht eine enge Kommunikation zwischen Kunde und Zulieferer, reduziert Materialbestände und erhält bei Just-in-Time-Lieferbedingungen die Lieferbereitschaft bzw. Termintreue aufrecht. Die inner- und zwischenbetriebliche Verknüpfung erfolgt dabei in Form von kleinen und überschaubaren Regelkreisen.

Innerhalb des Betriebes bildet die vom Kunden übermittelte Auftragsfortschrittszahl den Ausgangspunkt von aufeinander aufbauenden Fortschrittszahlen. Der Erstausrüster erstellt einen Vertriebsplan aufgrund von Marktinformationen und leitet daraus seinen Produktionsplan und die Bedarfszahlen für die Fertigung ab. Seinen Materialbedarf an Zukaufteilen gibt er in Form von Liefereinteilungen an seine Lieferanten weiter. Aus den Liefereinteilungen und seinem eigenen Vertriebsplan ermittelt der Zulieferer die aktuellen Bedarfszahlen für die Produktion und Beschaffung. Die Bedarfszahlen oder Abrufgenerationen werden über die Abruf- und Lieferfortschrittszahl zwischen dem Erstausrüster und seinem Zulieferer abgestimmt.

Das Gesamtsystem FORS/GB gliedert sich in die Module Vertriebslogistik, Beschaffungs- und Materiallogistik sowie Produktionslogistik. Ergänzt wird das Gesamtkonzept durch eine DFÜ-Abwicklung. In der folgenden Graphik sind die FORS/GB-Module mit ihren Komponenten und deren Verbindungen untereinander dargestellt.

In den angrenzenden Bereichen, wie Finanzbuchhaltung, Kostenrechnung, BDE, CAD, CAQ usw., muß FORS/GB mit anderen Systemen zusammenarbeiten.

Abb. 2.1 Fortschrittszahlensystem FORS/GB

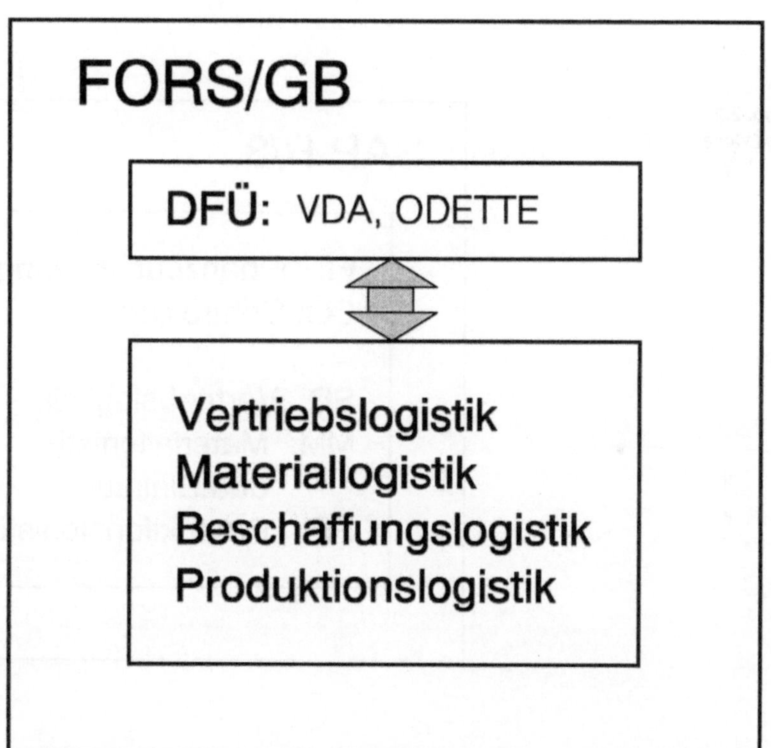

2.2 R/3-Module

R/3 [4] wiederum enthält die in Abbildung 2.2 dargestellten, für die Aufgabenstellung relevanten Module.

Vorgabe für die Kopplung der beiden Systeme war nun, daß nur die beiden Module FI, also die Finanzbuchhaltung und CO, somit das Controlling zum Einsatz kommen sollte.

Das Modul FI gliedert sich dabei in folgende Einzelfunktionen:

- Hauptbuchhaltung
- Debitoren-/Kreditorenbuchhaltung
- Finanzcontrolling
- Finanzanlagen
- Finanzmittelüberwachung
- Konsolidierung

Abb. 2.2
Relevante Module des R/3

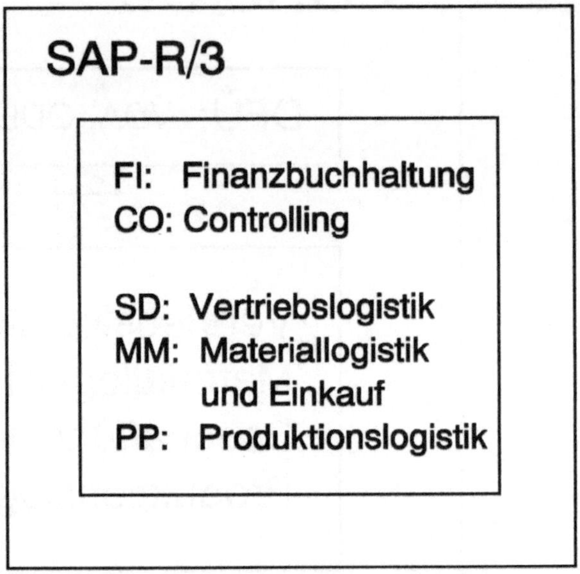

SAP-R/3

FI: Finanzbuchhaltung
CO: Controlling

SD: Vertriebslogistik
MM: Materiallogistik und Einkauf
PP: Produktionslogistik

Die beiden ersten Bereiche der Finanzbuchhaltung sind für die Aufgabenstellung im Zusammenspiel mit FORS/GB wichtig. Hier muß der Datenaustausch über die Schnittstellenprogramme ermöglicht werden. Die anderen Funktionsbereiche bauen intern im FI-Modul im wesentlichen auf den abgeglichenen Basisdaten auf und sind für die Kopplung weniger relevant.

Das Modul Controlling gliedert sich in die Einzelfunktionen:

Einzelfunktionen des Controlling-Moduls

- Kostenstellenrechnung (für die kurzfristige Kostenkontrolle)
- Leistungsrechnung (für die kurzfristige Kostenkontrolle)
- Auftrags- und Projektkostenrechnung (für die Kontrolle und Analyse des Ressourceneinsatzes)
- Produktkostenrechnung (für die Kostenanalyse produkt- und produktionsbezogener Leistungen)
- Ergebnis- und Marktsegmentrechnung (für die Analyse der abgesetzten Leistungen und ihrer Ergebnisse)
- Profit-Center-Rechnung (zur Darstellung des Gesamtkostenverfahrens)
- Unternehmenscontrolling (für die Aufbereitung von Führungsinformationen).

Hier sind für das Schnittstellenkonzept die Funktionsbereiche Kostenstellenrechnung und Leistungsrechnung sowie die Profit-Center-Rechnung relevant. Zum Teil resultiert dies aus den Vorgaben, da eine Projektkostenrechnung im Unternehmensszenario des Zulieferers nicht vorgegeben war. Die Produktkostenrechnung ist wiederum eine Funktionalität, die auch in FORS/GB integriert ist und dort genutzt werden soll. Die anderen Funktionsbereiche nutzen dann intern die Daten, die über die Schnittstelle übertragen wurden.

Im Bereich des Controlling ist noch anzumerken, daß hier eine sehr enge Verknüpfung mit dem Modul FI und den darin enthaltenen Mechanismen besteht. Die Daten für CO werden ebenfalls über Konten des Kontenplans gebucht, so daß hier zum großen Teil eine Verfeinerung im Konzept der FI-Schnittstelle, aber keine wesentlich neuen Dinge zu berücksichtigen sind.

2.3 Gesamtsystem

Das Gesamtsystem besteht somit aus einer Kombination der Systeme FORS/GB und R/3, wie sie in Abbildung 2.3 dargestellt ist.

Wie aus der Abbildung 2.2 zu erkennen ist, sind die Module des FORS/GB auch im SAP-System als SD, PP und MM vorhanden. Dies bringt aufgrund des weitgehend redundanzfreien Datenmodells des SAP-Systems einige Probleme mit sich, die über die Schnittstelle gelöst werden müssen. Aber auch im Bereich einer komfortablen Bedienung sind Abstriche zu machen. Insbesondere sind für den SAP-Benutzer gewohnte Übergänge von einem Modul zum anderen, bspw. bei der Rückverfolgung von Belegen, zwangsläufig nicht mehr verfügbar.

Um an ein System permanent andere Systeme anzubinden, werden Dauerschnittstellen erstellt. Dazu muß festgelegt werden, welche Informationen zu welchem Zeitpunkt übergeben bzw. übernommen werden sollen. Wichtig ist in diesem Zusammenhang auch die Festlegung des Führungssystems für jede Schnittstelle. Im Führungssystem werden die Daten erzeugt bzw. Änderungen durchgeführt, die dann an das andere System zu übergeben sind.

Abb. 2.3
Gesamtsystem mit R/3- und FORS/GB-Modulen

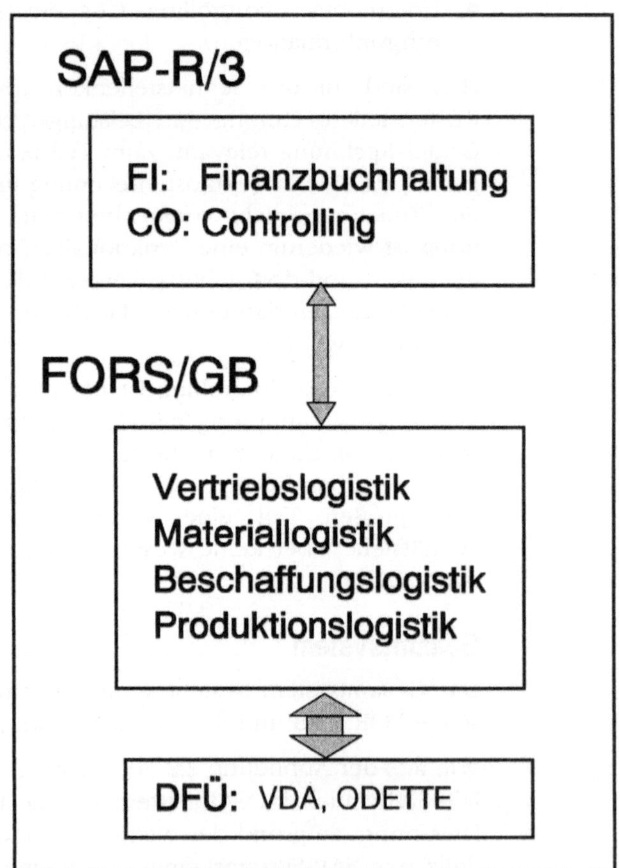

In Abbildung 2.4 ist dargestellt, welche Daten auszutauschen sind und welches der beiden Systeme FORS/GB oder R/3 jeweils führend ist.

Abb. 2.4 Schnittstellen zwischen FORS/GB und R/3

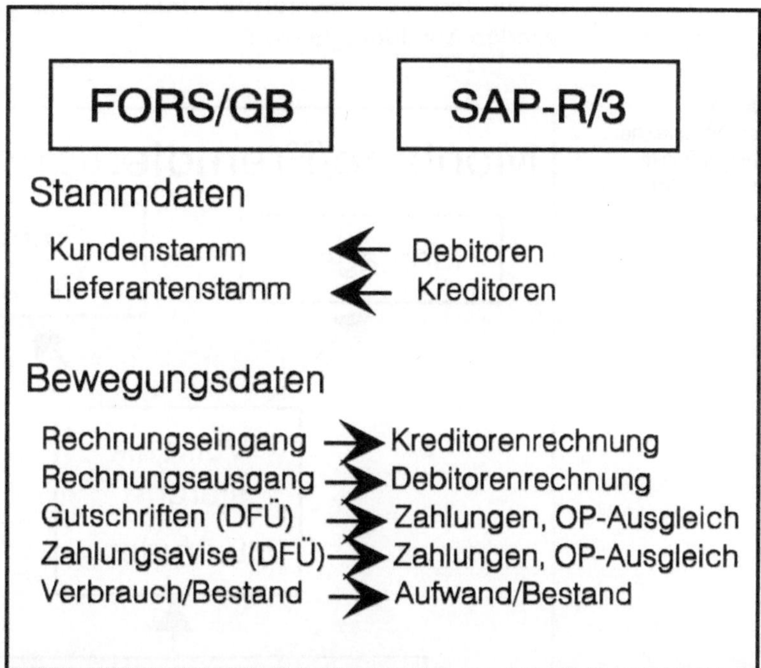

Besonders bemerkenswert ist hier, daß auch die Gutschriften und Zahlungsavise über das FORS/GB laufen. Dies bringt die Kommunikation über DFÜ mit sich, die von diesem System mit den Kunden geführt wird.

3 Das Unternehmensszenario

3.1 Unternehmensstruktur

Für das vorliegende Projekt wurde von einem Unternehmen ausgegangen, das als Fertigungsprodukt Krümmerkomponenten aus Kautschuk herstellt.

Das Unternehmen ist in zwei Geschäftsbereiche aufgeteilt. Zum einen ist dies der Geschäftsbereich Fremdfertigung/Montage und zum anderen der Bereich Mischerei. Bis zu ihrer Fertigstellung durchlaufen die Endprodukte vier unterschiedliche Produktionsbereiche. Diese Produktionsbereiche, die Struktur der Fertigprodukte und die Lagerorte des Unternehmens gehen aus der folgenden Abbildung hervor:

Abb. 3.1
Geschäftsbereiche Montage/Fremdfertigung und Mischerei

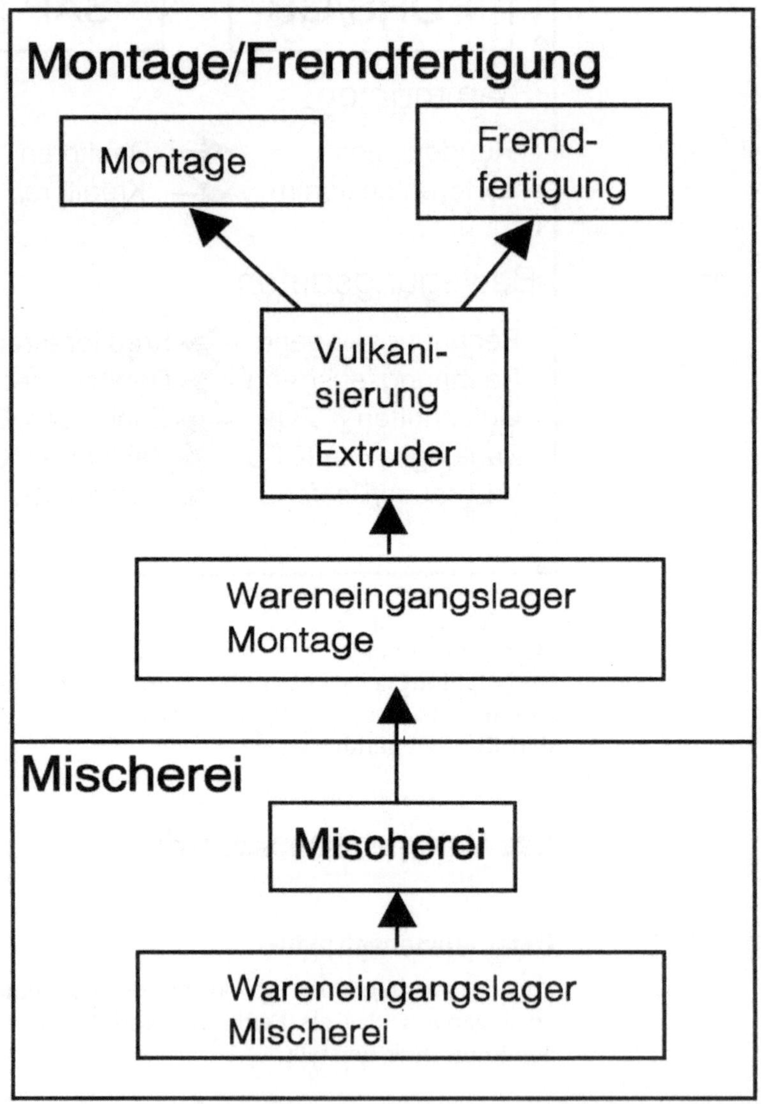

Im ersten Produktionsbereich den das Endprodukt durchläuft, und der mit „Mischerei" bezeichnet wird, wird aus den Rohstoffen Kautschuk, Zusatz 1, Zusatz 2 und Beschleuniger eine Gummi-Mischung hergestellt, die dann an den Bereich „Extruder" weitergegeben wird. Der Bereich umfaßt die drei Lagerorte Qualitätssperr-, Wareneingangs- und Produktionslager und soll innerhalb des Unternehmens als Profit-Center betrachtet werden.

Im Bereich „Extruder" werden aus der Gummi-Mischung röhrenförmige Stücke (Meterware) gepreßt. Diese werden dann erst mit Garn umwickelt und danach nochmals mit einer Gummischicht überzogen. Anschließend wird die Meterware in kurze Stücke geschnitten, die an den Bereich „Vulkanisierung" übergeben werden. Durch die Vulkanisierung werden die Gummiteile mit Hilfe von Schwefel z.B. miteinander verbunden.

In der „Montage" werden danach an die einzelnen Gummistücke Schellen montiert. Diese Aufgabe kann auch von Fremdfertigern erledigt werden, denen sowohl die Gummistücke als auch die Schellen zur Verfügung gestellt werden und die somit eine reine Lohnbearbeitung verrichten.

Zu den gekennzeichneten Zeitpunkten erfolgt die Rückmeldung der Halb-/Fertigprodukte. Diese Meldung löst eine retrograde Abbuchung der benötigten Vormaterialien aus.

3.2 Geschäftsprozesse

3.2.1 Bedarfsplanung

Im Rahmen des vorliegenden Projektes wird die Bedarfsplanung in den beiden Systemen zwar nicht abgebildet, aufgrund der Besonderheiten in der Automobilbranche soll sie an dieser Stelle trotzdem kurz dargestellt werden.

Allgemein gilt, daß die **Primärbedarfsplanung** den Bedarf an Endprodukten für einen anstehenden Planungszeitraum bestimmt. Dieser Bedarf ergibt sich für die Zulieferbetriebe aufgrund von Rahmenvereinbarungen (Aufträge über ein ganzes Jahr/mehrere Jahre) mit den Automobilherstellern, den Kunden. Diese Verträge umfassen lediglich die Rahmenmengen, den vereinbarten Kaufpreis und die Konditionsvereinbarungen mit den ausgewählten Zulieferern.

Bei einem Lieferabruf sind dann nur Teilenummer, Menge und gegebenenfalls das aktuelle Lieferdatum zu übermitteln. Alle anderen Informationen, die der Lieferant zur Lieferdurchführung benötigt, sind ihm aufgrund der vereinbarten Konditionen bekannt. Prinzipiell ist auch keine Rechnungsstellung durch den Lieferanten mehr erforderlich, sondern der Kunde kann durch die Kenntnis der abgerufenen Mengen sowie der vereinbarten Konditionen eine Gutschrift auslösen. Dadurch entfällt die Rechnungskontrolle des Kunden und wird durch die Gutschriftskontrolle des Lieferanten ersetzt. Diese Vorgehensweise wird allerdings nicht von jedem Kfz-Hersteller eingesetzt.

Bedarfsübermittlung für den Geschäftsbereich Fremdfertigung/Montage

Aufgrund der Rahmenvereinbarungen mit den Kfz-Herstellern erhält der Zulieferbetrieb eine ungefähre Vorstellung, welche Mengen zu liefern sind. Durch den Lieferabruf, der teilweise einer Auftragsbestätigung entspricht, werden solch wichtige Informationen, wie „Terminierung der Werksferien" oder „Produktionsdauer" übermittelt.

Lieferabrufe erfolgen in wöchentlichen Abständen, beinhalten kurz- bis langfristig relevante Informationen, sind sehr unzuverlässig und können kurzfristig geändert werden. Ein Feinabruf enthält die Fertigungsfreigabe für die damit übermittelten Liefermengen. Der tatsächliche Bedarf - der dann kurzfristig zu liefern ist - wird durch den planungssynchronen Abruf, der drei bis 24 Stunden vor Montage erfolgt, an den Lieferanten übermittelt.

Der konkrete Bedarf an untergeordneten Baugruppen, Einzelteilen und Materialien nach Menge und Bedarfsperiode ist nur sehr schwer zu ermitteln, da der tatsächliche Bedarf erst kurz vor Auslieferung bekannt ist. Die Disposition der Bedarfsmengen an eigengefertigten und fremdbezogenen Teilen und Materialien hat daher immer in der Weise zu erfolgen, daß die Lieferbereitschaft gesichert ist. Sofern die Möglichkeit besteht, mit dem Vorlieferanten ebenfalls **Just-in-Time-Lieferung** zu vereinbaren, kann das Lagerrisiko zum Teil auf ihn abgewälzt werden. Die Eigenbedarfe werden periodenbezogen zu Fertigungsaufträgen zusammengefaßt. Die Bedarfe an fremdbezogenen Komponenten werden zu Beschaffungsaufträgen (Rahmenaufträgen/Abrufaufträgen) zusammengestellt.

Aufgrund der vorgegebenen Struktur bedeutet dies für das Unternehmensszenario, daß, ausgehend von den Fertigprodukten F006 und F007, die Eigenbedarfe an den Halbfertigteilen H006 bis H001 sowie die Bedarfe an den fremdbezogenen Komponenten S002, S001, M001 und G001 nach Menge und Bedarfsperiode zusammengestellt werden müssen.

Bedarfsübermittlung zwischen den Geschäftsbereichen

Die Bedarfsübermittlung für das Profit-Center Mischerei erfolgt aus dem Geschäftsbereich Fremdfertigung (FF)/Montage als Folgeaufträge der Lieferabrufe der Automobilhersteller. Zwischen den Geschäftsbereichen bestehen genauso Rahmenvereinbarungen und Abrufaufträge wie zwischen Kfz-Herstellern und dem Geschäftsbereich FF/Montage. Auf dieselbe Weise erfolgt auch die Bedarfsübermittlung zwischen Geschäftsbereichen und Fremdfertigern.

Für den Geschäftsbereich Mischerei entspricht der Bedarf (der Kostenstelle EXTRUDER) an der Gummi-Mischung M001 dem Primärbedarf. Aus diesem wird dann der Fremdbedarf an den Rohstoffen K001, Z001, Z002 und B001 ermittelt und bei den Lieferanten L1 bis L4, die ebenfalls durch längerfristige Rahmenverträge festgelegt wurden, bestellt.

Die Stammdaten der Stückliste werden sowohl zur Bedarfsauflösung innerhalb der Produktionsplanung und -steuerung als auch für die Kostenrechnung im Bereich der Kalkulation benötigt. Außerdem werden jeweils die Arbeitspläne herangezogen, aus denen die einzelnen Arbeitsgänge mit ihren Vorgabezeiten hervorgehen.

Parallel zur Bedarfsauflösung könnte also im SAP-Modul Controlling eine auftragsbezogene Kostenplanung erfolgen. Die für die Fertigung eines Produktes einzusetzenden technischen Verfahren sowie die benötigten Ressourcen, zu denen auch die Planzeiten gehören, werden durch Arbeitspläne beschrieben, die im FORS/GB hinterlegt sind.

Um die Schnittstellen überschaubar zu gestalten, sollten gemäß Vorgabe der Firma SLIGOS aber weder die Daten

- der Stückliste (Mengen, Struktur, Varianten),
- der Arbeitspläne (Vorgabezeiten, Fertigungshilfsmittel, Materialart) noch
- der Arbeitsplätze (Vorgabedaten)

vom PPS-System FORS/GB an das R/3 Controlling-Modul übergeben werden, sondern hier Möglichkeiten genutzt werden, die das System FORS/GB bereits besitzt.

3.2.2 Einkauf

Im Bereich des Einkaufs und der damit verbundenen Funktionen der Bestandsführung ist eine enge Verbindung zwischen den Systemen FORS/GB und R/3 nötig. Dies ergibt sich aus der Parallele zwischen der materialflußbezogenen Sicht, die in FORS/GB geführt wird, und der wertmäßigen Sicht im SAP-Modul FI auf alle Vorgänge im Unternehmen. Die Details werden in den Beschreibungen der Einzelmodule dargestellt.

Relevant sind die Geschäftsvorgänge

- Wareneingang
- Rechnungseingang von externen Lieferanten
- Rechnungseingang von anderen Geschäftsbereichen und
- Zahlungsausgleich.

3.2.3 Bestandsführung

Der wertmäßige Verbrauch an Roh-, Hilfs- und Betriebsstoffen kann im Finanzbuchhaltungssystem parallel zur Verarbeitung in der Produktion erfaßt werden. Eine andere Möglichkeit den Aufwand zu verbuchen besteht darin, den Verbrauch an Bestandsmaterialien über eine bestimmte Periode (z.B. Woche oder Monat) aufzusummieren, und am Ende der Periode an das Finanzbuchhaltungssystem zu übergeben. Da die Warenbewegungen im FORS/GB-System durch unterschiedliche Bewegungsarten gekennzeichnet sind, kann die Gesamtentnahme für die Produktion - innerhalb eines bestimmten Zeitraumes - aufsummiert werden. Bei der Summierung ist auch die jeweilige Kostenstelle zu berücksichtigen, für die der Aufwand erfolgte.

Die hier relevanten Geschäftsprozesse sind:

- die retrograde Lagerentnahme und
- die Fertigungsrückmeldungen.

3.2.4 Vertrieb

Die Anzahl der Erzeugnisse die das Unternehmen verlassen, müssen ebenfalls erfaßt werden. Da das Vertriebsmodul des FORS/GB genutzt werden soll, bedeutet dies, daß auch die Fakturierung der gelieferten Erzeugnisse dort erfolgt. Deshalb müssen die relevanten Daten aus diesem Bereich ebenfalls über die Schnittstellen an das Rechnungswesen gemeldet werden.

Die Geschäftsprozesse, die dafür beachtet werden müssen, sind:

- der Rechnungsausgang an externe Kunden
- die Gutschrifts-DFÜ
- die Zahlungsavis-DFÜ
- der Zahlungseingang und
- der Rechnungsausgang an andere Geschäftsbereiche.

Auch hierzu werden die Details in den folgenden Kapiteln genauer dargestellt.

4 Konzeption der Finanzbuchhaltung

4.1 Kontenplan

Um überhaupt buchen zu können, muß zunächst ein Rahmen der bestehenden Konten festgelegt werden [1].

Da der Gemeinschaftskontenrahmen - gegenüber dem Industriekontenrahmen - eine engere Verzahnung zwischen Finanzbuchführung und Kosten- und Leistungsrechnung vorsieht, wurde für diesen Fall der **GKR als Grundlage** verwendet und an die Spezifikationen der „Automotive GmbH“ angepaßt.

4.2 Definition der Buchungen zu ausgewählten Vorgängen

4.2.1 Wareneingang

Die Verbuchung des Wareneingangs sieht folgendermaßen aus: Mit der Erfassung der Wareneingangsmeldungen wird nicht nur die mengenmäßige Lagerbestandserhöhung gebucht, sondern auch die wertmäßigen Buchungen der Finanzbuchführung und der Kostenrechnung werden ausgelöst.

- Die mengenmäßige Verbuchung erfolgt im System FORS/GB (Lagerbuchführung). Der Status der Ware wird durch verschiedene Bewegungsarten abgebildet.
- Bei der wertmäßigen Verbuchung des Wareneinganges ist zu unterscheiden, ob die Ware eingelagert oder unmittelbar verbraucht wird.

Bei lagerhaltigen Fremdgütern wird die angelieferte Ware auf einem Bestandskonto verbucht. Dabei wird zwischen Rohstoffen sowie Hilfs- und Betriebsstoffen unterschieden:

- für Rohstoffe lautet ein Bestandskonto z.B. 300000;
- für Hilfs- und Betriebsstoffe lautet ein Bestandskonto z.B. 303000.

Der Buchungssatz für Rohstoffe lautet bspw.:

300000 Rohstoffe *an*

191100 WE/RE-Verrechnung - Fremdbezug

Als Grundlage für den Warenwert dient der Standardpreis des jeweiligen Materials. Die Differenz zwischen dem Bestell- und dem Standardpreis wird auf dem Preisdifferenzkonto erfaßt. Als Gegenkonto dient das Verrechnungskonto WE/RE (Wareneingang/Rechnungseingang). Mit dem späteren Rechnungseingang, bei dem der effektiv vom Lieferanten in Rechnung gestellte Preis erkannt wird, werden das Preisdifferenz- und das Verrechnungskonto wiederum bebucht.

Entsprechend kann auch die Buchung von Verbrauchsmaterial auf Verbrauchskonten und die Erfassung der entsprechenden Kostenstelle bzw. bei kostenträgerbezogenen Bestellungen direkt auf den Kostenträger durchgeführt werden.

An Verbrauchskonten sieht der Kontenplan beispielsweise die Konten

- 400000 Verbrauch Rohstoffe;
- 403000 Verbrauch Hilfs- und Betriebsstoffe

vor.

Diese Art der Verbuchung wird bei einer zeitnahen Abwicklung, wie sie das JIT-Konzept vorsieht, verwendet. Eine Einlagerung der bestellten Mengen ist hier nicht mehr erforderlich, sondern die gelieferten Teile werden direkt verarbeitet, z.B. montiert. So kann auch sofort der Verbrauch der Teile verbucht werden. Der Kostenträger ist ebenfalls bekannt.

Der Buchungssatz für gelieferte Rohstoffe, die unmittelbar in die Produktion eingehen, lautet deshalb:

400000 Verbrauch Rohstoffe *an*

191100 WE/RE-Verrechnung - Fremdbezug

Mit der Eingabe der Soll-Buchung kann gleichzeitig die Belastung der Kostenstelle bzw. des Kostenträgers erfolgen, wenn man die vom R/3-System vorgesehenen Felder als Kannfeld definiert und mit den entsprechenden Angaben füllt.

Das System FORS/GB liefert beim Wareneingang folgende Daten an das Fibu-System:

- Buchungsdatum
- Kennzeichen, daß es sich um einen Wareneingang handelt,
- Sachkonto
- Wert des Materials
- Kostenstelle / Kostenträger
- evtl. Auftragsnummer.

4.2.2 Rechnungseingang von externen Lieferanten

Bei der Verbuchung der Eingangsrechnung eines externen Lieferanten sieht die Verbuchung der Eingangsrechnung wie folgt aus:

191100 WE/RE-Verrechnung - Fremdbezug *an*

Kreditor (Lieferant)

154000 Vorsteuer

Außerdem ist eine mögliche Differenz zwischen dem Bestellpreis und dem in Rechnung gestellten Preis zu verbuchen. Dies erfolgt wiederum auf dem Konto „Preisdifferenz".

400000 Verbrauch Rohstoffe *an*

Kreditorenkonto

154000 Vorsteuer

Für die Kostenrechnung ist bei der Soll-Buchung die Kostenstelle bzw. der Kostenträger anzugeben.

In beiden Fällen wird der in Rechnung gestellte Warenwert verbucht.

Das System FORS/GB liefert bei Rechnungseingang folgende Daten:

- Buchungsdatum
- Kennzeichen für Kreditoren-Rechnung
- Sachkonto (Rohstoffe, Hilfs- und Betriebsstoffe ...)

- Betrag (netto)
- Betrag (Vorsteuer)
- Kostenstelle / Kostenträger
- Kreditorenkonto
- Zahlungsbedingungen.

4.2.3 Rechnungsausgleich und Fertigungsrückmeldung

Die Bezahlung der Eingangsrechnungen und die Verbuchung der Zahlung schließt den Beschaffungsprozeß ab. Diese Funktion ist Aufgabe der Kreditorenbuchführung und betrifft somit ausschließlich das Fibu-System. Dieser Prozeß weicht von der herkömmlichen Vorgehensweise nicht ab und wird mit dem Ausgleichsverfahren des R/3-Finanzwesens erledigt.

Verbuchung bei Lagerentnahme

Im Fibu-System erfolgt die wertmäßige Verbuchung des Verbrauches; sie lautet:

Klasse 4 - Verbrauch Roh-/Hilfsstoffe *an*
Klasse 3 - Bestandskonto Roh-/Hilfsstoffe

Verbuchung bei Lagerzugang

Das in der Produktion erstellte „Fertige Erzeugnis" wird zu einem Verrechnungspreis folgendermaßen verbucht:

Klasse 7 - Fertige Erzeugnisse *an*

Klasse 8 (89) - Bestandsänderungen von Erzeugnissen

4.2.4 Vertrieb

Lagerabgang durch Verkauf

Wenn das fertige Erzeugnis nach der Produktion eingelagert und eine Bestandsveränderung in diesem Zusammenhang gebucht wird, so ist an dieser Stelle die Entnahme zu verbuchen.

Die mengenmäßige Verbuchung erfolgt wiederum durch das System FORS/GB, die wertmäßige Verbuchung im Fibu-System erfolgt mit folgendem Buchungssatz:

Klasse 8 (89) - Bestandsänderungen an Erzeugnissen *an*

Klasse 7 - Fertige Erzeugnisse

Rechnung an ein externes Unternehmen

Bei einer Rechnung an ein externes Unternehmen wird der Erlös gegen ein Debitoren-Konto verbucht.

Debitor *an*
800000 Umsatzerlöse
175000 Mehrwertsteuer

Für die Umsatzerlöse kann pro Produkt ein eigenes Konto angelegt werden. Außerdem wurde von der Firma SLIGOS eine Unterscheidung nach Inland / EG / andere Länder-Erlöse vorgegeben.

Rechnungsausgleich von Debitoren

Der Rechnungsausgleich betrifft wiederum lediglich die Finanzbuchhaltung und weicht insofern vom herkömmlichen ab, daß über ein sogenanntes **Gutschriftsverfahren** an das FORS/GB-System die Zahlungsnachricht ankommt und die Zahlungen danach einzeln an die Finanzbuchhaltung weitergeleitet werden. Dabei wird noch unterschieden zwischen

- Gutschrift mit Zahlungsavis - die Zahlung und die Benachrichtigung der Zahlung erfolgen gleichzeitig und
- Gutschrift ohne Zahlungsavis - Zahlung erfolgt erst zum späteren Zeitpunkt.

4.2.5 Stammdaten

Hier wurden folgende Festlegungen getroffen:

- Die Nummernintervalle für Kreditoren und Debitoren werden extern und alphanumerisch vergeben.
- Desweiteren werden die Daten nur über die Finanzbuchhaltung von R/3 eingegeben und über eine Schnittstelle von Zeit zu Zeit an FORS/GB übergeben.

Durch diese Regelung ist eine Überschneidung der Nummernintervalle ausgeschlossen.

5 Konzeption des Controllings

Im R/3-System wird die Kosten- und Erlösartenrechnung vollständig in einem Kostenrechnungskreis durchgeführt. Je nach Anforderung des Unternehmens können dem Kostenrechnungskreis ein Buchungskreis oder auch mehrere Buchungskreise zugeordnet werden [2].

Bei kostenrechnungsrelevanten Kontierungen wird neben der Kosten- oder Erlösart angegeben, wo oder wofür die Kosten angefallen sind.

Dafür oder um die Kosten schrittweise bis zu den Ergebnisobjekten zu verrechnen, werden verschiedene Kontierungsobjekte eingeführt (Kostenstelle, Auftrag, Projekt, Kostenträger). Die Wertdarstellung erfolgt in Kosten- und Erlösarten, die mit den Konten der Finanzbuchhaltung korrespondieren.

Ergänzend zu den Darstellungen im Unternehmensszenario werden hier noch die Kostenstellen und Kostenträger vorgestellt, die für die Funktionen des Controllings von Bedeutung sind.

5.1 Profit Center Mischerei

Die Gliederung des Profit Centers Mischerei erfolgt in vier Kostenbereiche, die sich aus den Funktionen des Betriebes ableiten. Diese Bereiche dienen als Grundlage für die Errichtung der Kostenstellen (siehe Tabelle 5.1):

- Material
- Fertigung
- Verwaltung
- Vertrieb.

An Betriebsausstattung sind vorgesehen:

- Flurförderfahrzeuge
- Waage
- Mischmaschine.

Das Personal besteht aus:

- 1 Profit Center-Leiter
- 1 Meister
- 2 Personen für Wiegevorgang
- 2 Personen für Mischvorgang
- 1 Lagerist Wareneingang
- 1 Lagerist Warenausgang
- 1 Buchhalter.

Kostenstellen-Zuordnung Profit Center Mischerei

Die folgende Tabelle zeigt die Kostenstellen des Profit Centers Mischerei und deren Zuordnungen.

Tab. 5.1 Kostenstellen des Profit Centers Mischerei

Kostenstelle	Tätigkeit	Personal
Material	Materialeinkauf	1 Lagerist
	Materialprüfung	
	Materialverwaltung	
Fertigung	Mischen	1 Meister
		2 Mitarbeiter Waage
		2 Mitarbeiter Mischen
Verwaltung	Kfm. Leitung	1 Profit Center-Leiter
	Buchhaltung	1 Buchhalter
Vertrieb	Verkauf, Fertigwarenlager, Versand	1 Lagerist

Kostenträger

Kostenträger sind in der Regel die fertigen und unfertigen Erzeugnisse, aber auch ein einzelner Auftrag oder eine Serie können Kostenträger sein.

In diesem Fall entspricht der Kundenauftrag bzw. das Fertigerzeugnis dem Kostenträger.

Kostenarten

Die Kostenarten werden in der Vollkostenrechnung in Einzel- und Gemeinkosten eingeteilt. Die folgende Tabelle zeigt die Zuordnungen der Kostenarten zu den Einzel- und Gemeinkosten.

Tab. 5.2
Einzel- und Gemeinkosten

Einzelkosten	Gemeinkosten
Fertigungslöhne	Allg. Betriebskosten
Fertigungsmaterial	Energie
Sondereinzelkosten	Werkzeuge
	Betriebsstoffkosten
	Gehälter
	Hilfslöhne
	soziale Aufwendungen
	kalk. Zinsen
	Abschreibungen auf Maschinen
	Abschreibungen auf Gebäude
	Reinigung, Beleuchtung
	Reparaturen
	Sonstige Kosten

5.2 Lagerentnahme / Fertigungsrückmeldung

Die Lagerentnahme der Roh- und Hilfsstoffe wird erst bei der Fertigmeldung der Gummimischung M001 verbucht. Das Verfahren wird als **retrograde Entnahme** bezeichnet. Man rechnet dabei - von einem hergestellten Erzeugnis ausgehend - zurück, welches Material in welchen Mengen in das Erzeugnis eingegangen ist, wobei auch die Abfälle, die bei der Fertigung notwendigerweise angefallen sind, in der Rechnung berücksichtigt werden.

In FORS/GB erfolgt die retrograde Abbuchung der verbrauchten Mengen aufgrund der Stückliste zzgl. „Abfall-Zuschlag“.

Das System FORS/GB liefert aufgrund einer Fertigungsrückmeldung - zur Verbuchung des Aufwandes - folgende Daten an das Fibu-System:

- Buchungsdatum (Buchungsperiode)
- Sachkonto (aufgrund der Materialart)
- Wert (aufgrund des gleitenden Einkaufspreises)
- Kostenstelle / Kostenträger
- Auftragsnummer

Die Bewertung der Bestandsveränderungen erfolgt aufgrund der gleitenden Einkaufspreise. Für das Controlling muß der Kostenträger - hier M0001 - bekannt sein, für den der Materialaufwand erfolgt.

Die für die Herstellung der Gummimischung M001 benötigten Stoffe werden wie folgt betrachtet:

- Der Kautschuk K001 bildet den Hauptbestandteil des Produktes Gummimischung und ist somit ein Rohstoff.
- Die Zusätze Z001 und Z002 sowie der Beschleuniger B001 gelten ebenfalls als Rohstoff.

Bei den Hilfsstoffen erfolgt oft keine genaue stückbezogene Erfassung der Kosten, d.h. die Kosten der Hilfsstoffe sind Gemeinkosten und werden auf die Kostenträger umgelegt.

Aufgrund der retrograden Abbuchung der verbrauchten Mengen können auch die Kosten der Hilfsstoffe als Einzelkosten betrachtet und unmittelbar dem Kostenträger zugeordnet werden.

5.3 Fertigungsrückmeldung / Lagerzugang

Für die Kostenrechnung ist der Kostenträger, das Eigenfertigungsteil M001, anzugeben. Der Verrechnungspreis entspricht den Herstellungskosten. Für die **Handelsbilanz** gilt:

Als Wertuntergrenze sind die Einzelkosten aktivierungspflichtig. Die Einzelkosten setzen sich, wie oben angegeben, aus den Kosten für Fertigungsmaterial, Fertigungslöhne und den Sondereinzelkosten der Fertigung zusammen. Für die Material- und Fertigungsgemeinkosten sowie für die Verwaltungsgemeinkosten besteht ein Aktivierungswahlrecht, so daß sie zusammen mit den Einzelkosten die Wertobergrenze der Herstellungskosten bilden.

Für die Bemessung der Herstellungskosten in der **Steuerbilanz** besteht die Pflicht zum Ansatz notwendiger Material(gemein)kosten und Fertigungs(gemein)kosten sowie ein Wahlrecht zum Ansatz von Verwaltungskosten.

Außerdem ist bei einer Fertigmeldung die Dauer der benötigten Arbeitszeit an das Controlling zu übermitteln, damit, mit Hilfe der tatsächlich benötigten Arbeitszeit, eine Nachkalkulation erfolgen kann.

Für das Controlling sind dabei folgende Daten interessant und müssen von FORS/GB bereitgestellt werden:

- Bezeichnung der Lohnart
- Lohn pro Stunde oder Einheit
- Zahl der geleisteten Stunden oder Einheiten
- Nummer der Kostenstelle und
- Nummer des Kostenträgers.

Diese Kalkulationsvorgänge können jedoch auch im FORS/GB-System komplett abgearbeitet und die Ergebnisse an das Controlling weitergeleitet werden.

5.4 Geschäftsbereich Fertigung / Montage

Für den Geschäftsbereich Fertigung/Montage wurden folgende Zuordnungen getroffen:

Tab. 5.3 Kostenstellen-Zuordnung im Geschäftsbereich Fertigung/ Montage

Kostenstelle	Personal
Material	1 Lagerist, 1 Einkäufer
Fertigungshauptstellen:	1 Meister
- Extruder	1 Mitarbeiter
- Vulkanisierung	1 Mitarbeiter
- Montage	2 Mitarbeiter
- Fremdfertigung	
Verwaltung	1 Prof.Center-Leiter
	1 Buchhalter
Vertrieb	1 Vertriebsleiter

In diesem Bereich wurden folgende Kostenträger definiert:

Kostenträger

- Extruder: H003
- Vulkanisierung: H005 + H006
- Montage: F006
- Fremdfertigung: F007.

6 Schnittstellenkonzept und Realisierung

6.1 Stammdaten

Die Kreditoren-/Debitorenstammdaten sollen in der Finanzbuchhaltung zentral gepflegt werden. Da ein Unternehmen im FORS/GB-System mit verschiedenen Werken abgebildet werden kann, wird durch diese Vorgehensweise sichergestellt, daß in den einzelnen Werken eines Konzerns dieselben Stammdaten verwendet werden [3].

Eine Schwierigkeit ergibt sich aus der Tatsache, daß nicht die gesamten Stammdaten an die verschiedenen Werke übergeben werden sollen, sondern nur die für das jeweilige Werk relevanten Daten. Im SAP-R/3-System kann zwar ein Werk durch einen Geschäftsbereich abgebildet werden, um eine interne Bilanz und Gewinn- und Verlustrechnung zu erstellen, aber die Stammdaten sind nicht auf Geschäftsbereichsebene definiert.

Die Kunden- und Lieferantenstammdaten sind in R/3 jeweils in drei verschiedene Bereiche gegliedert:

- Allgemeine Daten:

  Anschrift, Daten für die Telekommunikation (Telefon, Telefax, Telex etc.), allgemeine Informationen (Betriebsnummer, Branche etc.) sowie Bankverbindungen.

- Daten für die einzelnen Buchungskreise:

  Zahlungskonditionen, Festlegungen für den automatischen Zahlungsverkehr, Mahnwesen, Korrespondenz etc., außerdem wird auf Firmenebene das Abstimmkonto der Hauptbuchhaltung angegeben.

- Daten für den Vertrieb bzw. Einkauf:

  Diese Daten werden nur benötigt, wenn die Vertriebs-/Einkaufsfunktionen des Systems eingesetzt werden. Sie können zu jedem Zeitpunkt, d.h. auch nachträglich, ergänzt bzw. eingerichtet werden.

Durch diese Organisation ist eine redundanzfreie Speicherung innerhalb des R/3-Systems gewährleistet. Inhaltlich kann eine fachliche Datenhoheit sichergestellt werden, indem nur die zuständige Abteilung die jeweiligen Daten pflegen kann und darf. Durch den Einsatz eines externen Systems für den Vertrieb und/oder die Materialwirtschaft werden die Daten allerdings wiederum gehalten. Änderungen müssen daher jeweils im Finanzbuchhaltungsmodul erfaßt und an das Fremdsystem übergeben werden.

Aufgrund der Stammdatenstruktur im R/3 kann also keine Werkszugehörigkeit ermittelt werden. Eine Möglichkeit besteht bestenfalls darin, die Werkszugehörigkeit über die Klassifikation abzubilden. Dies wurde jedoch im Rahmen dieses Projekts nicht näher untersucht. Vom System FORS/GB wird deshalb bei der Datenübergabe überprüft, zu welchem Werk ein bestimmter Stammsatz gehört.

Zur Übergabe der Feldinhalte, die in FORS/GB zu füllen und im R/3-Modul FI vorhanden sind, wurden zwei Reports erstellt. Den Report ZFDEBISD zur Erstellung einer Kunden-Datei, den Report ZFKREDSD zur Erstellung der Lieferanten-Datei. In beiden Fällen wird je eine ASCII-Datei im Fix-Format erstellt. D.h. zwischen den einzelnen Feldern wird kein Trennungszeichen gesetzt, und die Länge der einzelnen Felder entspricht jeweils der FORS/GB-Feldlänge. Die Stammdaten werden somit im Unternehmen redundant gehalten.

Stammdatenpflege

Für die Stammdatenpflege sind grundsätzlich zwei verschiedene Vorgehensweisen denkbar:

1. Die Lieferanten- und Kundenstammdaten werden in FORS/GB gepflegt und an das Finanzbuchhaltungssystem übergeben. Das heißt, die jeweiligen Stammdaten werden an der Stelle des Betriebes erfaßt, an der der erste Kontakt mit dem Geschäftspartner stattfindet. Bestimmte Informationen, die die Abteilungen Einkauf bzw. Vertrieb benötigen, sind in der Finanzbuchhaltung wertlos. Deshalb ist eine Übertragung dieser Daten zwecklos, zumal im Buchhaltungssystem üblicherweise keine Möglichkeit zur Hinterlegung dieser Informationen vorgesehen ist. Andererseits sind bestimmte, für die Buchhaltung notwendige Informationen, wie beispielsweise das Abstimmkonto in der Hauptbuchhaltung, weder dem Einkauf noch dem Vertrieb bekannt. Diese Daten müssen somit im Buchhaltungssystem nachgepflegt werden.
2. Die Debitoren- und Kreditorenstammdaten werden im Buchhaltungssystem zentral angelegt und gepflegt und dann an das System FORS/GB übertragen. Dabei können die einkaufs- und vertriebsspezifischen Daten nicht übergeben werden, da sie in der Finanzbuchhaltung nicht hinterlegt werden können

(auch wenn sie bekannt sind). Die Stammdaten sind dadurch vom Einkauf bzw. Vertrieb nachzupflegen.

Die komplette Pflege der Stammdaten im führenden System und eine anschließende komplette Übergabe bzw. Übernahme in das andere System ist weder bei Möglichkeit I noch bei Möglichkeit II gegeben. In beiden Fällen sind die abteilungsspezifischen Daten nachzupflegen.

Wenn in einem Unternehmen die Möglichkeit I zum Einsatz kommen soll, werden die Stammdaten in FORS/GB gepflegt und an R/3 übertragen. Auf der R/3-Seite können dazu die vorhandenen Batch-Input-Standardprogramme eingesetzt werden. Von FORS/GB sind die Daten dann entweder in der von SAP vorgegebenen Struktur zu übergeben oder sie müssen im SAP-System durch ein zu erstellendes Programm erst noch entsprechend aufbereitet werden.

Zur Übernahme der Kreditorenstammdaten gibt es im SAP-System den Standardreport RFBIKR00, für die Debitorenstammdaten entsprechend den Report RFBIDE00. Mit diesen Programmen können nicht nur die für die Buchhaltung relevanten Daten eingespielt werden, sondern auch die einkaufs- bzw. die vertriebsspezifischen Daten.

Zu beiden Programmen existiert jeweils ein Programm, mit dem Testdaten für den jeweiligen Report in Form einer sequentiellen Datei erstellt werden können. Man erstellt zum Beispiel für einen Kreditoren-Datensatz diese Datei und kann daraus ersehen, wie sie aufgebaut ist - welche Daten der Mappenvorsatz, der Kopfsatz und die anderen Sätze enthalten, wie die Batch-Input-Tabellenstrukturen heißen etc.. Um die entsprechenden Programme ausführen zu können, sollte man aber über Programmierkenntnisse in ABAP/4 verfügen. Bevor die eigenen Testdaten in den entsprechenden Report editiert werden, sollte man ihn auf einen anderen Namen kopieren. Das Originalprogramm enthält auch noch das ABAP/4-Schlüsselwort STOP, das die Ausführung des Programmes verhindert, und deshalb in der Kopie zu löschen ist.

Von der Firma SLIGOS wurde festgelegt, daß innerhalb unseres Projektes die oben beschriebene Möglichkeit II zur Stammdatenübergabe umgesetzt werden soll. Die Stammdaten werden also in der Finanzbuchhaltung zentral angelegt und gepflegt und dann an das FORS/GB-System übertragen. Bei der Konzeption der Schnittstelle wurde aber auch deutlich, daß nur sehr wenige

Informationen in beiden Systemen gleichzeitig hinterlegt sind und somit übertragen werden müssen. Alle weiteren Informationen sind in den jeweiligen Systemen manuell zu pflegen.

Bereits weiter ober wurde auf die Schwierigkeit hingewiesen, die aus den organisatorischen Strukturen innerhalb der beiden Systeme resultiert. Im System FORS/GB sind die Stammdaten Werken zugeordnet, in R/3 können die Daten aber lediglich buchungskreis- und nicht geschäftsbereichsbezogen angelegt werden. Eine Übertragung der Stammdaten eines bestimmten Werkes ist daher momentan nicht möglich.

Sowohl für die Kreditoren-, als auch für die Debitorenstammdaten wurden eigene Reports erstellt, die die Datenfelder in der durch das FORS/GB-System vorgegebenen Struktur aufbereiten und übergeben. Die Datensätze haben eine feste Länge, die sich aus der Summe der einzelnen Feldlängen ergibt. Alle nichtnumerischen Felder werden linksbündig beschrieben, und für den Fall, daß der Inhalt kürzer als die angegebene Feldlänge ist, rechts mit Blanks aufgefüllt. Die numerischen Felder werden rechtsbündig beschrieben und mit führenden Nullen übergeben. Felder, für die in R/3 keine Daten vorhanden sind, werden mit Blanks gefüllt. Diese Form der Datenübergabe wird in FORS/GB als Übergabe im **Fix-Format** bezeichnet. Die einzelnen Felder werden dabei nicht durch sogenannte Delimiter voneinander getrennt sondern direkt aneinandergereiht. Das Satzende wird durch ein Line-Feed gekennzeichnet.

6.2 Bewegungsdaten

Die Bewegungsdaten werden in den verschiedenen Modulen des Systems FORS/GB erfaßt. Da FORS/GB die Schnittstellendaten grundsätzlich als ASCII-Datei zur Verfügung stellt, gilt diese Festlegung auch für die Schnittstelle zum R/3-System. Auf der Finanzbuchhaltungsseite soll die Standard-Batch-Input-Schnittstelle des R/3-Systems eingesetzt werden. Deshalb werden die Daten in der von der SAP-Struktur benötigten Reihenfolge in eine sequentielle Datei geschrieben. In diese Datei werden die zu übernehmenden Daten gestellt, aber auch SAP-spezifische Daten, wie Transaktionscodes, Tabellennamen etc..

Das eingesetzte Batch-Input-Programm hat den Namen RFBIBL00. Die genaue Reihenfolge der zu übergebenden Daten kann aus der aufgeführten Literatur entnommen werden.

Ab Release 3.0C des SAP-Systems R/3 besteht auch die Möglichkeit des Direct Inputs. Da an der Fachhochschule in Reutlingen zum Zeitpunkt der Arbeit erst Release 2.2 zur Verfügung stand, konnten die damit verbundenen Konsequenzen nicht eingehend untersucht werden.

Im folgenden werden Besonderheiten der notwendigen Schnittstellensätze kurz erläutert.

6.2.1 Eingangsrechnungen und Gutschriften

In diesem Schnittstellensatz tritt die Belegart auf, die zur Steuerung der Verbuchung eine wesentliche Rolle spielt. Die Belegart im Feld BLART wird in der Regel von den Standard-Belegarten des R/3-Systems abweichen. Im System FORS/GB wird die Rechnungsnummer auf Werksebene vergeben. Um eine entsprechende Zuordnung zu gewährleisten, ist auch im Finanzbuchhaltungssystem zwischen den verschiedenen Werken zu unterscheiden. Da ein Nummernintervall aber von der Belegart abhängt, sind verschiedene Belegarten zu definieren.

So können beispielsweise die Belegarten

- R1 für Eingangsrechnungen - Werk Hamburg,
- R2 für Eingangsrechnungen - Werk Frankfurt,
- R3 für Eingangsrechnungen - Werk München,

mit den entsprechenden Nummernintervallen definiert werden. Entsprechend gibt es dazu verschiedene Belegarten für Gutschriften, Ausgangsrechnungen usw..

Bei einer Rechnung in Fremdwährung speichert das System den Betrag für jede Belegposition sowohl in der Haus- als auch in der Fremdwährung. Um die für den Beleg gültige Fremdwährung anzugeben, wird in das Feld Währung des Belegkopfes der entsprechende Währungsschlüssel eingetragen.

Eingabe des Umrechnungskurses

Zur Eingabe des Umrechnungskurses gibt es folgende Möglichkeiten:

- Man gibt ein Buchungsdatum und den Währungsschlüssel in den Belegkopf ein. Das System übernimmt automatisch den am Buchungsdatum gültigen Umrechnungskurs.
- Alternativ dazu kann ein Umrechnungsdatum in den Belegkopf eingegeben werden. Das System übernimmt dann den am Umrechnungsdatum gültigen Umrechnungskurs.

- Man kann den Umrechnungskurs auch direkt (manuell/per Batch-Input) in den Belegkopf eingeben.
- Der Betrag wird in jeder Belegposition sowohl in Hauswährung als auch in Fremdwährung eingegeben.

Der SLIGOS-Kunde muß sich entscheiden, welche der aufgeführten Möglichkeiten er in seinem Unternehmen einsetzen möchte. Dies hängt auch davon ab, in welchem System er die Währungskurse hinterlegt und pflegt, in FORS/GB, in R/3 oder in beiden Systemen. In Abhängigkeit von seiner Entscheidung, sind die entsprechenden Feldinhalte zu übertragen.

6.2.2 Ausgangsrechnungen, Gutschriften und Belastungen

Für die Übernahme der Ausgangsrechnungsdaten gelten dieselben Prämissen wie bei den Eingangsrechnungen und Gutschriften. Auch hier sind die Belegnummern vom FORS/GB-System vorgegeben und müssen deshalb im R/3 als Nummernkreise mit externer Nummernvergabe gepflegt werden.

6.2.3 Ausgleich offener Posten

Ausgleichsbuchungen, die durch Zahlungseingänge oder -ausgänge vorgenommen werden, können im SAP-System per Batch-Input durchgeführt werden. Die Voraussetzung dafür ist, daß die Daten in der vom SAP-System verwendeten Struktur übergeben werden.

Vom maschinellen Ausgleich der Offenen Posten ist im vorliegenden Projekt lediglich die Debitorenbuchhaltung betroffen, da ein Automobilzulieferer per DFÜ die Gutschrifts- bzw. Zahlungsavise erhält und diese an das System FORS/GB übermittelt werden. Der Ausgleich der Verbindlichkeiten erfolgt ausschließlich im R/3-System.

Beim maschinellen Ausgleich Offener Posten, unter Einsatz des Reports RFBIBL00, sind einige Punkte zu beachten:

- Das Konto muß mit einer Offenen-Posten-Verwaltung geführt werden.
- Das Programm gleicht **keine Sonderhauptbuchvorgänge** aus. Zu den wichtigsten Sonderhauptbuchvorgängen gehören:
  - Sicherheitseinbehalte
  - Anzahlungen
  - Wechsel

- Bürgschaften
- Einzelwertberichtigungen
- Amortisationen und
- Zinsforderungen.

Bei der Buchung von Sonderhauptbuchvorgängen ist ein Sonderhauptbuch-Kennzeichen zu setzen. Dies bewirkt, daß das System die Belegpositionen in diesem Fall auf ein anderes Abstimmkonto verbucht, als im Debitorenstammsatz angegeben ist. In der Bilanz werden diese Konten separat ausgewiesen. Anzahlungen und Wechsel werden mit speziellen Funktionen erfaßt.

- Das Programm bucht außerdem keine neuen Belege. Es gleicht daher Posten nicht aus, wenn für den Ausgleich weitere Buchungen notwendig wären. Zu den Posten, die eine Buchung erfordern, zählen z.B. Posten, die Skonto beinhalten.
- Eine Buchung ist auch erforderlich, wenn sich die Posten in der Belegwährung zu Null saldieren, aber nicht in Hauswährung oder in einer der parallelen Währungen (Konzern- oder Gesellschaftswährung). Auch hier wird kein Ausgleich vorgenommen.

Aus diesem Grund wird in den beiden folgenden Abschnitten zwischen einem vollständigen Ausgleich der Offenen Posten, bei dem der Zahlungs-/Ausgleichsbetrag den aufsummierten Rechnungs- und Gutschriftsbeträgen entspricht, und einem „unvollständigen Ausgleich“ unterschieden.

Ausgleich Offener Posten bei vollständiger Bezahlung

Der einfachste Fall liegt dann vor, wenn Rechnungen, die ohne Abzug zu bezahlen sind, vollständig ausgeglichen werden. Die Summe des Gutschrifts-/Zahlungsavis' stimmt dabei mit dem kumulierten Wert der auszugleichenden Posten überein. Skontoabzüge sind vom System nicht zu berücksichtigen. Da auch bei Kursdifferenzen Schwierigkeiten auftreten, sollten die Rechnungen für diesen Idealfall in der Hauswährung verbucht sein und auch in dieser Währung bezahlt werden. Alle anderen Fälle werden im nächsten Abschnitt berücksichtigt.

Als Verrechnungskonto kann das Übergangskonto der Bank verwendet werden, auf deren Girokonto der Betrag gutgeschrieben wird. In diesem Fall muß die jeweilige Kontonummer in FORS/GB hinterlegt sein. Eine einfachere Möglichkeit besteht darin, **ein** Verrechnungskonto zu definieren und **alle** per Zahlungsavis angekündigten Geldbeträge darauf zu verbuchen.

Nachdem der Scheckbetrag von der Bank auf dem Girokonto gutgeschrieben wurde, wird der Betrag im Finanzbuchhaltungssystem auf dem entsprechenden Hauptbuchkonto verbucht und das gewählte Verrechnungskonto wieder entlastet.

Ausgleich Offener Posten mit verschiedenartigen Differenzen

Einige der Sachverhalte, aufgrund derer der Zahlungs-/Ausgleichsbetrag nicht mit den aufsummierten Rechnungs- und Gutschriftsbeträgen übereinstimmt, werden in diesem Abschnitt betrachtet.

Unterschieden werden:

- unvollständige Bezahlung einer Rechnung, wenn bspw. eine Position nicht bezahlt wird,
- Kursdifferenzen zwischen Rechnungen/Gutschriften und deren Ausgleich,
- Ausgleich von Rechnungen/Gutschriften unter Abzug von Skonto.

Als Beispiel zu Punkt 1 soll davon ausgegangen werden, daß die Zahlungsbedingung der betroffenen Rechnung/Gutschrift keine Skontoabzüge erlaubt und der Kunde eine oder mehrere Position(en) kürzt. Für diesen Fall kann vor der Ausgleichsbuchung ein Buchungssatz übergeben werden, mit dem die Differenz an das Finanzbuchhaltungssystem übermittelt wird.

Beim Rechnungsausgang wurde beispielsweise folgender Buchungssatz übertragen:

Debitorenkonto *an*
Klasse 8 - Umsatzerlöse 175000 Mehrwertsteuer.

Die Differenz wird nun auf ein separates Konto „Zahlungsdifferenzen“ oder ein anderes Erlösschmälerungskonto mit folgendem Buchungssatz verbucht:

Zahlungsdifferenzen 175000 Mehrwertsteuer *an*
Debitorenkonto.

Auf dem Debitorenkonto wird dabei der Brutto-Abzug verbucht, auf dem Erlösschmälerungskonto die Netto-Differenz.

Bei Punkt 2, den Kursdifferenzen, muß unterschieden werden, ob die Kursumrechnung im R/3-System oder in FORS/GB erfolgt.

Grundsätzlich schlagen wir vor, die Offenen Posten mit demselben Kurs auszugleichen, mit dem auch die Rechnung/Gutschrift verbucht wurde. Der Kurs, zu dem die Bank den Geldbetrag auf dem Girokonto gutschreibt, ist zum Zeitpunkt des OP-Ausgleichs noch nicht bekannt. Bei der Verbuchung des Betrages auf dem Hauptbuchkonto der Bank kann dann vom Sachbearbeiter in der Finanzbuchhaltung die Kursdifferenz verbucht werden.

Der dritte Punkt „Skontoabzüge" ist ebenfalls sehr problematisch. In den entsprechenden Rechnungen sind aufgrund der Zahlungsbedingungen Skontoabzüge vorgesehen. Da dem System nicht bekannt ist, mit welchem Wert es die Rechnung auszugleichen hat, nutzt es auch nichts, den Skontoabzug wie einen Differenzbetrag (Punkt 1) zu verbuchen und auszugleichen. Für das Problem Skontoabzüge kann man daher nur auf neuere Releasestände aus dem Hause SAP warten, da in der Dokumentation zu lesen ist, daß diese Vorgänge *zur Zeit* noch nicht unterstützt werden.

6.3 Ablauf der Kommunikation

Die Übergabe der Daten erfolgt in Form von ASCII-Dateien und wird, abgesehen von der Stammdatenübergabe, in der Regel manuell angestoßen. Das heißt, der Anwender entscheidet individuell, zu welchem Zeitpunkt er die Daten an das andere System übergeben möchte. Er startet dazu erst in dem führenden System das entsprechende Übergabeprogramm, um dann, ebenfalls manuell, im Zielsystem die Verarbeitung der bereitgestellten Daten zu veranlassen. Im R/3-System kann zur Erstellung der beiden Dateien, die die Lieferanten- und Kundenstammdaten enthalten, eine Variante und ein Job definiert werden, der täglich, wöchentlich oder in anderen beliebigen Zeitabständen den jeweiligen Report startet. Im System FORS/GB wird der Beginn der Datenübernahme dann manuell veranlaßt.

Wenn der Stammsatz eines neuen Lieferanten oder Kunden übertragen wird, sind im Beschaffungs- bzw. Vertriebsmodul des FORS/GB-Systems noch einige Mußfelder zu füllen, die nicht übergeben werden können (z.B. der Währungsschlüssel des Lieferanten/Kunden, der Mehrwertsteuerschlüssel und der Lieferbedingungsschlüssel). Eine rein maschinelle Übertragung der Stammdaten von R/3 zu FORS/GB ist auch aus diesem Grund nicht möglich. Anders würde dies bei Stammdatenänderungen aussehen.

Welche Daten auszutauschen sind und welches der beiden Systeme FORS/GB oder R/3 das jeweils führende System ist, wurde bereits in den vorangehenden Abschnitten beschrieben. Dabei wurde zwischen der Übergabe von Stamm- und Bewegungsdaten unterschieden. Bei beiden Arten handelt es sich um permanente Schnittstellen, da auch die Stammdaten zwischen den beiden Systemen abgeglichen werden müssen.

Eine Reihe von Festlegungen, die statische Unterschiede zwischen den beiden Systemen betreffen, können in der Delta-Datenbank des FORS/GB-Systems hinterlegt werden. Diese Delta-Datenbank wird zur Umschlüsselung der FORS/GB-internen Schlüssel in Schlüssel des R/3-Systems geführt. Zusätzlich können Konstanten für Felder ohne Entsprechung im anderen System hier eingetragen werden. Dies kann auch dazu genutzt werden, für solche Felder Vorschlagswerte einzutragen, die dann vom Sachbearbeiter geprüft werden müssen.

7 Kommentar zur Lösung

Heterogene Systemlösungen sind immer eine Suche nach dem besten Kompromiß, insbesondere, wenn die zu koppelnden Systeme sich überlagernde Funktionsbereiche abdecken. Hier ist der Schnittstellendesigner zusammen mit dem Anwender gefordert, eine Variante zu suchen, die technisch mit vernünftigem Aufwand zu realisieren ist, andererseits aber auch dem Anwender so viel Information wie möglich innerhalb einer Systemumgebung zur Verfügung stellt.

Die dadurch erzwungene redundante Datenhaltung macht eine laufende Abstimmung zwischen den gekoppelten Systemen erforderlich. Der in der vorliegenden Lösung notwendige manuelle Anstoß der Übergabe und Übernahme durch den Sachbearbeiter ist einerseits zweifellos ein transparenter Weg, andererseits ist dies aber eine Tätigkeit, die durch den Einsatz moderner EDV-Systeme nicht mehr erforderlich sein sollte.

Wenn eine direkte Kommunikation zwischen den beiden Systemen möglich wäre, würde dieser Arbeitsaufwand entfallen. Die Datenübertragung von R/3 zu einem Fremdsystem erfolgt durch Anstoß eines ABAP/4-Programms im R/3. Dieser Vorgang kann mit Hilfe des SAP-Workflow-Konzepts an bestimmte Ereignisse gebunden werden. So wäre es beispielsweise denkbar, beim Ereignis „Stammdaten-Änderung“ nicht nur die Daten in eine

ASCII-Datei zu schreiben, sondern auch die entsprechende Verarbeitung im Fremdsystem FORS/GB zu veranlassen. Dadurch wird ein manueller Eingriff unnötig. Bisher konnten in diesem Bereich keine eingehenden Untersuchungen durchgeführt werden. Diese Aufgabe bleibt künftigen Arbeiten vorbehalten.

Sind die zu koppelnden Systeme, wie dies ja in der Regel heute der Fall ist, in einer unterschiedlichen Systemumgebung entwikkelt, stößt man hier relativ bald auf Grenzen der Integrationsfähigkeit. Die Durchgängigkeit einer integrierten Systemlösung, wie sie z.B. mit dem R/3-System angeboten wird, erzielt man mit solchen Lösungen nicht.

Sofern die Freiheitsgrade hierzu vorhanden sind, ist die Konsequenz, daß Speziallösungen, die in einer bestimmten Branche oder in großen Firmen notwendig sind, z.B. mit Hilfe der SAP-Workbench entwickelt werden.

Grenzen einer heterogenen Systemlösung treten jedoch nicht nur durch technische Randbedingungen auf, sondern auch durch unterschiedliche Struktur- und Ablaufmodelle in den zu koppelnden Systemen. Im vorliegenden Fall trat dies besonders deutlich dort hervor, wo unterschiedliche Hierarchiestufen in der Unternehmensorganisation benutzt werden, die im Partnersystem so nicht vorkommen. Dadurch ist der Informationsfluß in einer Richtung zwangsläufig eingeschränkt, da die Detaillierungsstufe des Partnersystems nicht erreicht werden kann.

So bleibt die Kopplung heterogener Systeme wohl auch noch längerfristig eine relativ schwierige, wenngleich auch interessante Problemstellung.

Literaturverzeichnis

[1] Dietz, T.: Finanzbuchhaltung im Umfeld der Automobilzulieferindustrie mit SAP-R/3, Diplomarbeit, Fachhochschule für Wirtschaft und Technik, Reutlingen, 1996

[2] Prystaz, M.: SAP-R/3-Modul Controlling im Umfeld der Automobilindustrie, Diplomarbeit, Fachhochschule für Wirtschaft und Technik, Reutlingen, 1996

[3] Ruckwied, E.: Konzeption und Realisierung einer Integrationsschnittstelle von FORS/GB und SAP-R/3 im Umfeld der Automobilzulieferindustrie, Diplomarbeit, Fachhochschule für Wirtschaft und Technik, Reutlingen, 1996

[4] SAP AG Walldorf: Online Dokumentation der Releasestände 2.2G bis 3.0D, Walldorf, 1996

[5] SLIGOS Industrie GmbH: Produktinformation zu FORS/GB, Stuttgart, 1996

Die Dynamik integrierter Informationssysteme im Konsumgütervertrieb

Dipl.-Ing. Matthias Krause
IDS Prof. Scheer GmbH, Saarbrücken

1 Überblick

EDV-Systeme sind im Vertriebsaußendienst der Konsumgüterindustrie seit Jahren weit verbreitet. Meist erfolgte aber nur die Anbindung und Unterstützung der Auftragsbearbeitung der Außendienstmitarbeiter an die zentralen EDV-Systeme. Mit der ständig steigenden Marktmacht des Handels gewinnt die Position des Key Account-Managements im Konsumgütervertrieb stetig an Bedeutung. Dies führt zu neuen Anforderungen an integrierte EDV-Systeme im Konsumgütervertrieb.

Der Beitrag gibt einen Überblick über die heute im Konsumgütervertrieb vorherrschenden Vertriebsorganisationsstrukturen und wesentlichen Geschäftsprozesse einerseits und den Stand der Informationssysteme im Vertriebsaußendienst andererseits. Daraus lassen sich typische Anforderungen an integrierte Computer Aided Selling-Systeme in der Konsumgüterindustrie ableiten. Am Beispiel der Standardsoftware SAP R/3 werden abschließend die Möglichkeiten der Integration eines Computer Aided Selling-Systems aufgezeigt.

2 Organisationsstrukturen im Konsumgütervertrieb

Vor dem Hintergrund der steigenden Wettbewerbsintensität verschärfen sich die Beziehungen zwischen Handel und Industrie. Der Konsumgütervertrieb wird entscheidend von der Beziehung zum Groß- und Einzelhandel, insbesondere dem Lebensmitteleinzelhandel geprägt [1]. Dies wirkt sich besonders auf die vorherrschenden Strukturen im Vertrieb eines Konsumgüterherstellers aus. Bevor diese näher beschrieben werden, erfolgt eine kurze begriffliche Einordnung des Vertriebs.

Begriffsbestimmung

Der Begriff **Vertrieb** wird in der Regel synonym zu dem Begriff **Absatz** verwendet, der in der betriebswirtschaftlichen Literatur als betriebliche Hauptfunktion, die alle zur Veräußerung eines Gutes erforderlich Teilfunktionen umfaßt, und bei Erfolg im Verkauf gipfelt, definiert wird. Dennoch erfolgt mit dieser Begriffswahl eine Betonung im Hinblick auf Funktionen, wie Warenverteilung, Steuerung der Außendienstorganisation und Pflege der Beziehungen eines Herstellers zum Handel. Unter **Verkauf** wird die Veräußerung einer Ware oder Dienstleistung verstanden [2].

Vertriebsfunktionen

Vom Vertrieb eines Konsumgüterherstellers werden in der Regel folgende Funktionen wahrgenommen [3]:

- die Akquisition und Angebotserstellung,
- die Annahme und Abwicklung von Aufträgen,
- das Terminwesen und die Auftragssteuerung,
- der Versand,
- die Fakturierung,
- der Kundendienst,
- die Steuerung der Außenorganisation und
- die Pflege der Beziehungen eines Herstellers zum Handel bzw. beim Direktvertrieb zum Endkunden.

Vertriebsorganisation

Gängige Strukturierungskriterien der Vertriebsorganisation sind z.B. die wahrzunehmenden Vertriebsfunktionen (funktionsorientierte Vertriebsorganisation), die abzusetzenden Produkte bzw. Produktgruppen (produktorientierte Vertriebsorganisation) oder die bestehenden Absatzmärkte bzw. Absatzkanäle (abnehmer- und gebietsorientierte Vertriebsorganisation) [4]. Wesentlich zu unterscheiden in der Aufbauorganisation des Vertriebs sind dabei der Innendienst und der Außendienst. Organisatorisches Abgrenzungskriterium zwischen Verkaufsinnendienst und Verkaufsaußendienst ist in der betriebswirtschaftlichen Literatur das räumliche Betätigungsfeld der Mitarbeiter. Während der Innendienst die Aufgaben von der Koordination der Arbeiten des Außendienstes bis hin zur Auftragsabwicklung in der Zentrale wahrnimmt, obliegt dem Außendienst vor allem die Auftragsgewinnung im Feld.

Abb. 2.1
Beispielhafte Organisationsstruktur des Vertriebs eines Konsumgüterherstellers

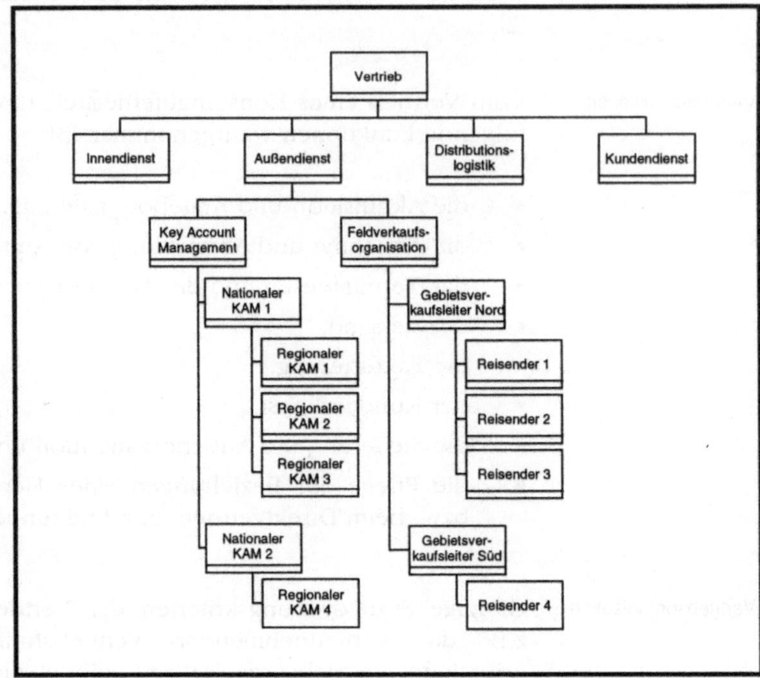

In der Konsumgüterindustrie besteht eine spezifische Aufteilung der genannten Vertriebsfunktionen auf die einzelnen Elemente der Vertriebsorganisation. Im folgenden werden die für die Konsumgüterindustrie und die Beziehungen zum Handel typischen Vertriebsorganisationselemente mit ihren Aufgaben und Aktivitäten kurz dargestellt.

2.1 Vertriebsinnendienst

Im Vertriebsinnendienst sind die konsumgüterspezifischen Auswirkungen der Vertriebsbeziehung zum Handel nicht so stark zu spüren wie in der Außendienstorganisation. Im Innendienst erfolgt die Auftragsabwicklung und -steuerung wie sie auch aus anderen Branchen bekannt ist. Deshalb werden hier an dieser Stelle die Aufgaben des Innendienstes nur kurz vorgestellt.

Die typischen Vertriebsinnendienstfunktionen eines Konsumgüterherstellers sind:

- Planung von Umsatz und Absatz
  - für unterschiedliche Zeiträume, rollierend,
  - für die Produktstruktur bis hin zum Einzelartikel,
  - für Gebiete; etc.
- Stammdatenpflege sowie das Erstellen von Auswertungen
  - für Handelsorganisationen,
  - für Kunden und
  - für Artikel,
- Auftragsabwicklung,
- Versand und
- Fakturierung.

2.2 Vertriebsaußendienst

Während im **Vertriebsinnendienst** im wesentlichen die Auftragsabwicklung und -steuerung erfolgt, konzentrieren sich im **Vertriebsaußendienst** alle Bemühungen und Aktivitäten um die Auftragsbearbeitung und die dafür notwendigen Rahmenbedingungen. Mit diesen Rahmenbedingungen sind alle Aktivitäten gemeint, die die Abstimmungen und Vereinbarungen mit dem Handel als Abnehmer betreffen. Diese Beziehungen zu den Handelsorganisationen werden in der Regel im Vertriebsaußendienst von Key Account-Managern wahrgenommen. Organisatorisch getrennt vom regionalen Außendienst [5], werden hier national und regional verantwortliche Key Account-Manager unterschieden, aber immer häufiger gibt es aufgrund der Konzentrationsvorgänge im Handel auch stationäre Key Account-Manager (KAM), die für eine einzelne Handelsorganisation, wie Metro, Rewe oder Tengelmann, zuständig sind (vgl. Abbildung 2.1) [6].

Der Vollzug des Verkaufs und damit eine breite Distribution [7] in den einzelnen Märkten liegt dagegen bei der regionalen Außendienstorganisation, auch **Feldverkaufsorganisation** genannt, die üblicherweise hierarchisch in Verkaufsleitung, Gebietsverkaufsleitung und Reisende strukturiert ist [8].

2.2.1 Key-Account-Management

Begriffsbestimmung und Abgrenzung

Das Key-Account-Management (KAM) [9] ist eine strategische Organisationsform des Vertriebs, bei der die Betreuung von Großkunden, auch Schlüsselkunden oder „Key Accounts“ genannt, nicht vom jeweils zuständigen regionalen Verkaufspersonal, sondern von bestimmten Mitarbeitern oder neuerdings auch Mitarbeitergruppen übernommen wird [10].

Viele Handelsunternehmen, aber auch große Unternehmen der verarbeitenden Industrie, haben den Einkauf zentralisiert bzw. in den Handelszentralen konzentriert, um eine größere Verhandlungsmacht gegenüber den Verkäufern zu erreichen. Entstanden zunächst in der beratungsintensiven Investitionsgüterindustrie, ist das KAM in den letzten Jahren auch in der Konsumgüterindustrie als Gegenpol zur Einkaufsmacht des Handels eingeführt worden. Dem Zentraleinkäufer soll mit dem KAM ein ebenso kompetenter Verhandlungs- und Gesprächspartner gegenübergestellt werden. Darüber hinaus hat in den letzten Jahren aufgrund der veränderten Marketingstrategien des Handels eine Verschiebung der Kontrolle einiger Marketinginstrumente von der Industrie in Richtung Handel stattgefunden. Zu nennen sind hier insbesondere die Preispolitik, die Sortimentspolitik und die Verkaufsförderung. Beide Aspekte legen eine verstärkte Kooperation zwischen Herstellern und Handel nahe, die unter anderem durch das KAM erreicht werden soll [11].

wesentliche Merkmale des KAM

Einige wesentliche Merkmale des KAM lassen sich durch die Abgrenzung von zwei weiteren maßgeblich am Absatz beteiligten Organisationsformen, dem **Verkauf** und dem **Produktmanagement**, darstellen. Der Verkauf, der in der Regel regionalisiert ist, betreut mit den Außendienstmitarbeitern die einzelnen Outlets oder Point of Sale (POS) des Handels. Hauptaufgabenstellung dabei ist die Auftragsbearbeitung bzw. das Hineinverkaufen in den Handel. Im Blickfeld des überregional, teilweise auch national tätigen **Key- Account-Managers** liegt dagegen sowohl der Einkauf als auch der Verkauf des Handels. Er versucht, den Absatz des eigenen Unternehmens dadurch zu fördern und zu sichern, daß er den Handel bei dessen Marketingaktivitäten unterstützt und die Angebote des Herstellers darauf ausrichtet. Die Aktivitäten des **Produkt-Managers**, wie die Werbeplanung oder die Produktführung, zielen dagegen auf die Akzeptanz des Produktes bei den Endverbrauchern. In Abbildung 2.2 sind diese Zusammenhänge grafisch dargestellt.

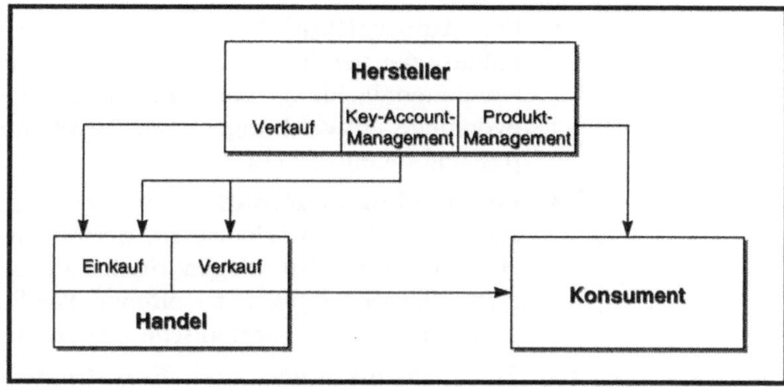

Abb. 2.2 Ausrichtung von Verkauf, Key Account- und Produkt-Management im Konsumgütervertrieb [12]

Aufgabenstellungen und Funktionen des Key-Account-Management

Der Aufgabenbereich des Key-Account-Managers ist an der Schnittstelle von Herstellermarketing, Verkauf und Handelsmarketing angesiedelt. Seine primäre Aufgabe besteht im Aufbau und in der Entwicklung von kontinuierlichen und positiven Beziehungen zu wichtigen Kunden. Die damit beim Handel geschaffene Präferenz soll dank der Koordination aller relevanten Aktivitäten durch eine mit entsprechenden Kompetenzen ausgestattete und organisatorisch adäquat eingebundene Stelle im Sinne der Unternehmensziele genutzt werden. Dementsprechend erstreckt sich die Tätigkeit eines Key-Account-Managers wesentlich auf zwei Aufgabenfelder: Abstimmung von Hersteller- und Handelsmarketing sowie Erbringung von Informations- und Beratungsleistungen für den zu betreuenden Marktpartner [13].

Das KAM kann die gestellten Aufgaben nur erfüllen, wenn die Stelleninhaber alle wichtigen Funktionen ausführen, die eine erfolgreiche kundenbezogene Verkaufstätigkeit auszeichnen. Nach Diller hat das Key-Account-Management vor allem folgende Hauptfunktionen zu erfüllen [14]:

- Eine **Informationsfunktion**, d.h. das KAM, hat alle relevanten Informationen über seine Kunden zu sammeln, zu analysieren und mit diesen zu kommunizieren. Es fungiert damit als „Informationsdrehscheibe für kundenbezogene Informationen" sowohl für den Großkunden als auch für das eigene Unternehmen.
- Eine **Planungsfunktion**, bei der kundenspezifische Verkaufs- und Marketingziele zu entwickeln sind, müssen in der Verkaufsplanung koordiniert werden. Dabei geht es um die Entwicklung einer gezielten und tragfähigen Kundenpolitik, die Umsatz- und Marktanteilsplanung und verschiedene Distributionsziele.

- Eine **Kontrollfunktion**, die neben der Kontrolle der Einhaltung der vereinbarten Handelsleistungen, der Kosten- und Gewinnentwicklung auch die Analyse der Ursachen für eventuelle Abweichungen und gegebenenfalls eine Zielanpassung miteinschließt.
- Eine **Diplomatenfunktion**, bei der es darum geht, Interessenkonflikte auszubalancieren, persönliche Kontakte mit den Handelspartnern zu pflegen, die Eskalation von unterschiedlichen Zielvorstellungen zu offenen Konflikten zu vermeiden und insgesamt für harmonische Beziehungen zu sorgen.
- Eine **Abwicklungs**- und **Koordinationsfunktion** unternehmensintern sowie -extern, bei der die in den Kundengesprächen getroffenen Vereinbarungen und Rahmenverträge (insbesondere Pflicht- und Wahllistung, Konditionen, Plazierung, Merchandisingaktivitäten, Verkaufsförderungsmaßnahmen, Neuprodukteinführung) abgestimmt und durchgesetzt werden müssen.

2.2.2 Feldverkaufsorganisation

Die Betreuung der zahlreichen Märkte und Filialen in der Region erfolgt durch die Mitarbeiter der Feldverkaufsorganisation. Hauptaufgabe ist sicherlich der Vollzug des Verkaufs und damit eine breite Distribution in den einzelnen Märkten, die auch Outlet oder Point of Sale (POS) genannt werden. Die Feldverkaufsorganisation ist üblicherweise territorial strukturiert. Bei dieser einfachen Strukturform ist das Gesamtverkaufsgebiet beispielsweise in Anlehnung an die Postleitzahlbezirke in Gebiete, Distrikte und Regionen unterteilt, die einem Verkäufer exklusiv zugeteilt werden. Diese territorial gegliederte Organisation wird in der Regel durch mehrere Ebenen des Verkaufsmanagements geführt [15].

Aufgaben der Feldverkaufsorganisation

Reisende

Die Besuche der Kunden vor Ort in den Outlets werden durch die Reisenden, die auch Regionalmanager, Bezirksleiter oder Außendienstmitarbeiter (ADM) genannt werden, durchgeführt. Sie besuchen sowohl Märkte, die direkt beliefert werden, als auch Outlets, die ihre Ware über den Großhandel oder über ein Zentrallager beziehen. Neben der Auftragsbearbeitung nehmen die Reisenden eine Reihe weiterer wichtiger Aufgaben wahr. Dazu gehören die sachkompetente Beratung des Marktleiters, die Artikeldisposition und Zusammenstellung des Auftrages, die Bearbeitung und Regelung von Reklamationen, die Koordination von Servicekräften bei der Lieferung, Merchandisingaktivitäten, aber auch die Durchsetzung von Listungs- und Plazierungsvereinbarungen sowie die Koordination von Aktionen und die Outlet- und Wettbewerbsbeobachtung.

Gebietsverkaufsleiter

Hierarchisch den Bezirksleitern übergeordnet, sind die Gebietsverkaufsleiter verantwortlich für die Steuerung eines Gebietes, das üblicherweise aus mehreren Bezirken besteht (vgl. Abbildung 2.1). Dabei werden neben den bereits genannten Aktivitäten der ADM, die im Vertretungsfall auch von Gebietsverkaufsleitern übernommen werden, zusätzlich eine Reihe weiterer Aufgaben wahrgenommen. Hier sind neben der Betreuung der Außendienstmitarbeiter des Gebietes insbesondere die Gebietsplanung und -steuerung mit regionaler Besuchs-, Absatz- und Umsatzplanung, die Verfolgung der Istergebnisse je Outlet und Mitarbeiter, die Besuchsauswertung und -analyse, die Distributionsauswertung sowie die Steuerung und Verfolgung von Aktionen, Sonderdurchgängen, Marktbeobachtungen und Preiserhebungen zu nennen.

3 Geschäftsprozesse des Konsumgütervertriebs

Vertriebslogistik

In der betriebswirtschaftlichen Literatur werden die Geschäftsprozesse des Vertriebs ausgehend vom Kundenkontakt im wesentlichen auf die Auftragsabwicklung bezogen. Nach Scheer begleitet die **Vertriebslogistik** „die logistische Kette von der Angebotserstellung über Auftragsannahme, Auftragssteuerung, Versand bis zur Fakturierung und Weiterleitung der Daten an die Finanzbuchhaltung" [16]. Dabei wird in Literatur und Praxis, aber auch in betriebswirtschaftlicher Standardsoftware, wie SAP R/3, als wesentliches Differenzierungskriterium für die Geschäftsprozesse im Vertrieb die Abwicklung verschiedener Auftragsarten unterschieden [17]. In Abbildung 3.1 sind die wichtigsten Auftragsarten des Konsumgütervertriebs in der Abfolge der zu durchlaufenden betrieblichen Funktionen skizziert.

3.1 Überblick

Ein Terminauftrag ist ein Kundenauftrag, der zu einem bestimmten vom Kunden gewünschten Termin geliefert werden soll. Bei einem Streckenauftrag wird Handelsware von einem Lieferanten des Herstellers direkt an den Kunden geliefert. Auch hier gibt es in der Regel einen Kundenwunschtermin. Bei der kostenlosen Lieferung von z.B. Mustern oder Ersatzware handelt es sich um einen Terminauftrag, der jedoch nicht fakturiert wird. Je nach Auftragsart können einzelne Schritte der Auftragskette ein unterschiedliches Gewicht erhalten, zum Teil sogar entfallen.

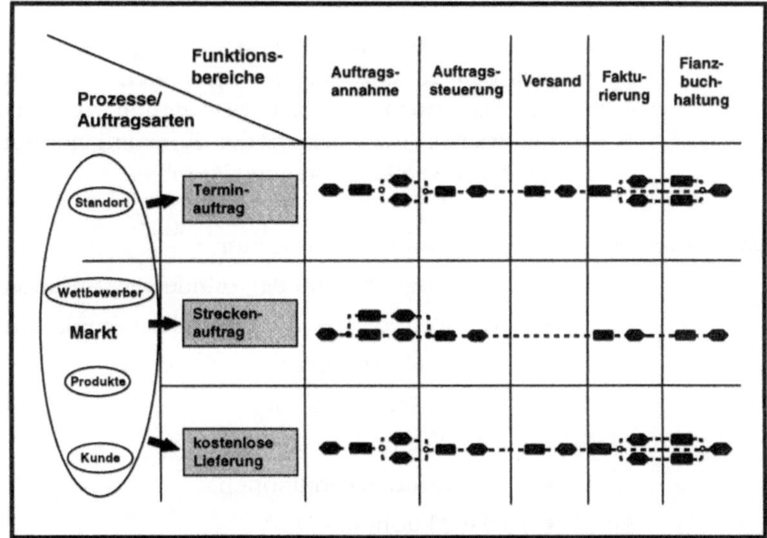

Abb. 3.1 Wesentliche Auftragsarten im Konsumgütervertrieb

Aufgrund des Konzentrationsprozesses, insbesondere im Lebensmittelhandel, wird der eigentliche Verkauf, d.h. die Auftragsabwicklung, Lieferung und Fakturierung von Waren, auf einer ganz anderen organisatorischen Ebene abgewickelt als die Jahresgespräche und Vereinbarungen mit dem Handel. Die Auftragsabwicklung erfolgt durch den Vertriebsinnendienst und die Vertriebslogistik, wogegen die Rahmenbedingungen für den Verkauf durch den Vertriebsaußendienst, konkret das Key-Account-Management, ausgehandelt werden. Diese umfassen die Vereinbarung des Umsatzvolumens, die Listung und Plazierung von Artikeln sowie die Vereinbarung von Konditionen und Verkaufsförderungsmaßnahmen.

weitere Vertriebsgeschäftsprozesse

Im Konsumgütervertrieb können neben dem eigentlichen Verkauf demnach eine Reihe weiterer **Geschäftsprozesse** unterschieden werden. Dies sind bspw.

- die Grunddatenverwaltung,
- die Umsatz- und Absatzplanung,
- die Listung,
- das Category Management,
- die Aktionsabwicklung,
- der Kundenbesuch und
- die Abwicklung von Sondermaßnahmen.

Unter der **Grunddatenverwaltung** wird allgemein die Stammdatenanlage und -pflege verstanden, aber auch die Verteilung der Stammdaten an alle betroffenen Vertriebs- und Marketingmitarbeiter. Im Vertrieb der Konsumgüterindustrie werden folgende wesentliche Stammdatenobjekte unterschieden:

Stammdatenobjekte

- die Außendienststruktur,
- der Kunden- und der Handelsorganisationsstamm,
- die Kunden- bzw. die Handelsorganisationshierarchie,
- der Artikelstamm,
- die Artikelhierarchie,
- die Listung,
- die Kundenkonditionen,
- die Aktionen,
- die Maßnahmen und
- die Spesenstammdaten.

Andere Datentypen, wie z.B. der Kundenauftrag oder der Besuchsbericht, gehören zu den sogenannten Bewegungsdaten.

An der Stammdatenpflege sind alle Organisationseinheiten des Vertriebs beteiligt. So werden beispielsweise die Kundenstammdaten üblicherweise im Vertriebsinnendienst angelegt, aber durch den Außendienst, der vor Ort beim Kunden ist, aktualisiert. Der Innendienst, der die Änderungsmeldungen vom Außendienst erhält, vollzieht die Änderungen in den Stammdaten nach, so daß diese dann wirksam werden können. Gerade die Kundenstammdaten sind in vielen Unternehmen ein heikles Thema, da sich der Innendienst einerseits die Stammdatenhoheit nicht aus der Hand nehmen lassen will, andererseits bei Stammdatenänderungen durch den Außendienst Inkonsistenzen und Redundanzen zu befürchten sind.

Umsatz- und Absatzplanung

Im Rahmen der Umsatz- und Absatzplanung werden von der Vertriebsleitung, dem Key-Account-Management und der Feldverkaufsorganisation Umsätze und Absätze beispielsweise je Region, je Gebiet, je Key-Account, je Kunde, jeweils auf Produktgruppen bzw. Produktebene geplant. Als Planungsebenen werden eine Jahresgrobplanung auf Produktgruppenebene, eine Jahresfeinplanung auf Einzelartikelebene und eine monatlich rollierende Vertriebsbedarfsplanung auf Einzelartikelebene mit einem Planungshorizont von drei bis sechs Monaten unterschieden. Die Key Account-Planung dient den Key Account-Managern als Vorbereitung für die Jahresvereinbarungen mit ihren Kunden (Handelszentralen). Die Vertriebsbedarfsplanung ist die Basis für die rollierende Produktionsplanung.

Listung

Der Geschäftsprozeß der Listung umfaßt alle Funktionen von der Planung und Vereinbarung der vom Handel zu listenden Artikel bis hin zur Durchsetzung der Listung im Markt (siehe auch Kapitel 3.1). Mit der Vereinbarung der Artikellistung durch den Key Account-Manager mit der Handelszentrale ist üblicherweise auch die Verhandlung der Artikelkonditionen, also der Preis- und Rabattstruktur, verbunden. Diese Konditionen werden im Rahmen der Grunddatenverwaltung festgehalten.

Category Management

Das Category Management als Warengruppenmanagement im Handel ist ein hauptsächlich vom Lebensmittelhandel eingeführtes Konzept zur optimalen Nutzung der knappen Verkaufsfläche im Outlet. Von einem Category Manager des Handels wird die integrierte Planung und Ausführung aller warengruppenbezogenen Aktivitäten übernommen. Damit erfolgt die Bündelung von Einkaufs-, Merchandising- und Verkaufsfunktionen in einer Hand. In einer Warengruppe oder Category werden die Artikel zusammengefaßt, die von den Konsumenten bei einer Kaufentscheidung als substitutiv angesehen werden (z.B. "alkoholfreie Getränke", "Haarwaschmittel", "Kaffee und Tee"). Je nach Zielgruppe und lokaler Käuferstruktur werden die Warengruppen aber unterschiedlich zusammengefaßt. Innerhalb der Warengruppen wird mit dem "Category Captain", dem führenden Lieferanten oder Markenartikelhersteller, zusammengearbeitet. Der Händler liefert die Abverkaufsdaten als Informationsbasis für eine effiziente Sortimentsgestaltung. Der Konsumgüterhersteller erarbeitet als Dienstleistung für den Handel - auf Basis der Scannerdaten - ein optimiertes Sortiment, in dem die Sortimentsbreite und -tiefe an den jeweiligen Betriebstyp und die Bedürfnisse der Konsumenten der Region angepaßt ist. Der Category Captain profitiert beim Category Management durch mehr Regalfläche für seine Produkte und einer leichteren Markteinführung neuer Produkte [18].

Aktionsabwicklung

Mit der Aktionsabwicklung ist der Prozeß der Planung, Vereinbarung, Steuerung und Ausführung von Verkaufsförderungsmaßnahmen gemeint. Üblicherweise werden vom Vertrieb für den Zeitraum eines Jahres die durchzuführenden Aktionen geplant. Der KA-Manager vereinbart dann mit einer Handelsorganisation die Sonderplazierung von Aktionsware in den angeschlossenen

Märkten während eines festgelegten Zeitraumes. Während des Aktionszeitraumes wird die Aktionsdurchführung von den Mitarbeitern des Feldverkaufs koordiniert und überwacht. Nach Ablauf der Aktion erfolgt die Auswertung des Aktionserfolges durch den zuständigen KA-Manager. Eine wirkungsvolle Aktivitätensteuerung ist aber nur dann möglich, wenn die Absprachen des Key-Account-Managements zum flächendeckenden Außendienst hin kommuniziert werden und von dort entsprechende Rückmeldungen erfolgen [19].

Abb. 3.2
Der Geschäftsprozeß Aktionsabwicklung im Überblick

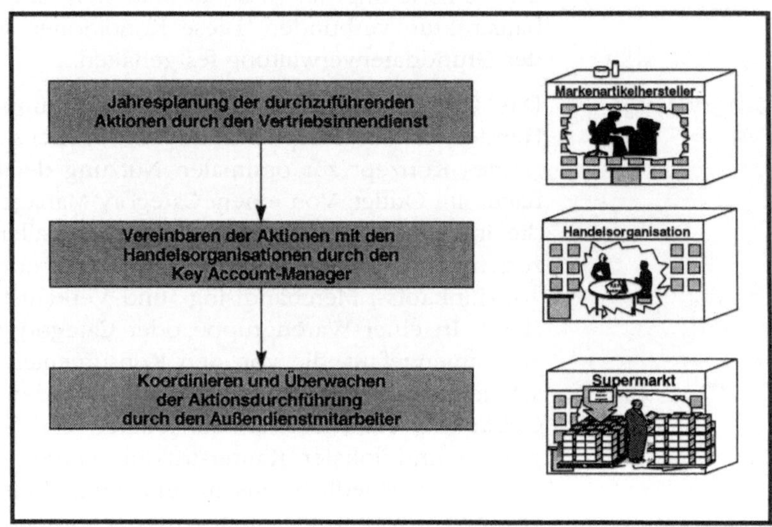

Kundenbesuch

Der Kundenbesuch im Rahmen der Tagestour ist Aufgabe der Reisenden. Dabei hat der Außendienstmitarbeiter neben der Auftragserfassung eine Reihe weiterer Aufgaben zu erledigen (siehe Kapitel 3.2).

Sondermaßnahmen

Die Abwicklung von Sondermaßnahmen umfaßt die Planung, Vereinbarung, Steuerung und Ausführung einer Reihe von Aktivitäten. Darunter fallen beispielsweise die Distributionserhebung, die Preiserhebung, die Marktbeobachtung und der Sonderdurchgang.

Da im Rahmen dieses Beitrags nicht alle Vertriebsgeschäftsprozesse ausführlich behandelt werden können, sollen beispielhaft zwei wesentliche Geschäftsprozesse im Vertriebsaußendienst, die Listung und der Kundenbesuch, dargestellt und der Daten- und Informationsfluß zwischen den betroffenen Organisationseinheiten aufgezeigt werden. Daraus können einerseits Anforderungen an integrierte Informationssysteme im Vertrieb abgeleitet und andererseits die Schnittstellen zwischen einer integrierten Standardsoftware, wie SAP R/3, und einem Computer Aided Selling-System beleuchtet werden.

3.2 Listung

Die Listung stellt neben den Konditionen die wesentlichste Datenbasis für die Auftragsabwicklung in der Konsumgüterindustrie dar. Mit der Artikellistung wird zwischen Hersteller und Handel abgestimmt, welche Produkte eines Lieferanten in den Märkten oder in einer bestimmten Vertriebsschiene des Handels geführt werden. Die zu listenden Artikel werden in die Dispositionslisten der Märkte aufgenommen und können dann von den Marktleitern bestellt werden. Wesentlich zu unterscheiden sind hierbei die Pflicht- und die Wahllistung. Mit der Pflichtlistung verpflichtet sich die Handelsorganisation, bestimmte Produkte in allen Märkten einer Vertriebsschiene im Regal zu führen. Bei der Wahllistung entscheidet der jeweilige Marktleiter darüber, ob das Produkt im Regal steht. Da Listungen Vorteile für den Lieferanten bieten, bspw. eine bessere Distribution des Produktes, sind solche Vereinbarungen mit Gegenleistungen des Herstellers verbunden, z.B. Werbekostenzuschüsse, Boni oder auch Rechnungsrabatte.

Pflicht- und Wahllistung

Abb. 3.3
Der Geschäftsprozeß Listung im Überblick

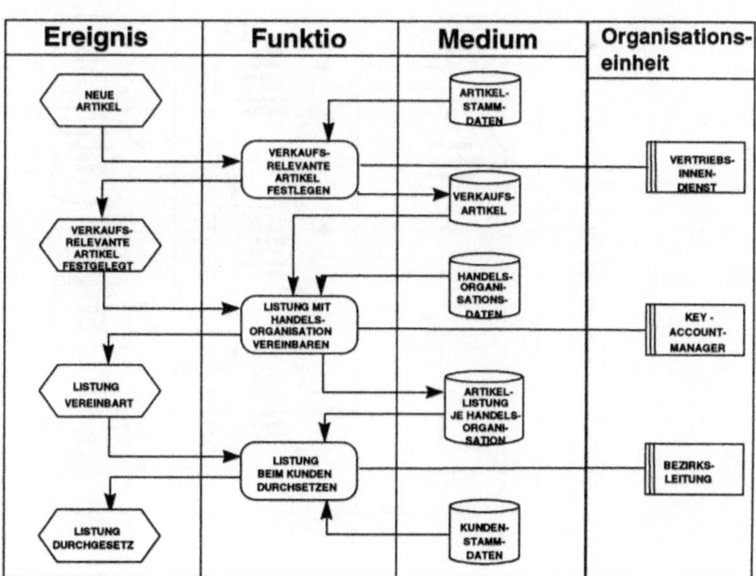

Wie in Abbildung 3.3 dargestellt, umfaßt der Geschäftsprozeß der Listung alle Funktionen von der Planung und Vereinbarung der vom Handel zu listenden Artikel bis hin zur Durchsetzung der Listung am Markt. Im ersten Schritt wird zwischen Produktmanagement und Vertriebsinnendienst abgestimmt, welche Artikel verkauft werden sollen. Daraufhin wird vom Innendienst eine Ziellistung je Geschäftstyp (z.B. Supermarkt, Verbrauchermarkt, Kaufhaus) entwickelt. Im nächsten Schritt vereinbaren die Key-Account-Manager mit den von ihnen betreuten Handelsorganisationen Listungen für bestimmte Vertriebsschienen unter Berücksichtigung der Zielvorgabe. Dies erfolgt in mehreren Schritten. Je nach Handelsorganisation wird die Listung zunächst auf nationaler Ebene abgestimmt. Diese nationale Listung ist für die regionalen Key-Account-Mananger die Basis für die Vereinbarung der regional unterschiedlichen Listungen. In der letzten Zeit ist immer häufiger zu beobachten, daß die Listung bis auf Outletebene heruntergebrochen wird und innerhalb einer Vertriebsschiene bei einzelnen Märkten differenziert wird, je nach Lage oder Größe des Marktes. Dieser Sachverhalt ist in Abbildung 3.4 wiedergegeben.

Abb. 3.4
Die Listungsvereinbarung

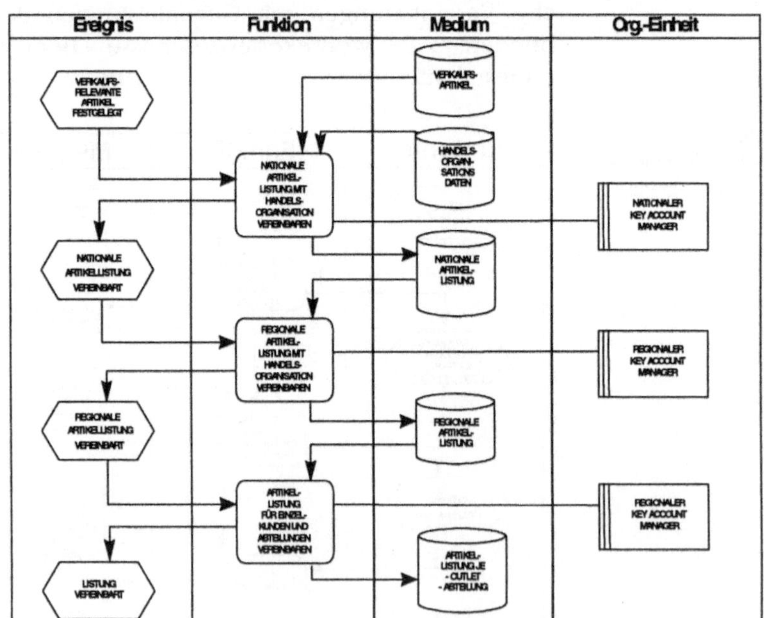

Für die Auftragserfassung im Markt benötigen die Außendienstmitarbeiter die vereinbarten Listungen, der von ihnen betreuten Kunden. Je nach Kunde und vereinbarter Pflicht- bzw. Wahllistung muß oder kann der Marktleiter die gelisteten Artikel bestellen. Desweiteren muß der ADM wissen, ob er bei dem gerade besuchten Kunden auch außerhalb der Listung Ware anbieten kann. Die Listung muß vollständig und in der korrekten Reihenfolge vorliegen, da die Mitarbeiter der Feldverkaufsorganisation für viele Kunden die Aufträge manuell in deren Dispolisten eintragen müssen, die in genau dieser Listungsreihenfolge sortiert sind. Für die Einführung von neuen Produkten, für die auch flankierend geworben wird, ist die Aktualität der vorliegenden Listung von entscheidender Bedeutung, da der Außendienst in der Regel nur gelistete Produkte verkaufen kann. Veraltete Listungen führen zu einer verzögerten Distribution von neuen Produkten.

Im Rahmen seiner Möglichkeiten sorgt der Außendienstmitarbeiter für die Einhaltung der vereinbarten Listungen (vgl. Abbildung 3.3). Zusätzlich kann der KA-Manager zur Überprüfung der Distribution eine Distributionserhebung initiieren, womit der Außendienst prüft, ob die vereinbarten Produkte auch in den Regalen der entsprechenden Märkte vorhanden sind. Die Ergebnisse der Erhebung werden gegen die Listungsvereinbarungen ausgewertet und liefern u.a. Argumentationen für die nächsten Jahresgespräche.

An dem komplexen Geschäftsprozeß der Listungsvereinbarung und der Durchsetzung im Markt sind alle Vertriebsorganisationseinheiten vom Innendienst über den kompletten Außendienst beteiligt. Die geschilderten Abhängigkeiten machen deutlich, wie wichtig der Informationsfluß zwischen KAM, ADM und Innendienst ist, um die Aufgabenstellungen des Konsumgütervertriebs erfüllen zu können.

3.3 Kundenbesuch

Der Kundenbesuch zählt zu den Hauptaufgaben der Reisenden (vgl. Kapitel 2.2.2). Die Außendienstmitarbeiter besuchen im Verlauf einer Tagestour sowohl Märkte, die direkt beliefert werden, als auch Outlets, die ihre Ware über den Großhandel oder über ein Zentrallager beziehen. Durch die Vertriebsleitung sind dem ADM die Märkte, die besucht werden sollen sowie der kundenindividuelle Besuchsrhythmus (zwischen wöchentlich und halbjährlich), vorgegeben.

Mit einer **Wochentouren- bzw. Wochenbesuchsplanung** legt der Außendienstmitarbeiter in Abstimmung mit den Kunden fest, welche Outlets an welchen Tagen einer kommenden Woche besucht werden. Diese Wochenplanung wird von ihm täglich detailliert und aktualisiert. Während des Besuchs eines Kunden nimmt der Außendienstmitarbeiter eine Reihe verschiedener Aufgaben wahr. Er ist der sachkompetente Berater des Marktleiters und der Einkäufer. In den Märkten mit Direktbelieferung ist der ADM verantwortlich für die rechtzeitige und ausreichende Belieferung. Um diese sicherstellen zu können, benötigt er Informationen vom Innendienst über Artikelverfügbarkeit, Lieferrückstände und nicht gelieferte Artikel. Er nimmt den Lagerbestand beim Kunden auf und stellt in Abstimmung mit dem Marktleiter die nächste Bestellung zusammen. Er koordiniert den Einsatz von Servicekräften, die bei der Lieferung die Ware in die Regale einräumen und mit Preisen auszeichnen. Bei den Märkten, die nicht direkt beliefert werden, gibt er Empfehlungen für die Bestellung beim Großhandel. In Abstimmung mit dem Key Account-Management informiert der ADM anläßlich seiner Besuche den Marktleiter über neue Produkte und anstehende Sondermaßnahmen. Auch Merchandisingaktivitäten sowie die Bearbeitung und Regelung von Reklamationen vor Ort werden von den Außendienstmitarbeitern übernommen.

Zu den weiteren Aufgaben der Feldverkaufsorganisation gehören die Durchsetzung und Kontrolle der vom Key-Account-Management mit dem Handel vereinbarten Listungen und Plazierungen (siehe Kapitel 3.1), die Koordination von Aktionen und Sondermaßnahmen sowie die Outlet- und Wettbewerbsbeobachtung [20]. Diese Aufgaben können nur in enger Abstimmung mit dem Key Account-Management erfolgen. Zur Kontrolle der Distribution und damit auch der Durchsetzung der vereinbarten Listungen initiieren die KA-Manager in regelmäßigen Abständen Distributionserhebungen, die von den ADM in festgelegten Outlets durchgeführt werden. Desweiteren führen die Außendienstmitarbeiter während des Kundenbesuchs Marktbeobachtungen, Preiserhebungen oder Sonderdurchgänge aus, die ebenfalls von den KA-Managern angefordert werden.

Nach Beendigung eines Besuches erstellt der Außendienstmitarbeiter einen Besuchsbericht über Art und Dauer des Besuchs sowie besondere Vorkommnisse. Nach Abschluß aller Besuche eines Tages sind noch der Tagesbericht und die Reisekostenerfassung als wesentliche Punkte im Tagesablauf eines ADM zu nennen. Zur besseren Einordnung der Aufgaben eines Reisenden ist ein typischer Tagesablauf eines ADM mit den wichtigsten Funktionen und benötigten Daten in Abbildung 3.5 wiedergegeben.

Abb. 3.5
Tagesablauf eines Reisenden

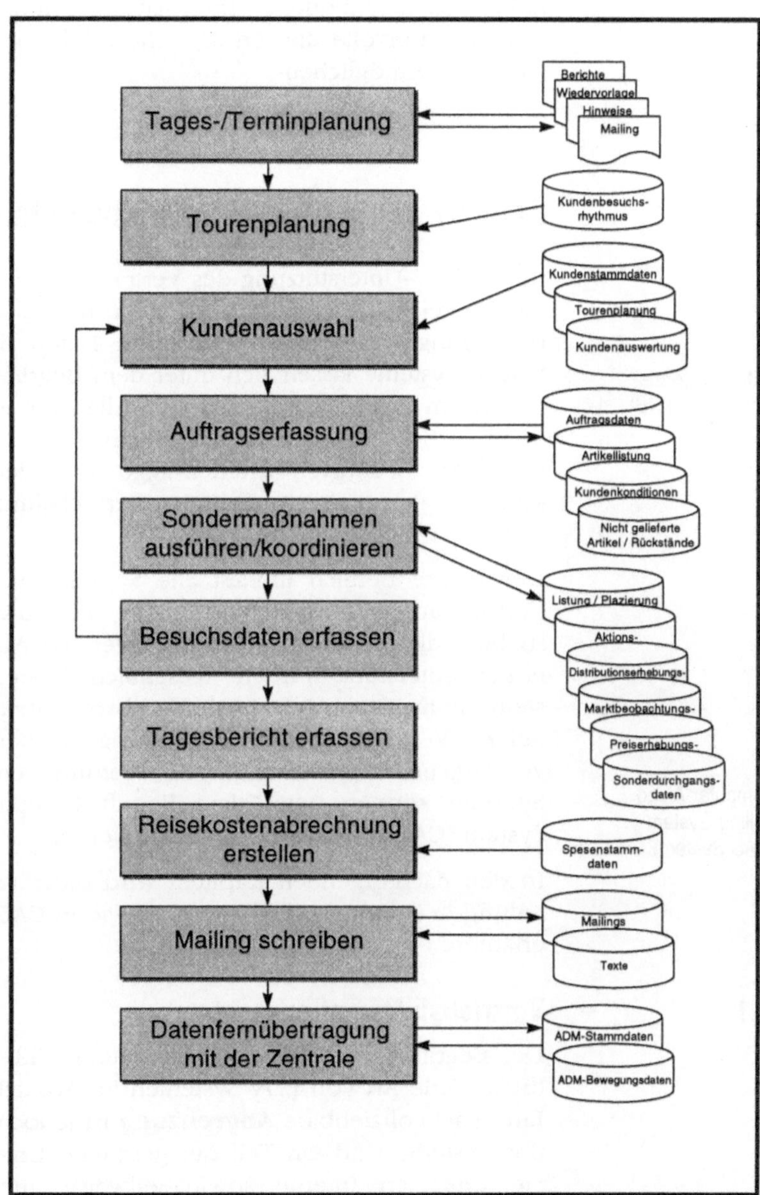

Diese aufgeführten Funktionen des Reisenden erfordern einerseits eine intensive Abstimmung sowohl in vertikaler als auch in horizontaler Richtung mit allen beteiligten Mitarbeitern des Vertriebs. Andererseits sind, wie aus Abbildung 3.5 ersichtlich, eine Reihe von tagesaktuellen Informationen und Daten erforderlich, um eine sinnvolle und erfolgreiche Erfüllung der gestellten Aufgaben zu ermöglichen.

4 EDV-Systeme für den Vertriebsaußendienst

In der EDV-Unterstützung des Vertriebsaußendienstes lassen sich zwei Bereiche abgrenzen. Zum einen handelt es sich um die Bereitstellung von unterschiedlichsten Daten und Informationen. Solche Systeme lassen sich unter dem Begriff Vertriebsinformationssystem (VIS) zusammenfassen. Allen diesen Systemen ist gemein, daß nur Informationen bereitgestellt werden, diese zwar nach verschiedensten Kriterien aggregiert oder analysiert werden können, aber keine operativen Vertriebsfunktionen unterstützt werden.

Vertriebsinformationssystem (VIS)

Der zweite Bereich umfaßt alle Systeme, mit denen operative Vertriebsaußendiensttätigkeiten, wie die Durchführung von Besuchen, die Auftragsbearbeitung oder die Abwicklung von Aktionen unterstützt werden. Wesentlich dabei ist, daß solche Systeme immer auch Informationen, bspw. über Kunden und Artikel zur Verfügung stellen müssen, damit überhaupt erst operative Tätigkeiten unterstützt bzw. ausgeführt werden können. Diese Systeme können unter dem Begriff Computer Aided Selling-System (CAS-System) subsummiert werden.

Computer Aided Selling-System (CAS-System)

In den nachfolgenden Kapiteln wird diese vorgenommene Einteilung in Vertriebsinformations- sowie in CAS-Systeme detailliert erläutert.

4.1 Vertriebsinformationssystem

Der Begriff Vertriebsinformationssystem (VIS) wird in der Literatur für jede Art von EDV-Systemen im Absatzbereich verwendet. Eine nachvollziehbare **Abgrenzung** ist jedoch: Vertriebsinformationssysteme sind ein Teil der gesamten Unternehmensführung. Sie umfassen interne sowie teilweise auch externe Datenbestände, denn zur operativen und strategischen Planung ist die

Analyse von Marktdaten, der getätigten Verkäufe, der Kosten- und Deckungsbeiträge sowie aller Aktivitäten der eigenen Firma und der Mitbewerber erforderlich (siehe Abbildung 4.1) [21].

Abb. 4.1
Umfang von Vertriebsinformationssystemen [22]

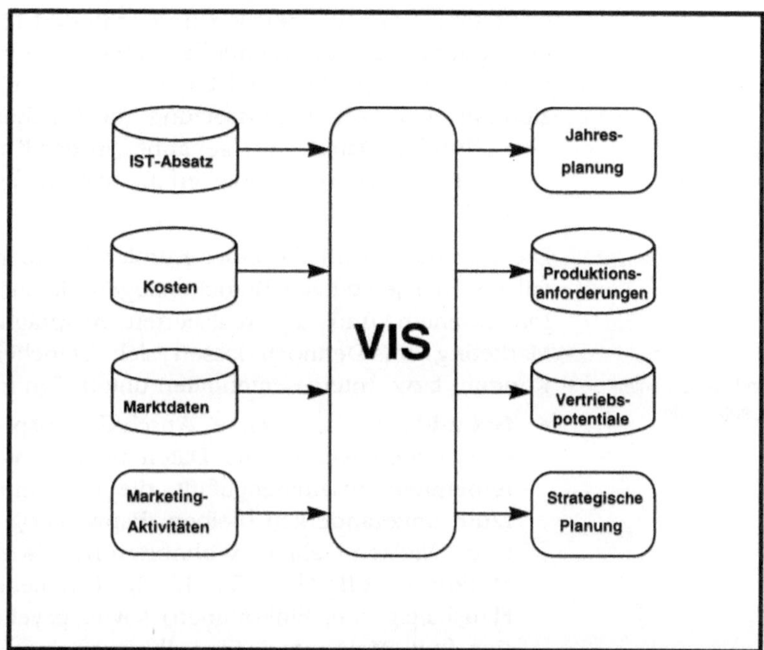

Inhalte von VIS

Demnach muß ein Vertriebsinformationssystem interne wie externe Informationen über Kunden und Interessenten einschließlich aller zentralen und dezentralen Vertriebsaktivitäten sowie der wesentlichen Auftragsabwicklungsdaten enthalten. Es stellt somit eine gemeinsame Wissensbasis für alle Mitarbeiter dar, die am Vertrieb und Marketing im Unternehmen beteiligt sind [23].

Der wesentliche Hauptbestandteil eines Vertriebsinformationssystems ist neben notwendigen List- und Auswertefunktionen eine Datenbank mit allen vorhandenen Kundendaten. Dieser Bestandteil wird in der Literatur vielfach mit „Database Marketing" bezeichnet. Da sich in der vertrieblichen Praxis hinter diesem Schlagwort erheblich mehr verbirgt als nur eine Kundendatenbank, wird im folgenden Abschnitt dieser Begriff erläutert.

4.2 Database Marketing

Definition

In der betriebswirtschaftlichen Literatur gibt es eine ganze Reihe von Definitionen für das Schlagwort „Database-Marketing" [24]. Eine treffende Definition lautet beispielsweise: „Database-Marketing sammelt, speichert und analysiert Marktinformationen, um bestehende und potentielle Kunden zu identifizieren und zu qualifizieren, mit dem Ziel einer dauerhaften erfolgreichen Beziehung" [25]. Als Voraussetzung für Database-Marketing wird eine „Kunden-Datenbank" genannt, „in der Kunden und Interessenten möglichst vollständig erfaßt und umfassend beschrieben sind" [26].

Die Informationsinhalte einer Kundendatenbank hängen im Detail von der jeweiligen Branchenzugehörigkeit der Kunden bzw. Interessenten und der realisierten Ausprägung des Database Marketing ab. Dennoch lassen sich branchenübergreifend die Kunden- bzw. Interessentendaten unterteilen in: [27]

Kunden- bzw. Interessentendaten

- **Grunddaten** (z.B. Name, Anschrift, Ansprechpartner): Unter Grunddaten werden die Daten über Konsumenten und Unternehmen zusammengefaßt, die über einen längeren Zeitraum unveränderlich bleiben. Bspw. geographische Kriterien (z.B. Nielsen-Gebiet, Wohnortgröße), soziodemographische Merkmale (z.B. Alter, Geschlecht, Familienstand, Ausbildung, Haushaltsgröße, Einkommen), sowie psychographische Kriterien (z.B. Meinungen, Einstellungen) von Konsumenten. Entsprechende Grundmerkmale von Unternehmen sind Branche, Geschäftszweig(e), Produkt-/Leistungsprogramm, Größe (Umsatz, Mitarbeiteranzahl), Bonität, Eigentumsverhältnisse, Unternehmensverflechtungen, Namen und Adreßdaten der Führungskräfte und Ansprechpartner.
- **Potentialdaten** (z.B. Kundenklassifizierung, produktspezifischer Gesamtbedarf): Mit den Potentialdaten soll eine Aussage über die produkt- und zeitpunktbezogene Kundennachfrage getroffen werden. Zum Teil kann das Kundenpotential prognostiziert bzw. aus vorhandenden Informationen abgeleitet werden. Beispielsweise dienen u.a. Merkmale, wie die Ladenfläche, die Anzahl der Kassen und der Standort als Absatzindikatoren zur Schätzung des Kundenpotentials bei Einzelhandelsgeschäften. [28] Auch aus Informationen über Regalplazierungen, die z.B. aus Kundenbesuchen oder im Rahmen eines **Category Managements** ermittelt werden können, lassen sich Aussagen über Bedarfe des Handels ableiten.

- **Aktionsdaten** (z.B. Aktionsart, -intensität, -inhalte, Kundenbetreuer): Zu den Aktionsdaten gehören alle Informationen über kundenbezogene Maßnahmen hinsichtlich ihrer Art, Intensität, Häufigkeit und ihres Zeitpunktes, gegebenenfalls auch ihrer jeweiligen anteiligen Kosten. Zu den Aktionen zählen sämtliche vom Unternehmen durchgeführte und an den jeweiligen Kunden bzw. Interessenten gerichtete Maßnahmen.
- **Reaktionsdaten** (z.B. Auftrags-, Lieferungs-, Fakturierungsdaten): Die Reaktionsdaten geben ein Abbild über das Verhalten von Kunden bzw. Interessenten. Dabei sind insbesondere Informationen über die Wirksamkeit eigener Aktionen und Verkaufsförderungsmaßnahmen sowie der konkurrierender Unternehmen von Interesse.

Abb. 4.2
Inhalte einer Kundendatenbank [29]

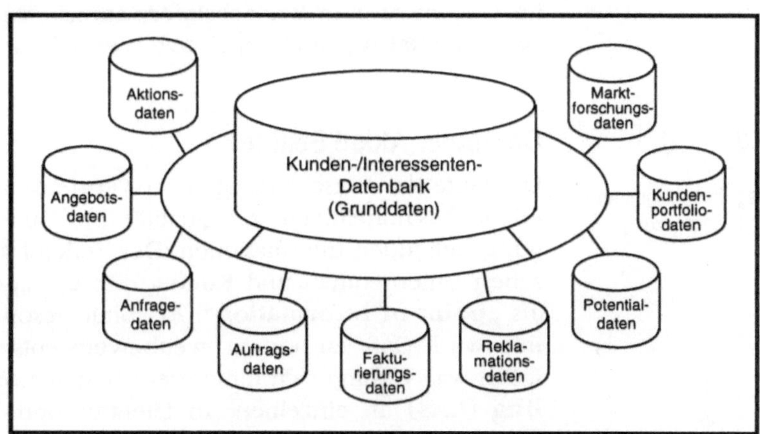

In Abbildung 4.2 sind die unterschiedlichen Dateninhalte einer **Kundendatenbank** skizziert. Hierbei wird der Grundgedanke des Database Marketing deutlich. Auf einer „Database" (Datenbank) sollen für jeden einzelnen Kunden alle Informationen gespeichert werden, die für Marketingaktivitäten gegenüber diesem Kunden von Bedeutung sind. Dies eröffnet die Möglichkeit, die „richtigen" Kunden zum „richtigen" Zeitpunkt mit den „richtigen" Maßnahmen der Werbung, Verkaufsförderung, Beratung sowie Angebots- und Produktgestaltung anzusprechen. Database Marketing ist also ein Marketing auf der Basis kundenindividueller, in einer Datenbank gespeicherten Informationen [30].

Für den Vertriebsaußendienst liegt die wesentliche Bedeutung des Database-Marketings darin, daß es mit der Entwicklung mobiler Computer in den letzten Jahren möglich wurde, dem einzelnen Außendienstmitarbeiter eine Kundendatenbank mit seinen eigenen spezifischen Datenbeständen zur Verfügung zu stellen. Im Vertriebsinnendienst bzw. in der Unternehmenszentrale steht bereits seit Einführung zentraler EDV-Systeme den Vertriebsmitarbeitern der gesamte Datenbestand an Kundendaten zur Verfügung. Für den einzelnen Außendienstmitarbeiter sind jedoch nur die Daten seines Gebietes bzw. Kundenkreises von Interesse. Daher erhält der Mitarbeiter im Außendienst auf seinem Computer nur die Daten, die er benötigt.

Sowohl Merkmale des Database-Marketing als auch Teile eines Vertriebsinformationssystems sind wesentliche Bestandteile eines funktionierenden **Computer Aided Selling-Systems**, mit dem im Gegensatz zum Vertriebsinformationssystem oder dem **Database-Marketing** auch operative Vertriebstätigkeiten unterstützt werden.

4.3 Computer Aided Selling

Begriffsbestimmung und -abgrenzung

Die Güte der Entscheidungen im Vertriebsmanagement steht im engen Zusammenhang zur Qualität und Quantität der zur Verfügung stehenden Informationen. Der Verkauf als Schnittstelle zwischen Unternehmen und Kunde, d.h. der **„point of purchase“** als **„point of information“**, ist somit besonders gefordert. Damit wird CAS zu einem wettbewerbsentscheidenden Faktor. Doch was verbirgt sich hinter dem Begriff **Computer Aided Selling (CAS)** im einzelnen? In Literatur und Praxis konnte sich bislang keine einheitliche Begriffsbildung durchsetzen [31]. Dennoch lassen sich grundsätzlich zwei wesentliche Sichtweisen unterscheiden:

- **CAS als Außendienstunterstützung** und
- **CAS zur Außendienststeuerung**.

Der in den USA in Anlehnung an die Begriffe Computer Aided Design (CAD) und Computer Aided Manufacturing (CAM) geprägte Begriff Computer Aided Selling ist erst 1985 durch Raab in Deutschland eingeführt worden [32]. Dabei wird mit CAS der Einsatz mobiler Computer im Außendienst zur Unterstützung der Aufgabenerfüllung der Außendienstmitarbeiter bezeichnet, wobei die Übertragung von Informationen zwischen Außen- und Innendienst miteinbezogen wird.

Aufgrund der erforderlichen Hardware-, Software- und Kommunikationskomponenten wird auch von einem **CAS-System** gesprochen [33].

Die zweite Sichtweise von CAS ist auf die EDV-gestützte Außendienststeuerung gerichtet. Dabei wird von der Verkaufsleitung das Ziel verfolgt, den Außendienst effizient zu steuern und zu kontrollieren. So wird statt von „CAS" von „Vertriebssteuerungssystem" oder „Außendienstlenkungs- und -steuerungssystem", von „Außendienstunterstützungssystem", „Sales-Support-System", „EDV-orientierte Außendienststeuerung" u.ä.m. gesprochen [34].

Im folgenden soll unter Computer Aided Selling die informationstechnologische Unterstützung aller an Verkaufsprozessen beteiligten Mitarbeiter sowohl des Außen- als auch des Innendienstes verstanden werden. Darunter fällt die Unterstützung der Planungs-, Steuerungs- und Abwicklungsaufgaben im Verkauf. Computer Aided Selling umfaßt dann, wie oben angeführt, Daten und Funktionen sowohl zur Information als auch zur operativen Unterstützung der Vertriebs- und Marketingaktivitäten eines Konsumgüterherstellers [35].

Elemente eines CAS-Systems

Summiert man die in der betriebswirtschaftlichen Literatur genannten Anforderungen an ein CAS-System, ergeben sich zusammengefaßt die nachfolgend aufgeführten Schwerpunkte des Informations- und Unterstützungsbedarfs [36]:

- **CAS als Informationssystem**

  Alle an Vertrieb und Marketing beteiligten Mitarbeiter sollen im Rahmen einer gemeinsamen Wissensbasis Zugriff auf die für den Verkauf und das Marketing relevanten Informationen haben. Dies deckt sich mit den in den vorangegangen Kapiteln genannten Inhalten von Vertriebsinformationssystemen und Database Marketing.

- **CAS als operatives Abwicklungssystem**

  Darunter fallen Teile der Vertriebsabwicklung, wie die Erfassung von Angeboten und Aufträgen, aber auch die Bearbeitung von Reklamationen und die Unterstützung bei der Durchführung von Aktionen bzw. Marketingmaßnahmen. Darüber hinaus müssen Schnittstellen zu vor- und nachgelagerten Systemen existieren, wie der Debitorenbuchhaltung (bspw. offene Posten und Kreditlimitprüfung) und der Produktionsplanung und -steuerung bzw. Warenwirtschaft (bspw. Verfügbarkeitsprüfung und Materialreservierung).

- **CAS als Außendienst-Steuerungssystem**
  Damit sind zwei Aspekte verbunden: einerseits die Steuerung der Außendienstmitarbeiter durch die Vertriebsleitung mittels entsprechender Instrumente des Vertriebscontrollings [37]; andererseits aber auch die Selbststeuerung und Selbstorganisation der Außendienstmitarbeiter durch Elemente der Kundenkontakt- [38], Termin-, Tages-, Besuchs- und Tourenplanung [39].
- **CAS als Administrationssystem**
  Dem Außendienstmitarbeiter sollen DV-Hilfen zur Erleichterung und Beschleunigung administrativer Arbeiten gegeben werden. Dazu gehören das Erstellen und Verwalten von Tages- und Besuchsberichten, aber auch die Reisekostenabrechnung.
- **CAS als Kommunikations- und Koordinationssystem**
  Dies geht über die allgemein bekannte Übertragung von E-Mails und Daten weit hinaus. Hiermit sind Funktionen eines Groupware-Systems [40] gemeint, also sowohl die Kommunikation als auch die Koordination von Informationen, Aufgaben und Vorgängen zwischen allen beteiligten Aufgabenträgern. Damit einher geht eine entsprechende DV-Systemarchitektur und die verteilte Datenhaltung.

5 Aspekte der Integration eines CAS-Systems in R/3

Bei der Integration eines Computer Aided Selling-Systems in eine integrierte betriebswirtschaftliche Standardsoftware, wie SAP R/3, gibt es einerseits fachlich konzeptionelle Aspekte, andererseits Aspekte der technischen Realisierung zu berücksichtigen. An dieser Stelle sollen und können keine erschöpfenden Betrachtungen angestellt werden, allein schon aus dem Grund, da jedes Unternehmen im Detail unterschiedliche Systemfunktionalitäten benötigt. Stattdessen sollen Fragestellungen aufgeworfen und bereits existierende Lösungen bzw. Lösungsansätze vorgestellt werden.

5.1 Fachliche Aspekte

Die vorangegangenen Kapitel haben deutlich gemacht, wie komplex die Geschäftsprozesse und Strukturen des Konsumgütervertriebs heute sind. Zur Integration eines CAS-Systems in R/3 ist daher ein sorgfältig erarbeitetes Fachkonzept erforderlich. Als Rahmen muß festgelegt werden, welche der aufgeführten bzw. im Unternehmen vorhandenen Geschäftsprozesse mit Informationssystemen unterstützt werden sollen.

Die Auftragsabwicklung wird ohne Frage zentral durch das R/3-System unterstützt. Die Aufträge, die von den Außendienstmitarbeitern im Outlet mittels CAS-System erfaßt werden, müssen möglichst zeitnah in das zentrale SAP-System importiert werden.

Da für die Auftragssteuerung, Lieferung und Fakturierung wesentliche Stammdaten benötigt werden, sollte auch die Grunddatenverwaltung, soweit möglich, zentral in R/3 erfolgen (vgl. bspw. Abbildung 5.1). Gleiches gilt für die Umsatz- und Absatzplanung, die Basis für weitere Unternehmensfunktionen ist, wie bspw. die Produktionsplanung- und steuerung oder das Controlling.

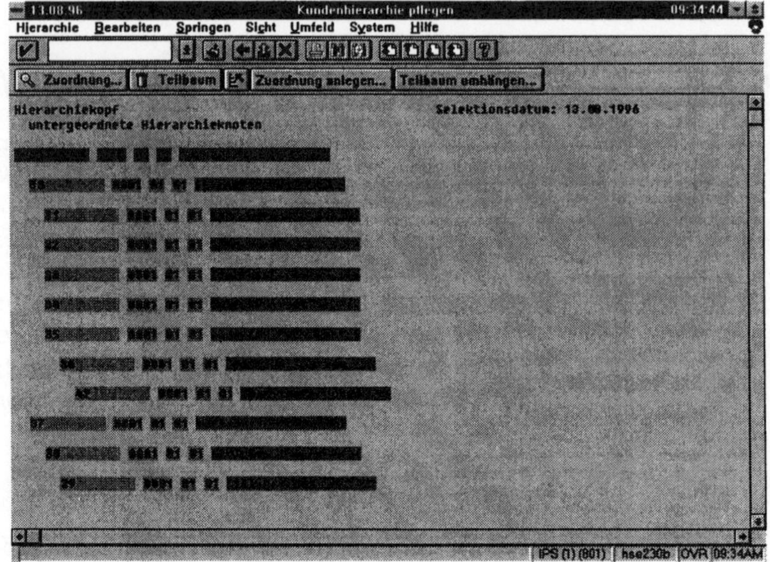

Abb. 5.1 Kundenhierarchie im SAP R/3 (SAP AG©)

Der im Kapitel 3.1 beschriebene Geschäftsprozeß der Listung erfordert sowohl zentrale R/3- als auch dezentrale CAS-System-Funktionen. Jeder der an dem Geschäftsprozeß beteiligten Mitarbeiter, vom Vertriebsinnendienst über den KA-Manager bis hin zum Außendienstmitarbeiter, benötigt unterschiedliche Systemfunktionen und Datenstrukturen. Gleiches gilt für die Abwicklung von Aktionen und Sondermaßnahmen.

Die im Rahmen des Category Managements von dem Konsumgüterhersteller übernommenen Funkionen und Dienstleistungen erfordern neben dem SAP-System als Informationsbasis weitere Informationssysteme. Die Verarbeitung der vom Handel zur Verfügung gestellten Scannerdaten stellt hierbei sicherlich das größte Problem dar.

Wie in Kapitel 3.2 beschrieben, werden während eines Kundenbesuches von den Außendienstmitarbeitern sehr unterschiedliche Aufgaben wahrgenommen. Hierbei muß im Detail festgelegt werden, welche Funktionen systemtechnisch unterstützt werden sollen und welche Daten dem ADM dafür zur Verfügung gestellt werden.

Als wesentlicher Aspekt der Konzeption ist zu berücksichtigen, daß ein Vertriebsmitarbeiter sowohl im Vertretungsfall als auch auf Dauer die Funktionen mehrerer Aufgabenträger gleichzeitig übernimmt. Ein Außendienstmitarbeiter kann sowohl die Funktionen eines Reisenden, eines Gebietsverkaufsleiters oder auch eines regionalen KA-Managers übernehmen. Ebenso muß es möglich sein, bspw. für Urlaubsvertretungen, einem ADM die Daten eines Kollegen zur Verfügung zu stellen. Die Komplexität der hierfür erforderlichen Schnittstellen darf keinesfalls unterschätzt werden (vgl. Abbildung 5.1).

5.2 Technische Aspekte

Bei der technischen Integration eines CAS-Systems in R/3 müssen von dem Projektteam eine Reihe verschiedenartigster Aspekte betrachtet, berücksichtigt und realisiert werden. Einige wesentliche Fragestellungen, die es zu beantworten gilt, sind dabei:

Fragestellung zur technischen Integration eines CAS-Systems

- Welche Mitarbeiter sollen wann und wie oft, welche Daten erhalten? (Datenverteilungsproblematik);
- Wie sollen die Stammdaten im Innen- und Außendienst synchronisiert werden? (Transaktionsansatz oder „Tankstellenverfahren"');
- Komplette Datenübertragung versus selektive Datenübertragung? (Auch wenn eine Datenselektion von z.B. geänderten Kundenstammdaten aufwendiger ist als eine tägliche Komplettübertragung, so ist aus Gründen der Rechnerkapazität der ADM-Rechner sowie der Übertragungszeit und -kosten eine selektive Übertragung für einzelne Datenbereiche einer kompletten Übertragung vorzuziehen.);
- Zentrale Datenhaltung der Außendienstdaten auf einem separarten System versus zentrale Datenhaltung auf dem integrierten Informationssystem des Unternehmens? (Beides ist möglich, erfordert aber für den zweiten Fall erhebliche Anstrengungen zur Abbildung der komplexen Datenstrukturen der ADM-Daten auf dem zentralen System.);
- Wie ist eine Neuausstattung eines Mitarbeiters mit seinen Daten möglich? (Jederzeit muß z.B. bei Rechnerausfall eine Neuausstattung eines ADM mit allen für ihn relevanten Daten möglich sein.);
- Wie sollen die Daten der Außendienstmitarbeiter gesichert werden? (Alle Daten der ADM müssen zentral auch zum Zweck der Neuausstattung gesichert werden.);
- Wie wird die Datensicherheit gewährleistet? (Jeder ADM hat einen Datenteilbereich, der private Daten enthält; andererseits muß abgesichert sein, daß bei der Datenübertragung

nicht geheime Firmendaten abgehört werden; desweiteren dürfen die Daten auf dem Rechner eines ADM, z.B. bei Diebstahl, nicht jedermann zugänglich sein.);

- Wie sollen die Daten zum/vom Außendienst übertragen werden? (DFÜ per Modem, ISDN, Funk, ...);
- Wie soll das CAS-System in SAP R/3 integriert werden? (Per Batch-input-Mappen, Remote Function Calls (RFC) oder Application Link Enabling (ALE));
- Wie soll die Datenselektion und -übertragung in die bestehenden Rechenzentrumsabläufe eingebunden werden?
- Wie können die Datenselektionen und -übertragung automatisiert abgewickelt werden?

Abb. 5.2
Datenübertragung zwischen Vertriebsinnen- und Vertriebsaußendienst

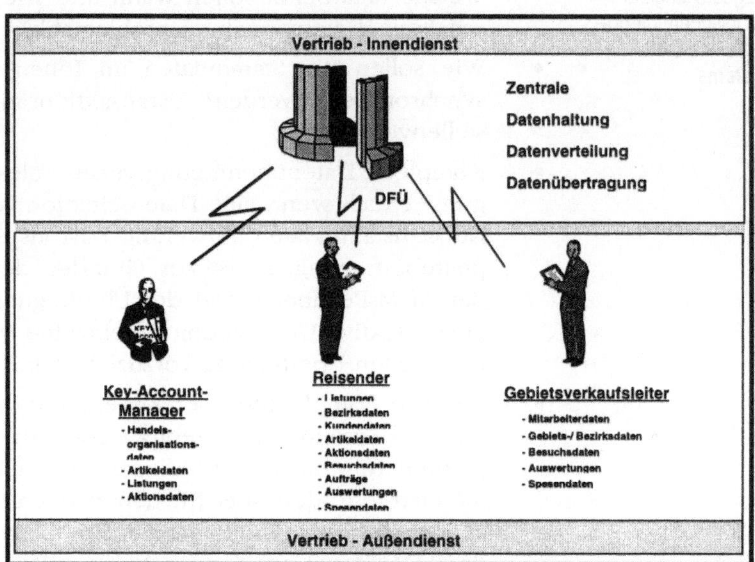

In Abbildung 5.2 ist bspw. für die einzelnen Mitarbeiter des Vertriebsaußendienstes die Datenhaltung, -verteilung und -übertragung skizziert. Allein die Tatsache, daß die einzelnen Mitarbeiter des Vertriebs teils unterschiedliche, teils identische Daten in einer definierten Abfolge nacheinander benötigen, wirft unzählige Fragen auf.

Im Rahmen eines Wettbewerbs, der von SAP und Apple Computer im Jahre 1994 ausgeschrieben wurde, sind eine Reihe von ABAP/4-Funktionsbausteinen für die Schnittstelle zu SD realisiert worden. Dabei werden die Daten über Remote Function Calls (RFCs) ausgetauscht. In Abbildung 5.3 sind diese ABAP/4-Bausteine wiedergegeben [41]. In Abbildung 5.4 ist die Kommunikation zwischen R/3 und einem CAS-System mittels RFC skizziert.

Abb. 5.3
ABAP/4-Funktionsbausteine für die Schnittstelle zu SD

- **Kundendaten**
  - Übertragung einer Kundendatentabelle
  - z.B. Adresse, Klassifizierung, Jahresumsatz, Textelemente etc.
- **Ansprechpartner**
  - Abruf aller Ansprechpartner bei einem Kunden möglich
  - Abruf aller Ansprechpartner mit Querverweis auf den Kunden
- **Auftragserstellung**
  - Eingabe eines neuen Auftrags
  - Ergänzung eines Auftrags um weitere Positionen
  - Eingabe von Daten, z.B. wie Liefertermin
  - Abruf des Auftragsstatus, z.B. Lieferbestätigung, Stand der Fakturierung
- **Material- / Artikeldaten**
  - Auswahlkriterien zum Abruf von Materialdaten aus R/3 verfügbar
- **Besuchsbericht**
  - Übertragung von Besuchsberichten vom CAS-System auf R/3 möglich
- **Verkaufszahlen**
  - Abruf ausführlicher Daten über die Schnittstelle, z.B. Gut-/ Lastschriften aus bis zu 12 in R/3 gespeicherten Perioden
- **Prüftabellen**
  - Notwendige Prüftabellen werden auf das CAS-System kopiert, z.B. gültige Mengeneinheiten für Aufträge, andere Daten zur Prüfung der Plausibilität der Daten, Textelemente in der gewünschten Sprache

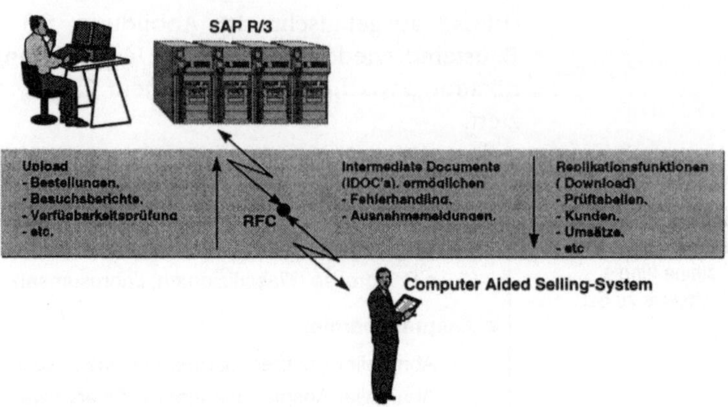

Abb. 5.4 Kommunikation R/3 - CAS-System mittels RFC

Viele Unternehmen haben zunächst aus Zeit- und Kostengründen die Anbindung an R/3 per Übertragung von sequentiellen Dateien und Einspielen von Batch-input-Mappen realisiert. Neuere Entwicklungen basieren bereits teilweise auf **ALE** (Application Link Enabling).

6 Ausblick

Vor dem Hintergrund der steigenden Wettbewerbsintensität zwischen Handel und Industrie, wird der Produktionsfaktor Information zum kritischen Erfolgsfaktor im Konsumgütervertrieb. Dies wurde am Beispiel der vernetzten Geschäftsprozesse Listung und Kundenbesuch verdeutlicht. Um aus Herstellersicht die Potentiale des Key Account-Managements ausschöpfen zu können, sind integrierte Informationssysteme im Vertrieb unerläßlich. Die Integration eines Computer Aided Selling-Systems in eine umfassende betriebswirtschaftliche Standardsoftware, wie SAP R/3, ist ein wesentlicher Schritt zur Beherrschung und Reduktion der Komplexität im Konsumgütervertrieb.

Literaturverzeichnis

[1] Zentes, J.: GDI-Monitor: Fakten, Trends, Visionen, in: Zentes, J.; Liebmann, H.-P. (Hrsg.): GDI-Trendbuch Handel No. 1, Düsseldorf, München 1996, S. 10-36.

[2] Kotler, P.; Bliemel, F.: Marketing-Management - Analyse, Planung, Umsetzung und Steuerung, 8. Aufl., Stuttgart 1995, S. 132 ff., Meffert, H.: Marketing, 7. Aufl., Wiesbaden 1991, S. 481 ff., Nieschlag, R.; Dichtl, E.; Hörschgen, H.: Marketing, 17. Aufl., Berlin 1994, S. 10 ff.

[3] Scheer, A.-W.: Wirtschaftsinformatik - Referenzmodelle für industrielle Geschäftsprozesse, 6. Aufl., Berlin et al. 1995, S. 441.

[4] Kotler, P.; Bliemel, F.: Marketing-Management - Analyse, Planung, Umsetzung und Steuerung, 8. Aufl., Stuttgart 1995, S. 1116 ff., Meffert, H.: Marketing, 7. Aufl., Wiesbaden 1991, S. 540 ff., Nieschlag, R.; Dichtl, E.; Hörschgen, H.: Marketing, 17. Aufl., Berlin 1994, S. 985 ff.

[5] Kuß, A.; Dehr, G.: Account-Management bei Konsumgütern, in: Wirtschaftswissenschaftliches Studium (WiSt), 17. Jg., 1988, Nr. 12, S. 614.

[6] Kalmbach, O.: Konzepte statt Konditionen, in: Lebensmittelzeitung, 43. Jg., 1990, Nr. 16, S. 72, o.V.: Die Rewe-Handelsgruppe: Unternehmen setzt auf Erfolg durch Vielfalt, in Rund um die Unternehmensgruppe Melitta, 1996, Nr. 1, S. 8.

[7] Zum Begriff der Distribution siehe insbesondere Ahlert, D.: Distributionspolitik, 2. Aufl., Stuttgart 1991, Ahlert, D.: Distribution, in: Tietz, B.; Köhler, R.; Zentes, J. (Hrsg.): Handwörterbuch des Marketing (HWM), 2. Aufl., Stuttgart 1995, Sp. 499-515.

[8] Zur Stellung der sogenannten Reisenden siehe Nieschlag, R.; Dichtl, E.; Hörschgen, H.: Marketing, 17. Aufl., Berlin 1994, S. 433. Vgl. auch Kotler, P.; Bliemel, F.: Marketing-Management - Analyse, Planung, Umsetzung und Steuerung, 8. Aufl., Stuttgart 1995, S. 1037 ff.

[9] Diller, H.; Gaitanides, M.; Kusterer, M.; Niewolik, C.; Westphal, J.; Wiegels, I.: Das Key-Account-Management in der deutschen Lebensmittelindustrie: Eine empirische Studie zur Ausgestaltung und Effizienz, Abschlußbericht zum Forschungsprojekt „Kundenorientierte Marketing-Organisation - Zur Effizienzbeurteilung des Kundengruppenmanagements", Hamburg 1988,
Cespedes, F. V.; Doyle, S. X.; Freedman, R. J.: Teamwork for Today´s Selling, in: Harvard Business Review, 67. Aufl., 1989, Nr. 2, S. 44 ff.,
Kuß, A.; Dehr, G.: Account-Management bei Konsumgütern, in: Wirtschaftswissenschaftliches Studium (WiSt), 17. Jg., 1988, Nr. 12, S. 610 ff.,
Zentes, J.: Verkaufsmanagement in der Konsumgüterindustrie, in: Die Betriebswirtschaft, 46. Jg., 1986, Nr. 1, S. 21 ff.,
Rau, H.: Key Account Management: Konzepte für wirksames Beziehungsmanagement, Wiesbaden 1994.

[10] Diller, H.: Key Account-Management: Alter Wein in neuen Schläuchen?, in: Thexis, 10. Jg., 1993, Nr. 3, S. 12.

[11] Meffert, H.; Kimmeskamp, G.: Industrielle Vertriebssysteme im Zeichen der Handelskonzentration, in: Absatzwirtschaft, 26. Jg., 1983, Nr. 3, S. 214 ff., Kuß, A.; Dehr, G.: Account-Management bei Konsumgütern, in: Wirtschaftswissenschaftliches Studium (WiSt), 17. Jg., 1988, Nr. 12, S. 610.

[12] Kuß, A.; Dehr, G.: Account-Management bei Konsumgütern, in: Wirtschaftswissenschaftliches Studium (WiSt), 17. Jg., 1988, Nr. 12, S. 611.

[13] Staudacher, F.: Auswirkungen der Herstellerkonzentration auf das vertikale Marketing, in: Irrgang, W. (Hrsg.): Vertikales Marketing im Wandel: Aktuelle Strategien und Operationalisierungen zwischen Hersteller und Handel, München 1993, S. 39.

[14] Diller, H.: Key-Account-Management auf dem Prüfstand, in LZ, 41. Jg., 1988, Nr. 30, S. F3.

[15] Kotler, P.; Bliemel, F.: Marketing-Management - Analyse, Planung, Umsetzung und Steuerung, 8. Aufl., Stuttgart 1995, S. 1033 ff.

[16] Scheer, A.-W.: Wirtschaftsinformatik - Referenzmodelle für industrielle Geschäftsprozesse, 6. Aufl., Berlin et al. 1995, S. 441.

[17] Keller, G.; Meinhardt, S.: SAP R/3-Analyzer, in: SAP AG (Hrsg.): SAP R/3-Analyzer Informationsbroschüre, Walldorf 1994.

[18] Vgl. Vgl. Bishop, W. Jr.: Category Management and Partnering in the U. S. Grocery Industry, Vortragstext, Hrsg. V. Willard Bishop Consulting Ltd., Barrington, Ill., o.J., S. 6,

Bishop, W. Jr.: Der Handel muß sich klar positionieren, in LZ, 44. Jg., Nr. 14, 1991, S. J6,

Diller, H.: Category Management: Schnittfelder aktueller Entwicklungen im Marketing und Management, Vortrag anläßlich der Euroforum-Konferenz „Category Management & Efficient Consumer Response" vom 24. bis 26. Oktober 1994 in München, hrsg. v. Euroforum, Köln 1994, o. S.,

Laurent, M.: Neue Typen und Strategien der vertikalen Kooperation zwischen Systemen in Industrie und Handel - Die Entwicklung eines Grundmodells und einer Typologie als Rahmen für eine empirisch gestützte Analyse, Diss., Saarbrücken 1995, S. 317 ff.

[19] Vgl. Schmitz-Hübsch, E.: CAS - Computer Aided Selling: Vernetzte Informationssysteme im Innen- und Außendienst, Landsberg am Lech 1992, S. 152 ff.

[20] Vgl. Meffert, H.: Marketing, 7. Aufl., Wiesbaden 1991, S. 482; Schmitz-Hübsch, E.: CAS - Computer Aided Selling: Vernetzte Informationssysteme im Innen- und Außendienst, Landsberg am Lech 1992, S. 15 und Tietz, B.: Die Grundlagen des Marketing, 2. Band, Die Marketing-Politik II, München 1975, S. 1144.

[21] Schmitz-Hübsch, E.: CAS - Computer Aided Selling: Vernetzte Informationssysteme im Innen- und Außendienst, Landsberg am Lech 1992, S. 19 f.

[22] Schmitz-Hübsch, E.: CAS - Computer Aided Selling: Vernetzte Informationssysteme im Innen- und Außendienst, Landsberg am Lech 1992, S. 20.

[23] Arlt, S. G.; Treffert, J.: Aufbau eines Marketing- und Vertriebsinformationssystems (MVIS) in einem mittelständischen Unternehmen, in: Handbuch der Modernen Datenverarbeitung, 30. Jg., 1993, Nr. 173, S. 106.

[24] Huldi, C.: Database-Marketing - Inhalt und Funktion eines Database-Marketing-Systems, Aspekte des erfolgreichen Einsatzes sowie organisatorische Gesichtspunkte, Dissertation, Hochschule St. Gallen, St. Gallen, 1992,
Link, J.; Hildebrand, V.: Database Marketing und Computer Aided Selling: Strategische Wettbewerbsvorteile durch neue informationstechnologische Systemkonzeptionen, München 1993,
Schüring, H.: Database Marketing, Einsatz von Datenbanken für Direktmarketing, Verkauf und Werbung, Landsberg am Lech 1991,
Shaw, R.; Stone, M.: Database Marketing, Aldershot 1988.

[25] Dallmer, H.: Methoden zur Datengewinnung im Database-Management, in: Thexis, 4. Jg., 1987, Nr. 2, S. 26.

[26] Wilde, K. D.: Database-Marketing für Konsumgüter, in: Hermanns, A.; Flegel, V. (Hrsg.): Handbuch des Electronic Marketing, München 1992, S. 792.

[27] Link, J.; Hildebrand, V.: Database Marketing und Computer Aided Selling: Strategische Wettbewerbsvorteile durch neue informationstechnologische Systemkonzeptionen, München 1993.

[28] Vgl. Heinzelbecker, K.: Marketing-Informationssysteme, Stuttgart, 1985, S. 117.

[29] Link, J.; Hildebrand, V.: Database Marketing und Computer Aided Selling: Strategische Wettbewerbsvorteile durch neue informationstechnologische Systemkonzeptionen, München 1993, S. 44.

[30 Vgl. Link, J.: Merkmale und Einsatzmöglichkeiten des Database Marketing, in: Wirtschaftswissenschaftliches Studium (WiSt), 22. Jg., 1993, Nr. 1, S. 23,
Shaw, R.; Stone, M.: Database Marketing, Aldershot 1988, S. 4. Für eine sehr detaillierte Darstellung der Konzeption und des Leistungspotentials des Database Marketing siehe Link, J.; Hildebrand, V.: Database Marketing und Computer Aided Selling: Strategische Wettbewerbsvorteile durch neue informationstechnologische Systemkonzeptionen, München 1993. Für einen Überblick über die aktuelle Verbreitung und den Einsatz des Database Marketing siehe Link, J.; Hildebrand, V.: Verbreitung und Einsatz des Database Marketing und CAS: Kundenorientierte Informationssysteme in deutschen Unternehmen, München 1994.

[31] Mertens, P.: Integrierte Informationsverarbeitung, 8. Aufl., Bd. 1 u. 2, Wiesbaden 1991, Bd. 1, S. 43,
Steppan, G.: Informationsverarbeitung im industriellen Vertriebsaußendienst - Computer Aided Selling (CAS), Berlin et al. 1990, S. 1 ff.,
Link, J.; Hildebrand, V.: Database Marketing und Computer Aided Selling: Strategische Wettbewerbsvorteile durch neue informationstechnologische Systemkonzeptionen, München 1993, S. 94 f.

[32] Raab, P.: CAS Computer Aided Selling: Wettbewerbsvorteil durch Bearbeitungsgeschwindigkeit, in: EDV Magazin, 1985, Nr. 8, S. 7 f.

[33] Hermanns, A.; Prieß, S.: Computer Aided Selling (CAS) - Computereinsatz im Außendienst von Unternehmen, München, 1987, S. 11.

[34] Encarnacao, J. L.; Lockemann, P. C.; Rembold, U. (Hrsg.): AUDIUS - Außendienst-Unterstützungssystem. Anforderungen, Konzepte und Lösungsvorschläge, Berlin et al. 1990,
Gey, T.: EDV-orientierte Außendienststeuerung - Einsatz in der Konsumgüterindustrie, Wiesbaden 1990,
Jantzen, W.; Friedemann, J. C.: Personal-Computereinsatz im Verkauf, Landsberg am Lech 1985,
Schmitz-Hübsch, E.: CAS - Computer Aided Selling: Vernetzte Informationssysteme im Innen- und Außendienst, Landsberg am Lech 1992,
Zentes, J.: Außendienststeuerung - Konstruktion und Implementierung eines computergestützten Entscheidungssystems, Stuttgart 1980.

[35] Link, J.; Hildebrand, V.: Database Marketing und Computer Aided Selling: Strategische Wettbewerbsvorteile durch neue informationstechnologische Systemkonzeptionen, München 1993, S. 95.

[36] Heilmann, H. (Hrsg.); Dornis, P.; Herzig, A.: Marktspiegel: CAS-Standardsoftware zur dezentralen Vertriebs- und Außendienststeuerung mit PC, Köln 1992,
Herzig, A.: Computer Aided Selling (CAS) - Einordnung heutiger Standardsoftware in Vertriebsstrategien und -systeme, in Handbuch der Modernen Datenverarbeitung, 30. Jg., 1993, Nr. 173, S. 47 ff.,

Arlt, S. G.; Treffert, J.: Aufbau eines Marketing- und Vertriebsinformationssystems (MVIS) in einem mittelständischen Unternehmen, in Handbuch der Modernen Datenverarbeitung, 30. Jg., 1993, Nr. 173, S. 106 f.

[37] Zur detaillierten Darstellung des Vertriebscontrolling mit Verweisen auf vertiefende Literatur, siehe Witt, F.-J.: Kundenorientiertes Vertriebscontrolling, in Handbuch der Modernen Datenverarbeitung, 30. Jg., 1993, Nr. 173, S. 56 ff.

[38] Zur Kundenkontaktplanung siehe Reilly, K.; Baron, E.: Teaching Salespeople the Five 'Ws' and the 'H' of Sales Call Planning, in: Business Marketing, 71. Jg., 1986, Nr. 8, S. 62 ff., Mertens, P.: Industrielle Datenverarbeitung 1: Administrations- und Dispositionssysteme, 7. Aufl., Wiesbaden 1988, S. 64 ff.

[39] Zum Stand und der Weiterenwicklung der Tourenplanung siehe Derigs, U.; Grabenbauer, G.: Rechnergestützte Vertriebstourenplanung, in: Handbuch der Modernen Datenverarbeitung, 30. Jg., 93, Nr. 173, S. 116 ff.

[40] Der Begriff Groupware bezeichnet kommerzielle Softwarelösungen zur Unterstützung kooperativen Arbeitens. Er gehört zum Bereich des „Computer Supported Cooperative Work (CSCW). Das Forschungsgebiet des CSCW befaßt sich mit der Rechnerunterstützung kooperativen Arbeitens. Ziel ist es, die Zusammenarbeit von Menschen in Teams durch den Einsatz von Informations- und Kommunikationstechnik zu verbessern. Vgl. Aurich-Haider, A.; Bogdany, C. v.; Gronau, N.: Groupware-Einsatz in Vertrieb und Außendienst in: CIM Management, 11. Jg., 1995, Nr. 5, S. 30, Hasenkamp, U.; Syring, M.: CSCW - Computer Supported Cooperative Work, Bonn 1994.

[41] Treitz, R.: SAP R/3 und mobile Datenverarbeitung - Ergebnisse des Wettbewerbs „Call for Innovation", SAP AG (Hrsg.), Walldorf 1994.

Praktische Anwendungen des SAP R/3-Konsolidierungmoduls FI-LC

Dipl.-Kaufmann Rainer Beaujean
Dipl.-Volkswirt Robert Reiss

Deutsche Telekom AG, Bonn

1 Rechtliche und wirtschaftliche Grundlagen des Moduleinsatzes

1.1 Rechtliche Grundlagen des SAP-Fi-LC-Moduleinsatzes

4. und 7. EG-Richtlinie

Die Europäische Gemeinschaft hat sich bereits seit den 70er Jahren stark um die Vereinheitlichung der Rechnungslegung in ihren Mitgliedsstaaten bemüht. Dies führte 1978 zur 4. EG-Richtlinie (22.07.1978), in der die Vergleichbarkeit der Jahresabschlüsse der Einzelunternehmungen angestrebt wurde. Die 7. EG-Richtlinie (13.06.1983) beschreibt einen einheitlichen europäischen Konzernabschluß. Beide Richtlinien enthalten wesentliche Wahlrechte für die Mitgliedsstaaten, so daß ihre Umsetzung immer einen Kompromiß zwischen der lokalen Rechnungslegungspraxis der Mitgliedsstaaten und den Absichten der EG-weiten Vereinheitlichung darstellt.

1.2 „Revolution" des Konzernrechnungswesens

Beide Richtlinien wurden mit dem Bilanzrichtliniengesetz im Dezember 1985 (19.12.1985) in deutsches Recht umgesetzt. Dies führte neben Veränderungen im Einzelabschluß zu wesentlichen Veränderungen im deutschen Konzernabschluß.

Rechtsrahmen des Konzernabschlusses

Der Rechtsrahmen des Konzernabschlusses, der seit dem 01.01.1990 in der neuen Form aufgestellt werden muß, wurde so stark verändert, daß man von einer „Revolution" in der Konzernrechnungslegung sprechen darf. Während bis 1990 nur große Aktiengesellschaften lediglich die im Inland ansässigen Tochtergesellschaften in ihren Abschluß einbeziehen mußten, gilt ab 1990 das neue Konzernabschlußprinzip. Dabei sind besonders vier Punkte zu nennen, die die vorherige Praxis revolutionieren:

(1) Der Kreis der Gesellschaften, die einen Konzernabschluß aufstellen müssen (Konzernmutterunternehmen), wurde wesentlich erweitert, u.a. auf Gesellschaften in der Rechtsform der GmbH und der OHG (§§ 290 HGB und 11 PublG). Sowohl Kapital- als auch Personengesellschaften werden einbezogen, wobei allein die Größenkriterien gem. § 292 HGB (Bilanzsumme, Umsatzerlöse, Anzahl der Mitarbeiter) eine begrenzende Funktion haben.

(2) Neben den Inlandsgesellschaften sind ab 1990 auch alle Gesellschaften des Konzerns im Ausland nach § 294 Abs. 1 HGB (Weltabschlußprinzip) einzubeziehen. Dabei ist besonders das Problem der Währungsumrechnung zu beachten.

(3) Der Konzernabschluß wurde wesentlich vertieft (Stufenkonzeption), indem u.a. alle Gesellschaften im In- und Ausland in den Konzernabschluß einzubeziehen sind, unabhängig davon, ob es sich um Gemeinschaftsunternehmen, assoziierte Unternehmen oder übrige Beteiligungen (siehe Abschnitt: Stufenkonzeption) handelt.

(4) Neben den Einzelabschluß der Gesellschaft wurde der Konzernabschluß (Konzernbilanz § 290ff. HGB) gestellt. Dies bedeutet gem. §§ 300 Abs. 2 Satz 2 und 308 Abs. 1 Satz 2 HGB, daß der Konzern alle Bilanzierungen und Bewertungen der ihn bildenden Gesellschaften aufheben und gemäß seinen Maßstäben neu generieren kann, mit dem Ziel, für die Konzernbilanz eine **konzerneinheitliche Bilanzierung und Bewertung** herzustellen.

Die vier Punkte verdeutlichen, daß mit der neuen Definition der Konzernbilanzierung ein anderes Bild des Konzerns einhergeht. Der Konzern, repräsentiert durch die Konzernmuttergesellschaft, ist nicht mehr die auf ein Land begrenzte Gesellschaft mit einigen sehr deutlich beherrschten Töchtern (i.d.R. mehr als 50%), sondern eine international handelnde Einheit, die auch aus weiteren Beteiligungen des Konzerns (i.d.R. unter 50%) besteht und diese entsprechend auszuweisen hat.

Zur Verdeutlichung der größeren Tiefe der Konzernbilanzierung ab 1990 wird auf die Stufenkonzeption des neuen Rechts näher eingegangen.

1.2.1 Stufenkonzeption

Die Stufenkonzeption des HGB besagt, daß die Gesellschaften des Konzerns in vier Gruppen eingeteilt werden. Dabei spielt es keine Rolle, in welchen Ländern die Gesellschaften des Konzerns angesiedelt sind (**Weltabschlußprinzip**).

Tochtergesellschaft

(1) In der obersten Stufe, in der die klassische Tochtergesellschaft angesiedelt ist, übt die Muttergesellschaft die einheitliche Leitung aus oder es besteht zumindest die alleinige Be-

herrschungsmöglichkeit (Beteiligungen i.d.R. von mehr als 50%). Zwei Konzepte werden in § 290 HGB genannt:

1. Konzept

einheitliche Leitung

Ein Mutter-Tochter-Verhältnis liegt vor, wenn eine Gesellschaft unter der tatsächlich ausgeübten einheitlichen Leitung des Mutterunternehmens (§290 Abs. 1 HGB) steht. Die Muttergesellschaft beherrscht also die Geschäftspolitik des Tochterunternehmens.

2. Konzept

Kontrollverhältnis

Ein Mutter-Tochter-Verhältnis liegt auch dann vor, wenn unabhängig von der tatsächlich ausgeübten einheitlichen Leitung dem Mutterunternehmen im Rahmen eines Kontrollverhältnisses alle Leitungsmöglichkeiten gemäß § 290 Abs. 2 HGB gegeben wären.

Für die Einbeziehung ist es gem. dem 2. Konzept ausreichend, wenn die Mutterunternehmung die rechtliche Möglichkeit zur Ausübung der „einheitlichen Leitung" besitzt, um die Tochtergesellschaft vollständig in die Konzernbilanz einzubeziehen. Die vollständige Einbeziehung bedingt die Vollkonsolidierung, d.h. die Kapitalkonsolidierung, die Schulden- sowie Aufwands- und Ertragskonsolidierung und schließlich die Zwischenerfolgseliminierung im Anlage- und Umlaufvermögen.

Gemeinschaftsunternehmen

(2) Die zweite Stufe bilden Gesellschaften, die von zwei oder mehreren Muttergesellschaften zugleich gehalten werden (z.B. bei zwei Muttergesellschaften 50%, bei vier Muttergesellschaften 25%), also Gemeinschaftsunternehmen oder Joint Ventures. In jedem Fall sind die Muttergesellschaften voneinander unabhängig und halten dieselben Rechte an dem Gemeinschaftsunternehmen (§ 311 HGB). In diesen Fällen wird davon ausgegangen, daß die Partnerschaft die permanente gemeinsame **Leitung** und **Kontrolle** ermöglicht. Die Einbeziehung der Gemeinschaftsunternehmen erfolgt entweder in Form der Quotenkonsolidierung oder gemäß der Equity-Methode.

assoziierte Unternehmen

(3) Die dritte Stufe wird durch assoziierte Unternehmen, auch **Equity-Gesellschaften** genannt, (§ 311 Abs. 1 HGB) gebildet. Das Mutterunternehmen nimmt zwar maßgeblichen

Einfluß auf die Geschäftspolitik der Gesellschaft, beherrscht diese aber nicht (i.d.R. Prozentanteil zwischen 20% und 50%). In diesem Fall wird allein das Kapital konsolidiert und in die Konzernbilanz eingestellt.

übrige Beteiligungen

(4) Die Unternehmen der vierten Stufe, die übrigen Beteiligungsunternehmen, werden allein zu Anschaffungskosten, also nicht konsolidiert, in die Konzernbilanz einbezogen. Eine übrige Beteiligung kann bei einem Prozentanteil unter 20% vermutet werden (vgl. § 271 Abs. 1 HGB).

Die folgende Grafik zeigt den Aufbau des Konzerns, gestaffelt nach der Einflußmöglichkeit der Konzernmuttergesellschaft auf ihre Konzernfirma.

Abb. 1.1
Stufenkonsolidierung

1.2.2 Wirtschaftliche Grundlagen des SAP-Fi-LC-Moduleinsatzes

Es sind insbesondere vier Gründe, die dazu geführt haben, daß der Konzernabschluß wirtschaftlich sinnvoll nur noch mit Hilfe der EDV erstellt werden kann.

(1) Der Kreis der in den Konzernabschluß einzubeziehenden Unternehmen ist stark vergrößert worden (vgl. Punkte 2 bis 4 aus Kap. 1.1 Stufenkonzeption).

(2) Die Bearbeitungstiefe der Konzerngesellschaften ist im Rahmen der Vollkonsolidierung wesentlich vergrößert worden, z.B. Zwischenerfolgseliminierung, Schuldenkonsolidierung.

(3) Gleichzeitig mit der gestiegenen Anzahl der in den Konzernabschluß einzubeziehenden Unternehmen ist der Erstellungszeitraum nur um zwei Monate verlängert worden, so daß dem Konzern nach den drei Monaten der regulären Jahresabschlußerstellung nach dem Ende des Geschäftsjahres nur noch zwei Monate zur Erstellung des Konzernabschlusses verbleiben (**externes Rechnungswesen**).

(4) Für die Leitung des Konzerns ist es erforderlich, permanent über die verschiedenen Situationen im Konzern bzw. den Konzerngesellschaften, z.B. Umsatzentwicklungen, Synergieeffekte, Profitfelder, informiert zu sein (**internes Rechnungswesen**).

Es wird deutlich, daß die Software des modernen Konzerns sowohl die sehr komplexe Konzernbuchhaltung zu bewältigen hat als auch eine bedeutende Informationsfunktion für die Konzernleitung beinhalten muß. Das Konsolidierungsmodul FI-LC der Firma SAP stellt gerade diese Möglichkeiten bereit: Die beschriebenen Probleme der externen Rechnungslegung und insbesondere die umfangreichen Auswertungsmöglichkeiten bieten dem Konzernmanagement sehr gute Informationsmöglichkeiten. Dabei kann der Konzern als Ganzes oder in seinen Teilen abgefragt werden. Zusätzlich läßt sich das Konsolidierungsmodul unschwer mit dem lokalen Rechnungswesen der einzelnen Konzerngesellschaft bzw. mit weiteren SAP-Modulen des Konzerns, z.B. Controlling (CO) und Treasury (TR), verbinden. Auf diese Weise läßt sich aufgrund des internen Datentransfers permanent der gesamte Konzern überschauen (externes und internes Rechnungswesen). Der Einsatz der in sich verbundenen Module sorgt für kurze Reaktionszeiten und ermöglicht darüber hinaus die Unternehmenssteuerung auf Basis der aktuellen Daten.

Nachfolgend wird die konkrete Umsetzung der Konzernbilanzerstellung bei der Deutschen Telekom AG mit Hilfe des SAP Moduls FI-LC beschrieben.

2 Einsatz des Moduls FI-LC am Beispiel der Deutschen Telekom AG

Altdatenübernahme

Bevor das Modul FI-LC erstmalig verwendet wird, besteht bei allen Konzernen, die bereits vorher Konzernabschlüsse erstellt haben, das Problem der Altdatenübernahme, um die Rechnungslegungshistorie des Konzerns im Konsolidierungsmodul abzubilden und für das laufende Jahr den notwendigen Saldovortrag zu erzeugen.

Der Saldovortrag ist am Anfang eines jeden Geschäftsjahres erforderlich, damit das Modul auf Grundlage des vorherigen Geschäftsjahres Buchungsvorschläge - bezüglich der notwendigen Konsolidierungsmaßnahmen - für das aktuelle Geschäftsjahr erzeugen kann. Für die Abbildung der Altdaten stehen dem Anwender u.a. zwei wesentliche Möglichkeiten zur Verfügung:

(1) Rückwirkend läßt sich im Konsolidierungsmodul-FI-LC die gesamte Historie des Konzerns, also jedes Geschäftsjahr vom Zeitpunkt der Erstkonsolidierung bis zum erstmaligen Moduleinsatz, abbilden.

(2) Um den notwendigen Saldovortrag zu erzeugen, ist es auch möglich, die Veränderungen seit der Erstkonsolidierung bis zum Vorjahr des erstmaligen Moduleinsatzes kumuliert zu erfassen.

Die zweite Vorgehensart wurde in der Deutschen Telekom AG verwendet. D.h. alle Veränderungen seit der Erstkonsolidierung bis zum Vorjahr wurden entsprechend dem Stand des bisherigen Konsolidierungssystems **kumuliert** erfaßt und ins Vorjahr - Grundlage des notwendigen Saldovortrages für das aktuelle Geschäftsjahr - **manuell** eingestellt.

Neben diesen manuellen Einstellungen, die den bisherigen Konsolidierungsstand widerspiegeln, wurde anschließend die Stammdatenpflege (siehe Kapitel 2.1) des Vorjahres durchgeführt, bevor die Salden aller Buchungen über das Saldovortragsprogramm in die aktuelle Periode übertragen werden konnten und eine erstmalige Konsolidierung mittels FI-LC durchgeführt wurde.

In den Folgejahren waren bzw. sind nur noch die jeweils aktuellen Veränderungen in den Stammdaten anzupassen, bevor der Dateninput (siehe Kapitel 2.2) und die Datenverarbeitung - Konsolidierung - (siehe Kapitel 2.3) stattfinden kann.

Unter **Datenoutput** (siehe Kapitel 2.4), als letztem Abschnitt dieses Kapitels, wird die Datenauswertung verstanden, welche vielfältige Variationsmöglichkeiten bietet.

Die nachfolgende Abbildung zeigt eine graphische Darstellung der durchzuführenden und durchführbaren Maßnahmen des Moduls FI-LC.

Abb. 2.1 Maßnahmen im Modul FI-LC

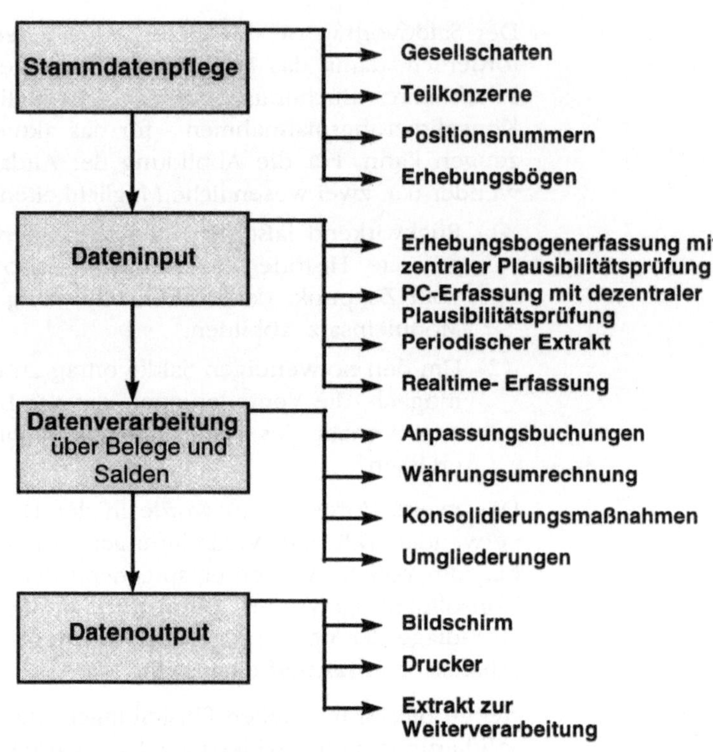

2.1 Stammdatenpflege

2.1.1 Gesellschaften

Gesellschaftsnummer

Alle in den Konzernabschluß einzubeziehenden meldenden Gesellschaften können über einen 6-stelligen alphanumerischen Schlüssel - die Gesellschaftsnummer - identifiziert werden. Hierbei ist es unwesentlich, ob es sich bei den Gesellschaften um Tochter-, Gemeinschafts-, assoziierte Unternehmen oder übrige

Beteiligungen handelt. Auch Gesellschaften, die nicht in den Konzernabschluß einzubeziehen sind oder einzelne Geschäftsbereiche innerhalb einer rechtlichen Einheit können im System mit Hilfe einer Gesellschaftsnummer angelegt werden.

Im Anforderungsprofil des Moduls FI-LC wird jeweils als Eingabe zur Gesellschaftsnummer das Geschäftsjahr und die Periode verlangt, da einige Informationen stichtagsabhängig zugeordnet werden können. Bei der Neuanlage einer Gesellschaft kann auf die Daten einer bestehenden Gesellschaft als Vorschlag Referenz genommen werden. In der Eingabemaske gibt es sogenannte Pflichtangaben und Wahlangaben. Grundlegend sind hierbei z.B. der Name und Sitz der Gesellschaft, der Zeitpunkt der Erstkonsolidierung, die Wahl des Verfahrens zum Dateninput und die anzuwendende Währungsumrechnungsmethode.

2.1.2 Teilkonzerne

Die Zusammenfassung der Gesellschaften zu einer Gruppe, die auf eine Muttergesellschaft hin ausgerichtet ist, wird Teilkonzern genannt. Sie ist im Konsolidierungsmodul FI-LC notwendig, um eine konsolidierbare Unternehmensgruppe, sprich: **Konzern** bilden zu können. Demzufolge sind alle Konzernunternehmen in einem Teilkonzern zu definieren - in diesem Fall ist der Teilkonzern der **Gesamtkonzern**. Der Teilkonzern (hier: Gesamtkonzern) kann in weitere Teilkonzerne aufgegliedert werden, z.B. nach Branchen oder nach Regionen. Teilkonzerne werden in FI-LC als **Reporting-Einheit** verstanden, wonach Teilkonzerne eine zeitabhängige Zusammenfassung mehrerer Gesellschaften nach beliebigen Kriterien des Anwenders sind.

Konsolidierungskreis

Nachdem die Teilkonzerne und ein Gesamt(teil)konzern bestimmt sind, ist hierzu der Konsolidierungskreis, also Gesellschaften, zuzuordnen, die zu den Teilkonzernabschlüssen und zum Konzernabschluß zusammengefaßt werden sollen. Auch die gleichzeitige Zuordnung einer Gesellschaft zu mehreren Teilkonzernen bereitet dem Modul keinerlei Probleme.

Es ist zu berücksichtigen, daß Teilkonzerne außer bei der Erst- oder der Endkonsolidierung, d.h. dem Zu- oder dem Abgang einzelner Gesellschaften, nicht beliebig verändert werden sollten, da ansonsten der Saldovortrag jeder Veränderung entsprechend angepaßt werden müßte.

Muttergesellschaft

Im Gesamtkonzern oder in den Teilkonzernen wird eine oder mehrere (bei Gleichordnungskonzernen) Gesellschaft/en als

Muttergesellschaft gekennzeichnet. Zudem wird die Konzernwährung, die sich bei Teilkonzernkonstruktionen unterscheiden kann und die für jede einzelne Gesellschaft anzuwendende Konsolidierungsmethode, z.B. Voll- oder Quotenkonsolidierung festgelegt. Zudem werden die bei jeder einzelnen Gesellschaft anzuwendenden Konsolidierungsschritte, z.B. neben der reinen Kapitalkonsolidierung, die Schuldenkonsolidierung definiert.

Beteiligungstabelle

Um den Konzernanteil der einzelnen Gesellschaften zu ermitteln, ist zunächst die Beteiligungsentwicklungstabelle zu pflegen. Dabei werden den übergeordneten Gesellschaften, bis zur Konzernmutter, die an oberster Stelle steht, Beteiligungen zugerechnet. Diese Zuordnung geschieht unabhängig davon, ob es sich um Tochterunternehmen, Gemeinschaftsunternehmen, assoziierte Unternehmen oder um übrige Beteiligungen handelt.

Kapitalentwicklungstabelle

Danach erfolgt die Eingabe des Eigenkapitals jeder einzelnen Gesellschaft in ihre Kapitalentwicklungstabelle, um eine Verrechnung mit den Beteiligungsbuchwerten der Mutter (Mütter, falls mehrere existieren) zu gewährleisten.

Ergebnisentwicklungstabelle

Für assoziierte Unternehmen wird anstelle der Kapitalentwicklungstabelle die Ergebnisentwicklungstabelle gepflegt, da diese Unternehmen anders als Tochter- bzw. Gemeinschaftsunternehmen mit einer konzeptionell verschiedenen Methode (Equity-Methode) konsolidiert werden.

Nach Durchführung der Konsolidierung des Gesamtkonzerns können beliebige Teilkonzerne als **Reporting-Einheit** dargestellt werden, ohne daß die Konsolidierungsverarbeitungen (Ausnahme Kapitalkonsolidierung) nochmals durchgeführt werden müssen.

2.1.3 Positionsnummern

Positionsnummern sind in der Konsolidierung der zentrale Kontierungsbegriff, auf dem alle Konsolidierungsverarbeitungen erfolgen. Hierbei müssen Positionen nicht immer nur buchhalterisch relevante Positionen der Bilanz und GuV sein. Auch beliebige statistische Informationen und Kennzahlen können durch das System verwaltet werden.

Die Deutsche Telekom AG setzt zur Zeit das Modul FI-LC als eigenständiges System ein, womit die Positionsnummern keine Verbindung zu anderen Modulen, wie der Finanzbuchhaltung, haben. Die Existenz unterschiedlicher Kontenpläne innerhalb eines Konzerns erfordert jeweils die Zuordnung aller Konten zu einem einheitlichen **Konzernpositionskatalog**. Im Telekom Konzern wird in den Sachkontenstammsätzen der Buchhaltungssoftware der Einzelgesellschaften die Zuordnung vorgenommen und dann auf die Konzernpositionen verdichtet.

In einer Positionstabelle müssen jedem abzufragenden Gliederungspunkt - z.B. HGB-Gliederungsschema - spezielle Positionsnummern zugeordnet werden. Hierbei unterscheidet man zwischen Positionen, die einzugeben sind und nicht direkt bebuchbaren **Summenpositionen**.

Sollpositionen werden im Modul FI-LC mit einem „+" und Habenpositionen mit einem „-" gekennzeichnet. Auf diese Weise ist eine vorzeichenfreie Eingabe möglich. Bei der Anlage eines Positionskataloges (Maximum 10-stellig) hat sich im Telekom Konzern folgende Vorgehensweise bei der Bezifferung bewährt:

- Aktivpositionen beginnen mit 1,
- Passivpositionen mit 2,
- GuV-Positionen mit 3,
- Gewinnverwendungspositionen mit 4
- und weitere Positionen (z.B. des Anhangs) mit 5.

Des weiteren hat sich im Telekom Konzern bewährt, daß durch umfangreiche Plausibilitäten (siehe auch Kapitel 2.2 Dateninput) eine Abstimmung der Haupt- und Nebenkreise erfolgt. Als Hauptkreise wurden im Telekom Konzern die Bilanz und GuV nach dem Handelsgesetzbuch definiert. Die Nebenkreise (z.B. Aufteilung der Umsatzerlöse nach Regionen) beinhalten weitere Informationen zu den Positionen des Hauptkreises und werden in gesonderten Formularen erfaßt.

2.1.4 Erhebungsbögen

Zunächst werden Erhebungsbögen definiert, die den Dateninput für alle Gesellschaften des Konzerns **standardisieren**. Auf diese Weise bestimmt der Konzern, welche Daten zur Aufstellung seines Konzernabschlusses von seinen Gesellschaften benötigt werden. Anschließend werden die Angaben der Gesellschaften des Konzerns in das FI-LC-Modul eingegeben bzw. hochgeladen (siehe dazu das Kapitel 2.2 Dateninput).

Die Positionen der Erhebungsbögen können entweder als Währungsfelder (z.B. Bilanz) oder als Mengenfelder (z.B. Anzahl der Mitarbeiter) geführt werden. Beide sind unbedingt in getrennten Erhebungsbögen zu definieren, da es sonst zu Fehlinterpretationen bei der Währungsumrechnung kommen kann.

Erfassung bzw. Bearbeitung

Durch das Setzen von Sperrkennzeichen kann die Erfassung bzw. Bearbeitung eines Erhebungsbogens generell, nur für die Handelsbilanz I oder für die Handelsbilanz II, geöffnet sein. Zudem ist es möglich, dieselben Positionen in verschiedenen Erhebungsbögen zur unterschiedlichen Informationsgewinnung einzusetzen.

So kann z.B. der Anlagespiegel (besonders Finanzanlagen) nicht nur nach **Bewegungsarten** (historische Anschaffungs- und Herstellungskosten, Zuschreibungen, kumulierte Abschreibungen etc.) aufgebaut, sondern auch nach **Verbundbeziehungen** aufgeschlüsselt werden.

Summenzähler

Auch ist es hilfreich, in einzelnen Erhebungsbögen Zwischenabstimmungen auf verschiedenen Summationsebenen durchzuführen, um Eingabefehler schnell zu finden. Dazu können bis zu fünf hierarchisch aufgebaute Summenzähler (S1-S5) gebildet werden.

Beispielsweise können im Anlagevermögen verschiedene Unterpositionen gebildet werden (S1-Summen). Anschließend bilden diese Unterpositionen zusammen die Summenposition 2, z.B. im Telekom Konzern „Technische Anlagen und Maschinen" (S2). Die dritte Summation (S3) umfaßt das gesamte Sachanlagevermögen, abschließend wird in der vierten Summenposition das Anlagevermögen insgesamt dargestellt (S4 = Immaterielle Vermögensgegenstände, Sachanlagen und Finanzanlagen). Die fünfte Summenposition umfaßt neben dem Anlagevermögen das Umlaufvermögen und die Rechnungsabgrenzungsposten (S5 = Summe der Aktiva, bestehend aus: Anlagevermögen, Umlaufvermögen und Rechnungsabgrenzungsposten).

Die Erhebungsbögen sind sowohl direkt als einfacher Ausdruck aus dem Konsolidierungsmodul möglich, als auch im SAP-PC-Erfassungsprogramm abgebildet. Im Telekom Konzern sind alle definierten Erhebungsbögen grundsätzlich in ausgedruckter Form in der Bilanzierungsrichtlinie des Konzerns zu finden.

2.2 Dateninput

Grundsätzlich bietet das Modul FI-LC vier Vorgehensweisen der Datenerfassung:

1. Von den Tochtergesellschaften ausgefüllte Erhebungsbögen werden manuell direkt in FI-LC eingegeben.
2. Die Tochtergesellschaften erfassen ihre Daten im SAP-PC-Erfassungsprogramm, wobei die Erfassungsmaske den Erhebungsbögen entspricht. Vorteil des SAP-PC-Erfassungsprogramms gegenüber der manuellen Erfassung per Erhebungsbögen ist, daß Positionen, die in verschiedenen Erhebungsbögen enthalten sind, nach der Eingabe in einen Erhebungsbogen mit Hilfe des Erhebungsprogramms automatisch in die anderen Erhebungsbögen übertragen werden. Somit entfällt die doppelte Dateneingabe in verschiedene Erhebungsbögen. Darüber hinaus ist per SAP-PC-Erfassungsprogramm eine **dezentrale Plausibilitätsprüfung** möglich. Die SAP-PC-Erfassungsdaten werden bei der berichtenden Gesellschaft nach der Dateneingabe auf eine Diskette geladen, die anschließend im Konzernrechnungswesen in das Modul FI-LC hochgeladen wird, womit automatisch alle notwendigen Daten im Konsolidierungsmodul FI-LC eingegeben sind.
3. Arbeitet die Buchhaltung der Tochtergesellschaft ebenfalls mit R/3, ist das direkte Durchbuchen in das Modul FI-LC möglich. Die indirekte Übertragung in FI-LC per Hochladen der Daten erübrigt sich (**Realtime Erfassung**).
4. Ähnlich wie in Punkt 3 arbeitet die Buchhaltung der Tochtergesellschaft ebenfalls mit SAP R/3, allerdings wird nicht direkt durchgebucht, sondern abschnittsweise, wobei die Zeiträume selbst bestimmt werden können, z.B. quartalsweise zur Erstellung von Quartalsabschlüssen (**periodischer Extrakt**).

Abb. 2.2
Erfassungsvorgang in der Deutschen Telekom AG

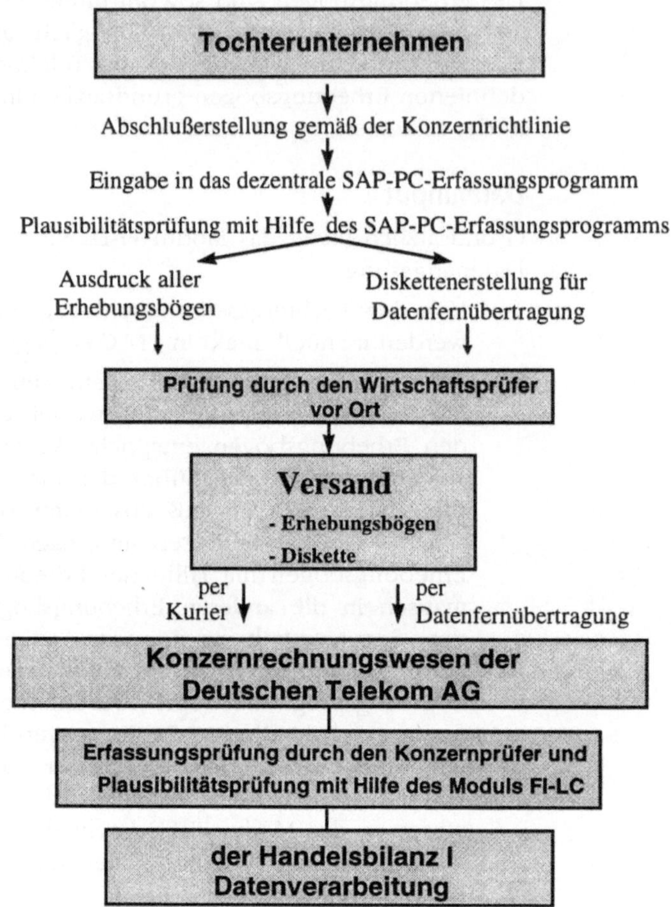

Im Telekom Konzern findet eine dezentrale (vgl. Punkt 2) SAP-PC-Erfassung mit Plausibilitätsprüfung durch das System (hier: SAP-PC-Erfassung) und den Wirtschaftsprüfer vor Ort Anwendung, da nicht alle Gesellschaften des Konzerns mit SAP-Buchhaltungssystemen ausgestattet sind. Die Plausibilitätsprüfung im SAP-PC-Erfassungsprogramm wird bei der Deutschen Telekom AG vom Konzernrechnungswesen zentral eingerichtet und erweitert. Bei Plausibilitätsprüfungen werden Positionsvergleiche (z.B. Bilanzgewinn in GuV und Bilanz), Summenvergleiche (z.B. Aktiva gleich Passiva), Vergleiche zu Vorperioden (z.B. Veränderung um mehr als 50%) sowie Vergleiche von Positionswerten mit Konstanten (z.B. Summe der Umbuchungen im Anlagespiegel gleich Null) vorgenommen. An die Überprüfung der Richtigkeit schließt sich der Versand der Daten entweder per verschlüsselter Datenfernübertragung oder per Kurier (Dokumentenechtheit) zur direkten Datenverarbeitung an das Konzernrechnungswesen an. Hier findet wiederum eine Plausibilitätsprüfung (jetzt im System FI-LC) durch das Konzernrechnungswesen und eine Erfassungsprüfung durch den Konzernabschlußprüfer statt.

Gesellschaften, die erstmalig in den Konzernabschluß der Deutschen Telekom AG einbezogen werden, haben einmalig die Möglichkeit, ihre Konzernberichterstattung mittels manuell auszufüllender Erhebungsbögen durchzuführen.

Bevor jedoch die Datenübernahme erfolgen kann - Hochladen der Daten von der Diskette der Tochtergesellschaft in FI-LC des Konzerns - müssen für jede Tochtergesellschaft individuell die Konsolidierungsmaßnahmen in den Gesellschaftsstammdaten (vgl. Kapitel 2.1.1.) festgelegt werden. Über eine Statusverwaltung, welche der Kontrolle und Abstimmung der Reihenfolge der einzelnen Konsolidierungsmaßnahmen dient, ist es jederzeit möglich, den aktuellen Stand zu erkennen sowie welche Person zu welcher Zeit welche Konsolidierungsmaßnahmen durchgeführt hat.

Vor der Datenerfassung sind Angaben notwendig, die das Geschäftsjahr, die Periode und die Version (vgl. Kapitel 3.1) bezeichnen, da die Datenerfassung vom Geschäftsjahr unabhängig erfolgen kann.

Gesellschaftsbetreuer

Aufgrund dieser hohen Variabilität des Moduls wurden im Konzernrechnungswesen der Deutschen Telekom AG sogenannte Gesellschaftsbetreuer eingeführt, die selbständig einzelne Konzerngesellschaften bis zu den übergreifenden Konsolidierungsmaßnahmen bearbeiten und betreuen. Nachdem die Daten der einzelnen Gesellschaften erfaßt wurden, werden zentral drei Tabellen gepflegt. Diese Tabellen sind (vgl. Kapitel 2.1):

- Beteiligungsentwicklungstabelle,
- Kapitalentwicklungstabelle,
- Ergebnisentwicklungstabelle.

Falls stille Reserven aufgelöst werden, erfolgt dies ebenfalls über eine Tabelle. Ein aus der Konsolidierung entstandener Geschäfts- und Firmenwert wird im Folgejahr automatisch in die Tabelle „Aufgelöste Stille Reserven“ übernommen und entsprechend den Vorgaben (Zeitraumbestimmung) abgeschrieben bzw. verrechnet.

2.3 Datenverarbeitung

Alle im Rahmen des Konzernabschlusses durchzuführenden wertmäßigen Änderungen (Ausnahme bildet lediglich die Währungsumrechnung) gegenüber dem Einzelabschluß werden durch Buchungsbelege in das System eingegeben. Da dies auf verschiedenen Ebenen geschieht, bleibt gewährleistet, daß auch die Einzelabschlußdaten im Konsolidierungssystem im nachhinein noch ausgewertet werden können. Auch ist auf den einzelnen Ebenen, z.B. der Anpassungsebene* oder der Konsolidierungsebene, die auf der HB-II aufbaut, durch die Definition unterschiedlicher **Buchungsbelegarten** eine Unterscheidung möglich und somit eine Selektionsmöglichkeit einzelner Vorgänge gegeben. So besteht beispielsweise die Möglichkeit, auf der Anpassungsebene (HB-I an HB-II) eine HGB-Anpassung mit der Belegart HG zu kennzeichnen und eine Anpassung für US-Generally Accepted Accounting Principles (US-GAAP)-Zwecke mit der Belegart US zu kennzeichnen.

Buchungsbelege

Ein Jahreswechsel, also der Übergang von einem Geschäftsjahr ins folgende, wird über das **Saldovortragsprogramm** gesteuert. Es werden die Einzelabschlußwerte und Salden der Anpassungs- (siehe Kapitel 2.3.2) und Konsolidierungsbuchungen (siehe Kapitel 2.3.4) für alle Bilanz- und weitere konkret zu bestimmende Positionen vorgetragen.

Saldovortrag

Daneben bietet das Modul FI-LC die Möglichkeit, auch **unterjährige Abschlüsse**, z.B. Quartals- bzw. Monatsabschlüsse, zu erstellen.

Die nachfolgende Abbildung 2.3 zeigt die graphische Darstellung der durchzuführenden Schritte während der Datenverarbeitung:

* Anpassungebene = Anpassung der HB-I an die HB-II, wobei HB-I die ursprüngliche Einzelbilanz der Konzerngesellschaft und HB-II die, an die Bilanzierung und Bewertung des Konzerns angepaßte Einzelbilanz ist.

Abb. 2.3
Schritte der Datenverarbeitung

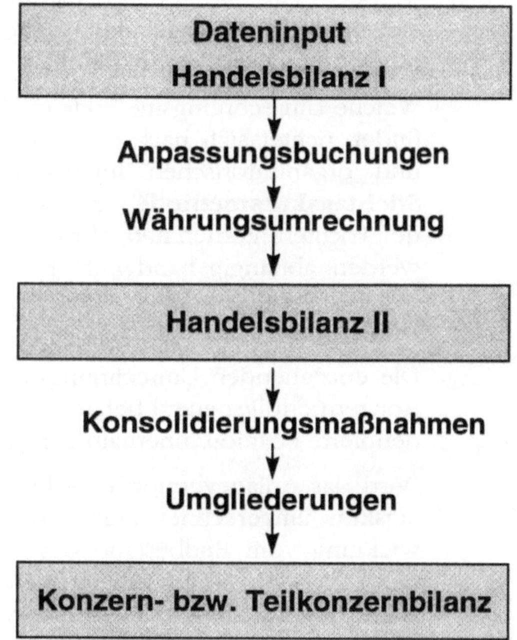

2.3.1 Anpassungsbuchungen

Nachdem die Einzelabschlußdaten vollständig erfaßt wurden (siehe Kapitel 2.3), liefern alle Tochtergesellschaften des Konzerns an das Konzernrechnungswesen der Deutschen Telekom AG ihre lokalen Bilanzen (HB-I), welche dann **zentral** an die konzerneinheitliche Bilanzierung und Bewertung **angepaßt** (HB-II) werden. Die hierfür notwendigen Informationen werden durch eine Zusatzabfrage ermittelt und dann durch die Gesellschaftsbetreuer umgesetzt.

Ebenfalls ist es möglich, daß die Einzelgesellschaften direkt ihre Einzelbilanzen in Form einer HB-II an das Rechnungswesen des Konzerns liefern.

2.3.2 Währungsumrechnung

Grundlage für die Währungsumrechnung ist, daß die ausländischen Tochtergesellschaften ihre Werte in der Regel in ihrer jeweiligen Hauswährung, in Ausnahmefällen in einer Transaktionswährung, erfassen, die in die Konzernwährung umgerechnet werden muß. SAP erlaubt die individuelle Umrechnung jeder einzelnen Gesellschaft durch Zuordnung einer Umrechnungsmethode im Gesellschaftsstammsatz.

Welche Umrechnungsmethode im Telekom Konzern Anwendung findet, richtet sich nach dem Grad der leistungswirtschaftlichen und organisatorischen Integration der Gesellschaft. Mit der **Stichtagskursmethode** werden weitgehend selbständig agierende Tochterunternehmen (foreign entities) bewertet, hingegen werden abhängig handelnde Einheiten (foreign operations) in der Rechtsstruktur einer Betriebsstätte mit der **Zeitbezugsmethode** umgerechnet.

foreign entities

foreign operations

Die entstehenden Umrechnungsdifferenzen, welche im Telekom Konzern erfolgsneutral behandelt werden, werden in eine eigens definierte Position innerhalb der Rücklagen gesteuert.

Umrechnung im Anlagevermögen

Wird das Anlagevermögen nicht historisch, sondern zum Stichtagskurs umgerechnet, muß eine rechnerisch durchgängige Entwicklung vom Endbestand des Vorjahres bis zum Endbestand des laufenden Jahres gezeigt werden. Hierbei wird der Endbestand des Vorjahres zum **Vorjahresstichtagskurs**, alle anderen Werte zum **Stichtagskurs** der laufenden Periode bewertet. Folglich können sich Kursdifferenzen zwischen dem mit dem Vorjahresstichtagskurs bewerteten Endbestand und dem mit dem Stichtagskurs des laufenden Jahres bewerteten Anfangsbestand (Anfangsbestand des laufenden Jahres = Endbestand des Vorjahres) ergeben. Im Telekom Konzern wurden für diese Differenzen (im Bereich der historischen Anschaffungs- und Herstellungskosten sowie den kumulierten Abschreibungen) spezielle Bewegungsarten definiert, die zum besseren Verständnis auch in der Auswertung des Anlagespiegels gezeigt werden.

Gemeinschaftsunternehmen

Für quotenkonsolidierte Unternehmen ergibt sich eine Besonderheit: **die Währungsumrechung ist hier die Stelle, wo die Quotierung stattfindet,** d.h. erfolgt die Zuordnung der Anteile beim Mutterunternehmen, so werden Forderungen bei einem 50%igen Anteil halbiert, wobei jedoch zunächst das Quotal einzubeziehende Unternehmen vollständig erfaßt wird.

2.3.3 Konsolidierungsmaßnahmen

Automatismus

Im Programm FI-LC ist der eigentliche Konsolidierungsvorgang in hohem Maße automatisiert. Der Benutzer muß die Konsolidierungsbuchungen nicht manuell vornehmen, sondern das Programm erzeugt die Buchungssätze nach Eingabe der gewünschten Verrechnungsart automatisch.

Konzernverrechnung

Die Schuldenkonsolidierung sowie die Aufwands- und Ertragskonsolidierung werden im Modul FI-LC unter dem Begriff Konzernverrechnungen zusammengefaßt, da sie mit der gleichen Technik realisiert werden. Um eine Trennung zu ermöglichen, wurde im Telekom Konzern für die Schuldenkonsoliderung eine andere Buchungsbelegart definiert als für die Aufwands- und Ertragskonsolidierung.

Da die Verwendung gesellschaftsbezogener Konten zu einer unnötigen Aufblähung des Konzernkontenplans führen würde, werden die **Gesellschaftsnummern** als Firmenverbundkennzeichen in den Kontokorrent-Buchhaltungen der Konzerngesellschaften als Grundlage maschinell gestützter Abstimmverfahren benutzt.

Eliminierungsgruppen

Grundlage für die Abstimmung bei der Deutschen Telekom AG ist die partnerbezogene Datenerfassung der entsprechenden Positionen des Einzelabschlusses über die SAP-PC-Erfassung bei den Einzelgesellschaften, welche im Vorfeld besonders gekennzeichnet und mit der Eigenschaft der Verbundkennung belegt werden müssen. Hierbei werden alle Gesellschaftspaare eines Teilkonzerns hinsichtlich der Meldungen der Gesellschaft und der eingegebenen Partnergesellschaft gegenübergestellt und etwaige Differenzen ausgewiesen. Jeder Eliminierungsgruppe (z.B. Zinsergebnisse), die jeweils eigenständig festgelegt werden kann, wird eine Position zugeordnet, in welche die Differenzen zu buchen sind. Währungsumrechnungsdifferenzen sind daraufhin mit Hilfe des Systems analysierbar, wenn die Konzerngesellschaften ihre Salden nicht nur in lokaler Währung, sondern zusätzlich in Transaktionswährung melden.

Zwischenerfolgseliminierung im Vorratsvermögen

Für die Zwischenerfolgseliminierung im Vorratsvermögen hat der Bestandsführende die Buchwerte und ggf. die Mengen der Vorratspositionen sowie etwaige Nebenkosten und Wertberichtigungen zu nennen; der Lieferant hingegen steuert die Umsatzerlöse und Herstellkosten bzw. einen Zwischenerfolgsprozentsatz bei. Jetzt werden die Buchwerte um die Nebenkosten und die Wertberichtigungen korrigiert, um dann eine Differenz zu den Konzernherstellkosten bzw. einem globalen Prozentanteil zu berechnen. Veränderungen zur Vorperiode werden ergebniswirksam gebucht.

Zwischenerfolgseliminierung im Anlagevermögen

Nach der Einheitstheorie der Konzernrechnungslegung ist der Verkauf von Anlagevermögen zwischen Gesellschaften eines Konzerns so zu behandeln, als hätte lediglich eine Verlagerung der Anlage zwischen Betriebsstätten stattgefunden. Im Anlagevermögen ist für die Zwischenerfolgseliminierung im Jahr des Transfers ein Abgang bei der abgebenden und der Zugang bei der empfangenden Gesellschaft im Anlagegitter des Konzerns zu eliminieren und ein etwaiger Zwischengewinn/-verlust ergebniswirksam zurückzunehmen. In den Folgejahren sind dann Abschreibungskorrekturen auf den Zwischenerfolgsbetrag vorzunehmen.

FI-LC setzt alle drei im Telekom Konzern vorkommenden Fälle ausgezeichnet um. Dies sind:

1. Innerkonzernlicher Transfer von Anlagen, die bei der abgebenden Gesellschaft erstellt bzw. aktiviert waren und in das Vermögen der empfangenden Gesellschaft übergehen;
2. Innerkonzernlicher Transfer von Anlagen, die bei der abgebenden Gesellschaft erstellt, aber nicht aktiviert wurden;
3. Innerkonzernlicher Transfer von Anlagen, die von der empfangenden Gesellschaft an „Fremde“ weiterverkauft werden.

Kapitalkonsolidierung

Bei der **Kapitalkonsolidierung** wird das anteilige Kapital der Tochtergesellschaft mit den Beteiligungsbuchwerten der Muttergesellschaft verrechnet. Alle in der Praxis anwendbaren Verfahren sind mit dem Modul FI-LC möglich. Auch die Anwendung unterschiedlicher Konsolidierungsmethoden, welche in der Stammdatenpflege des Teilkonzerns festgelegt werden (vgl. Kapitel 2.1.2.), ist bei verschiedenen Konzerngesellschaften durch die separate Gesellschaftszuordnung einsetzbar. Darüber hinaus können Wahlrechte und unterschiedliche Varianten nebeneinander durchgeführt werden. Zur Eliminierung der Kapitalverflechtungen werden im Programm FI-LC die für die Verrechnung relevanten Beteiligungsverhältnisse und Eigenkapitalzahlen der zu konsolidierenden Unternehmen in gesonderten Tabellen festgehalten.

Simultan- versus Stufenkonsolidierung

Die Konsolidierung kann technisch einerseits als Simultankonsolidierung mit durchgerechneten Konzernanteilen (Matrizenverfahren) angewendet und andererseits als eine stufenweise Konsolidierung durchgeführt werden.

Abb. 2.4
Konsolidierungsformen

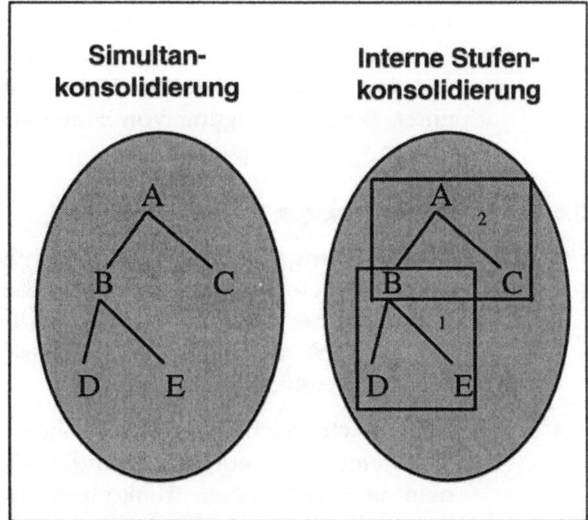

Bei der Simultankonsolidierung werden alle Gesellschaften gleichzeitig konsolidiert. Bei der Stufenkonsolidierung muß man systemtechnisch die externe und die interne Stufenkonsolidierung unterscheiden. **Externe Stufenkonsolidierung** bedeutet hierbei, daß in einem vorgelagerten Schritt ein Teilkonzern erstellt wird, der dann im Modul FI-LC wie eine Gesellschaft behandelt wird. Bei der **internen Stufenkonsolidierung** wird zunächst ein Teilkonzern (vgl. Abbildung 2.4 Teilkonzern 1) unterer Hierarchie erstellt (siehe Beispiel B-D-E), um danach durch den Anwender im Modul FI-LC einen sogenannten „Roll-Up" vornehmen zu können. „Roll-Up" bedeutet hierbei die Zusammenfassung des Teilkonzerns (vgl. Abbildung 2.4 Teilkonzern 1) als eine Gesellschaft (Gesellschaft B). Hiernach wird dann der übergeordnete Teilkonzern (Teilkonzern 2) erstellt (dieser besteht im Beispiel aus den Gesellschaften A-B-C).

Im Telekom Konzern werden alle Gesellschaften in einem Schritt simultan konsolidiert. Erst nachdem dies erfolgt ist, werden einzelne Teilkonzerne, ohne daß die Konsolidierungsarbeit nochmals vorgenommen werden muß (Ausnahme ist die Kapitalkonsolidierung), für Reportingzwecke separat dargestellt. Auf diese Weise wird eines der **Hauptziele** des Konsolidierungsmoduls erreicht, nämlich das Ermöglichen einer zeitnahen **Berichterstattung** (Reporting-Einheit) für die Konzernleitung.

Automatisch werden vom System u.a. die Erstkonsolidierung, die Folgekonsolidierungen, der sukzessive Erwerb und die indirekte Anteilsänderung sowie die Kapitalerhöhung und -herabsetzung unter Berücksichtigung von Fremdanteilen und ggf. stillen Reserven vorgenommen.

2.3.4 Umgliederungen

Umgliederungen können auf verschiedenen Ebenen bzw. Level notwendig sein. So kann beispielsweise eine Umgliederung schon auf der HB II-Ebene notwendig sein, weil die gewöhnliche Geschäftstätigkeit der Einzelgesellschaft von der des Konzerns abweicht.

Aber auch nach den eigentlichen Konsolidierungsvorgängen kann eine Umgliederung sinnvoll sein, da beispielsweise in einem untergeordneten Teilkonzern diejenigen Forderungen gegen verbundene Unternehmen, die aus Gesamtkonzernsicht hier richtig ausgewiesen wären, umgegliedert werden in Forderungen gegenüber Dritten.

FI-LC ermöglicht konsequenterweise ein Umgliedern sowohl auf Anpassungsbuchungsebene als auch auf Konzernebene.

2.4 Datenoutput

Neben den zahlreichen vordefinierten Auswertungen bietet das Modul-FI-LC dem Anwender die Möglichkeit, ohne größeren Aufwand eigene Auswertungen zu definieren. So könnte man in einer speziellen Auswertung (Reporting-Einheit) alle Daten definieren, die für die Erstellung des Geschäftsberichts benötigt werden. Eine andere Auswertung könnte der Bereitstellung relevanter Daten zur Vorstandsinformation dienen.

eigene Auswertungsdefinitionen

Neben dem Online Zugriff und dem Ausdruck per Drucker besteht außerdem die Möglichkeit des direkten Herunterladens zur Weiterbearbeitung oder lediglich zur Aufbereitung in einem beliebigen Tabellenkalkulationsprogramm.

interaktives Reporting

Im Telekom Konzern hat sich aufgrund des hohen Detaillierungsgrades des Positionskataloges das **interaktive Reporting** als große Hilfe beim Abruf allgemeiner Informationen bewährt. Ausgehend von der Ebene der allgemeinen Informationen können weitere Details abgefragt werden. Beispielsweise sind bei jeder gewählten Auswertung (Reporting-Einheit) alle Detailpositionen, mit eventuell vorhandenen Unterpositionen, ohne in konventionellen Listen (z.B. Saldenliste) nachlesen zu müssen, über einen Menüpunkt direkt aus der Datenbank auswertbar. Mit Hilfe des interaktiven Reportings ist auch die Aufteilung einer Position auf verschiedene Gesellschaften, d.h. Gesellschaftszusammensetzung einer Position, die Anteilsanzeige und Vergleichswerte (z.B. Vorjahreswerte), die jeweilige Entwicklung des Wertes von der HB-I bis zum Konzernwert mit den jeweiligen Anpassungsbuchungen bzw. Konsolidierungsbuchungen und vieles mehr möglich.

3 Zukunftsorientierung des Moduls

3.1 Simulationen

Versionskonzept

Um Daten nach verschiedenen Ansätzen und Bewertungsprämissen aufzubereiten und dann in Auswertungen (Reporting-Einheit) gegenüberzustellen, wurde im Modul FI-LC die Versionskonzeption eingeführt.

Mit Hilfe der Versionskonzeption können Istdaten und Plandaten eines Teilkonzerns bzw. des Gesamtkonzerns durch die Definition einer Konsolidierungsversion gegenübergestellt werden. D.h. je nach Konsolidierungsart können verschiedene Versionen angelegt und vergleichend gegenübergestellt werden.

Um keine Doppelarbeit zu verrichten, kann aus anderen Versionen kopiert werden, um beispielsweise die HB-I-Werte oder Konsolidierungsbuchungen anders aufzubereiten.

Simulationsbeispiel

Zum Beispiel läßt sich mit Hilfe der Versionskonzeption eine Simulation der **Währungsumrechnungsmethode** neben die Ist-Situation stellen. Soll sich allein die Währungsumrechnungsmethode von der des Konzerns unterscheiden, so ist die alternative Währungsumrechnungsmethode lediglich in einer anderen Version zu speichern, während alle anderen Definitionen konstant bleiben (Ceteris Paribus-Analyse; vgl. Abb. 3.1). Anschließend können die beiden Versionen einfach nebeneinander gestellt und verglichen werden.

Abb. 3.1
Simulationsbeispiel

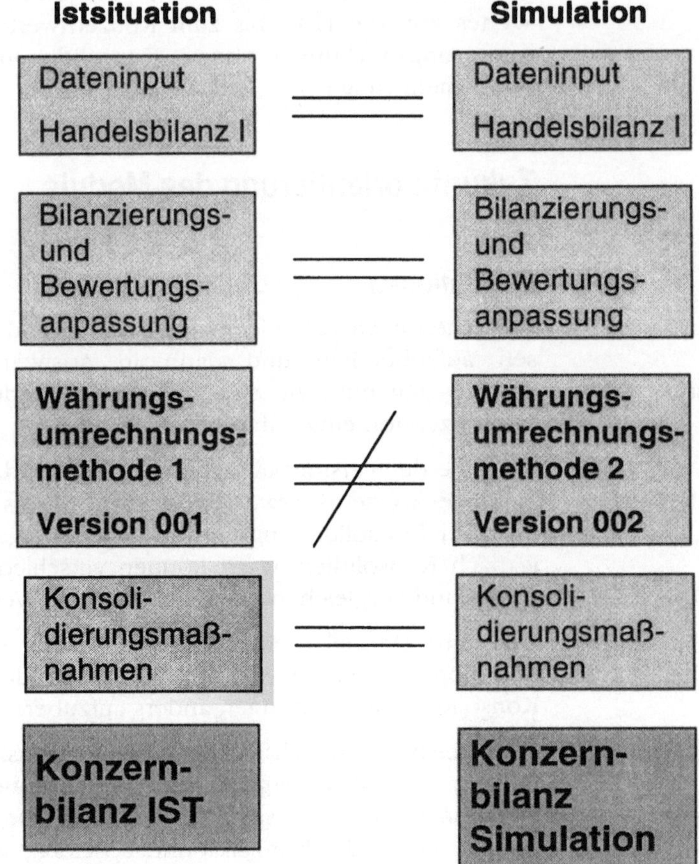

Auf diese Weise können unterschiedliche Konsolidierungsversionen gegenübergestellt und verglichen werden, oder es können verschiedene Teilkonzerne in verschiedenen Konzernwährungen parallel geführt werden. Auch die in Hauptversammlungen oft gestellte Frage, wie sich der Konzern oder der Konzerngewinn bei einer anderen Entwicklung der Währungskurse darstellen würde, könnte ohne größeren zusätzlichen Aufwand simuliert werden.

3.2 Währungsreform in FI-LC

Kurz vor der europäischen Währungsunion stellt sich für jedes Rechnungswesen die Frage, wie diese in den EDV-Systemen umgesetzt werden kann. Im Modul FI-LC können Währungsreformen, Währungsänderungen und sogar Hochinflationswährungen dargestellt werden. Bei jeder betroffenen Gesellschaft sind der alte und der neue Währungsschlüssel sowie die Anzahl der entfallenden Kommastellen einzutragen.

3.3 Erstellung von internationalen Bilanzen

Immer mehr Unternehmen erstellen ihre Bilanzen aufgrund ihrer internationalen Anleger nicht mehr allein nach handelsrechtlichen Gesichtspunkten, sondern versuchen, internationalen Bilanzierungsmaßstäben zu genügen.

Auch mit Hilfe des Konsolidierungsmoduls FI-LC ist die parallele Bilanzierung nach handelsrechtlichen und nach internationalen Normen möglich.

Beispiel für die Umsetzung internationaler Bilanzen

Über das in Abschnitt 3.1 erwähnte Versionskonzept könnte ein international bilanzierendes Unternehmen beispielsweise in Version 001 eine nach den Grundsätzen des Handelsrechts aufgestellte Bilanz abbilden, während in der Version 002 eine den International-Accounting-Standards (IAS = Internationale Grundsätze des Rechnungswesens) entsprechende Bilanz abgebildet wird und in einer dritten Version (003) könnte darüber hinaus eine Bilanz nach US-Recht erstellt werden.

Abb. 3.2 Versionsbeispiel

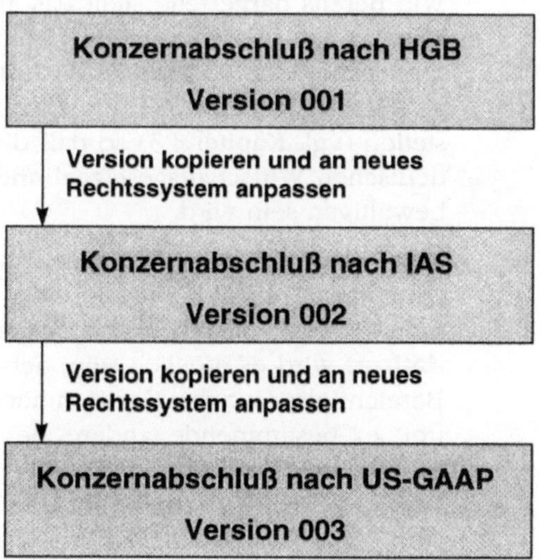

Neben den internationalen Bilanzen, die gleichzeitig mit dem deutschen handelsrechtlichen Abschluß gezeigt werden können, kann der handelsrechtliche oder auch jeder internationale Abschluß mit Hilfe des Versionskonzeptes geplant werden. Denn redundante Vorgänge würden ausgeschlossen, da die gesamten Daten in den verschiedenen Versionen wiederverwendet werden. Auch hier wäre selbstverständlich eine vergleichende Darstellung der jeweiligen Abschlüsse über die Auswertungen (Reporting-Einheit) möglich.

4 Ausblick

International agierende Unternehmen werden voraussichtlich in Kürze das Recht erhalten, von der Erstellung eines deutschen Konzernabschlusses befreit zu werden, falls die Zulassung an einem ausländischen Kapitalmarkt eine andere Rechnungslegung erfordert, als die, die nach deutschem Handelsrecht vorgeschrieben ist.

ausländischer Kapitalmarkt

Ein Hauptproblem der Konzernleitungen wird hierbei der Zusatz im Gesetz sein, daß bei der Anwendung ausländischer oder internationaler Rechnungslegungsgrundsätze zusätzlich zur regulären Abschlußprüfung ein deutscher Abschlußprüfer die vom deutschen Recht abweichenden Methoden bestätigen muß. Also in weiten Teilen wird trotzdem eine handelsrechtliche Bilanz zu erstellen sein.

Wie bereits dargestellt, stellt das Modul FI-LC mit dem Versionskonzept eine hervorragende Lösungsmöglichkeit zur Verfügung, die international bilanzierende Unternehmen jederzeit in die Lage versetzt, zeitnah mehrere Bilanzen und Überleitungen zu erstellen (vgl. Kapitel 3.3) so daß diese wesentliche Änderung der deutschen Wirtschaftsgesetzgebung mit dem Modul FI-LC gut zu bewältigen sein wird.

Planung durch SAP

Darüber hinaus plant SAP zukünftig die viel weitergehende Nutzung des Konsolidierungsmoduls FI-LC. Unter dem neuen Namen **EC-MC (Enterprise Controlling-Management Consolidation)** wird es möglich sein, neben dem gesetzlich vorgegeben Bereich, also auf das Konzernmutterunternehmen, zusätzlich auf frei zu bestimmende andere Bereiche, z.B. Geschäftsbereiche, Profitcenter, Produktgruppen, hin zu konsolidieren und auf diese Weise der Konzernleitung den konsolidierten Einblick in die verschiedensten Konzernbereiche zu vermitteln.

Beispielsweise kann die Konzernleitung einen bestimmten regionalen Geschäftsbereich konsolidieren lassen, d.h. frei von allen finanziellen Transaktionen mit anderen Bereichen, um diesen zu analysieren.

Das erweiterte Instrumentarium in Verbindung mit anderen Modulen, z.B. Controlling, Treasury, insbesondere des internen Rechnungswesens, ermöglicht der Konzernleitung den tiefgehenden Einblick in alle zentralen Bereiche des Konzerns, da Auswertungen (Reporting-Einheit) entsprechend über alle notwendigen Bereiche gebildet werden können, bis hin zur Konsolidierung der betrachteten Einzelbereiche. Damit wird aus dem reinen Instrument der Konzernbilanzierung ein alle Konzernbereiche umfassendes Führungsinstrument der Konzernleitung. Zudem könnten problemlos die Daten des externen Rechnungswesens an die des internen Rechnungswesens angeglichen werden. Somit wären die zentrale Datenzusammenfassung sowie Auswertungen und Berichterstattungen möglich.

Literaturhinweise

Chmielewicz, K.: Die Kommission Rechnungswesen und das Bilanzrichtliniengesetz, in: Domsch M./Eisenführ, F./Ordelheide, D./Perlitz, M. (Hrsg.): Unternehmungserfolg, Festschrift für Walther Busse von Colbe, Wiesbaden 1988.

Krawitz, N.: Die Abgrenzung des Konsolidierungskreises, in: Die Wirtschaftsprüfung, Heft 9/96, S. 342-357.

Küting, K.-H./Weber, C.-P. (Hrsg.): Handbuch der Konzernrechnungslegung, Kommentar zur Bilanzierung und Prüfung, Stuttgart 1989.

SAP AG: Funktionen im Detail - FI II, System R/3 Konsolidierung, Walldorf, Dezember 1995.

Schildbach, Th.: Der handelsrechtliche Konzernabschluß, München 1994.

Strickmann, M.: Leistungsstarke Software vereinfacht die Rechnungslegung, in: Bilanz und Buchhaltung, Heft 1/96, S. 15-20.

Strobel, W.: Neuerungen des Handelsbilanzrechts in Richtung auf internationale Normen, in: Betriebsberater, Heft 31/96, S. 1601-1607.

Neue Möglichkeiten der vertikalen Kooperation mit SAP R/3 Retail

Dipl.-Ing. Matthias Krause
Dipl.-Kfm. Dirk Bliesener

IDS Prof. Scheer GmbH, Saarbrücken

1 Überblick

Durch die zunehmende Konzentration von Handelsmacht entsteht ein erhöhter Wettbewerbsdruck zwischen den Handelssystemen. Bei den Herstellern sind die Rationalisierungspotentiale weitgehend ausgeschöpft. Beides zusammen führt zu verstärkten Kooperationsbemühungen zwischen Herstellern und Handel.

Der Einsatz von SAP R/3 in Industrie und Handel wird neue Möglichkeiten der vertikalen Kooperation eröffnen.

Der Beitrag gibt zunächst einen Überblick über die heute bestehenden wirtschaftlichen Rahmenbedingungen für Konsumgüterhersteller und Handel sowie die aktuellen Konzepte der vertikalen Kooperation. Als wesentliche Grundlage der inner- wie zwischenbetrieblichen Kommunikation werden die Verfahren und Standards des elektronischen Datenaustausches (EDI) erläutert. Mit der **Architektur von Handelsinformationssystemen** von Becker und Schütte wird ein ordnender Rahmen für die Geschäftsprozesse im Handel vorgestellt. Am Beispiel des Beschaffungsprozesses des Handels werden Rationalisierungspotentiale im Rahmen der Geschäftsprozeßoptimierung zwischen Industrie und Handel eröffnet. Mit **R/3 Retail** wird die integrierte Branchenlösung der SAP AG für den Handel vorgestellt, um abschließend aufzuzeigen, welche Möglichkeiten das Handelsinformationssystem R/3 Retail bietet, um mit dem Einsatz von EDI zur überbetrieblichen Kommunikation vertikale Prozesse optimiert und durchgängig abzuwickeln.

2 Wirtschaftliche Rahmenbedingungen in Industrie und Handel

2.1 Grundlagen

Insbesondere beim Absatz von Konsumgütern an Privathaushalte bestehen durch den mehrstufigen Absatzweg und die hohe Anzahl an Marktpartnern erhebliche überbetriebliche Rationalisierungspotentiale. Bevor im folgenden auf die Rahmenbedingungen der einzelnen Wirtschaftsstufen eingegangen wird, erfolgen zunächst einige grundsätzliche Abgrenzungen und Definitionen.

Absatzweg

Nach dem Weg der Ware zwischen Produzent und Konsument kann zwischen **direktem und indirektem Absatz** unterschieden werden. Während beim direkten Absatz der Hersteller die Vertriebsorganisation übernimmt, tritt beim indirekten Absatz der Handel zwischen den Produzenten und den Verbraucher und nimmt dem Hersteller eine Reihe von Aufgaben ab.

Handel

Der Handelsbetrieb ist ein Betrieb der gewerblichen Wirtschaft, der Waren im eigenen Namen und auf eigene Rechnung beschafft und unverändert absetzt [1].

Nach der Einbindung gegenüber den Marktpartnern wird zwischen Groß- und Einzelhandel unterschieden [2].

Institutionell und funktionell lassen sich **Groß- und Einzelhandel** wie folgt abgrenzen [3]:

„Großhandel im funktionellen Sinne ist die wirtschaftliche Tätigkeit des Umsatzes (Beschaffung und Absatz) von Handelswaren und sonstigen Leistungen an Wiederverkäufer, Weiterverarbeiter, gewerbliche Verwender oder Großverbraucher. Großhandel im institutionellen Sinne - auch als Großhandelsunternehmen, Großhandelsbetrieb oder Großhandlung bezeichnet - umfaßt jene Institutionen, deren wirtschaftliche Tätigkeit ausschließlich oder überwiegend dem Großhandel im funktionellen Sinne zuzurechnen ist. Großhandel wird auch von den Zentralen der Verbundgruppen betrieben."

„Einzelhandel im funktionellen Sinne ist die wirtschaftliche Tätigkeit des Umsatzes (Beschaffung und Absatz) von Handelswaren und sonstigen Leistungen an Letztverbraucher. Einzelhandel im institutionellen Sinne - auch als Einzelhandelsunternehmen, Einzelhandelsbetrieb oder Einzelhandlung bezeichnet - umfaßt jene Institutionen, deren wirtschaftliche Tätigkeit ausschließlich oder überwiegend dem Einzelhandel im funktionellen Sinne zuzurechnen ist."

Konsumgüter

Herkunfts- und verwendungsorientiert kann zwischen Rohstoff-, Investitions- und Konsumgütermärkten differenziert werden [4]. Konsumgüter dienen dem öffentlichen und privaten Endverbrauch.

Aus der Wirtschaftssystematik der Umsatzsteuerstatistik werden z. B. dem Konsumgütermarkt u.a. folgende Branchen zugeordnet [5]:

- Nahrungs- und Genußmittel,
- Bekleidung, Wäsche, Ausstattungs- und Sportartikel sowie Schuhe,
- Körperpflege,
- Wasch-, Putz und Reinigungsmittel,
- Schreib- und Papierwaren, Schul- und Büroartikel, Bücher, Zeitschriften und Zeitungen,
- feinkeramische Erzeugnisse und Glaswaren für den Haushalt.

2.2 Wirtschaftliche Rahmenbedingungen in Industrie und Handel

ausgewählte Rahmenbedingungen für Einzelhandelsunternehmen

Der deutsche Food-Einzelhandel ist insbesondere durch eine starke Konzentration geprägt. Wachsende Unternehmensgrößen stellen neue Anforderungen an das Informationsinstrumentarium [6]. Der starke horizontale Systemwettbewerb begünstigt dabei die Bereitschaft zur vertikalen Kooperation, um Wettbewerbsvorteile gegenüber Konkurrenten auszubauen.

Wesentlich schwächere Konzentrationstendenzen, dafür beachtliche Abschmelzungsprozesse und ein hohes Maß an horizontaler Kooperation kennzeichnen den Non-food-Handel in Deutschland.

Beide Märkte werden beeinflußt von einer starken Internationalisierung auf Absatz- und Beschaffungsseite. Sowohl die Europäisierung der Beschaffung als auch die hohe Sortimentsdynamik und -expansion stellen **neue Anforderungen an betriebliche Informationssysteme**, insbesondere in den Bereichen Stammdatenverwaltung [7] und Logistik.

Die Qualität der Umsetzung wird zudem ein wichtiger Faktor im Wettbewerb zwischen Handelskonzernen, mit hohen Freiheitsgraden in der Ausgestaltung des internen Informationssystems, und kooperierenden Handelseinheiten, wie etwa den Verbundgruppen selbständiger Einzelhändler, so z.B. Ringfoto, Intersport oder Edeka.

Unter den Betriebstypen werden Versandhandel, Fach- und Verbrauchermärkte weiter zulegen, während Warenhäuser und Fachgeschäfte zusehends unter Druck geraten [8]. Über alle Betriebstypen hinweg ist im Handel mit einer Zunahme der Handelsmarketingaktivitäten, wie Category Management, der verstärkten Einführung von Handelsmarken und der forcierten Nutzung neuer Informationstechnologien zu rechnen.

ausgewählte Rahmenbedingungen für Konsumgüterhersteller

Die Konsumgüterhersteller sehen sich aufgrund stagnierender und weitgehend gesättigter Märkte sowie steigender Konzentrationsgrade einem zunehmenden Verdrängungswettbewerb gegenüber. Kostenminimierung stellt daher ein vorrangiges Ziel vieler Hersteller dar [9].

Trotz teilweise relativ hoher Lagerbestände bei den Herstellern kann es aufgrund langer Durchlaufzeiten zu Fehlbeständen auf Einzelhandelsebene kommen. So liegen die Bestandsreichweiten in Deutschland bei 50 Tagen [10]. Geringe Abverkäufe, ineffiziente Herstellerlogistik und nicht bedarfsgerechte Disposition machen sich in Form von geringem Lagerumschlag und hoher Kapitalbindung bemerkbar [11].

Hinzu kommt eine Inflation von Neuprodukteinführungen aufgrund sich verkürzender Produktlebenszyklen sowie eine hohe Floprate neuer Produkte.

Die Bedeutung des Markenartikels wird durch weitere Veraktionierung und die Zunahme diskontorientierter Betriebstypen bei unveränderten Konzepten weiter zu Gunsten von Handelsmarken abnehmen. Die Markenpolitik wird nicht zuletzt durch ein geändertes Konsumentenverhalten stärker auf individualisierte Kommunikation und verstärkte Maßnahmen am **Point of Sale** (POS) ausgerichtet werden müssen [12].

3 Vertikale Kooperation

3.1 Abgrenzung

Für die Ausgestaltung der vertikalen Beziehungen zwischen den Unternehmen der verschiedenen Wirtschaftsstufen wurden in den letzten Jahren unterschiedliche Konzepte entwickelt. Im folgenden wird ein grundsätzlicher Ordnungsrahmen für die Beziehungen vorgestellt und werden komplexe aktuelle Entwicklungen, wie ECR (siehe Kapitel 3.3), analysiert und eingeordnet.

vertikale Kooperation

Laurent definiert vertikale Kooperation als „in der Regel auf Dauer angelegte, freiwillige zielorientierte Zusammenarbeit zwischen rechtlich und wirtschaftlich selbständigen Unternehmen oder Systemen in Industrie und Handel durch Harmonisierung oft wichtiger Bereiche der Unternehmenspolitik" [13]. Im Gegensatz zur horizontalen Kooperation betrifft die vertikale Kooperation die Zusammenarbeit von Unternehmen verschiedener Wirtschaftsstufen.

„Voraussetzung für eine Kooperation zwischen Industrie und Handel sind die Erwirtschaftung eines zusätzlichen Kooperationsgewinns, der die Kosten der Kooperation übersteigt, sowie dessen Verteilung auf die kooperierenden Systeme in der Form, daß keiner seine Situation durch Nichtteilnahme verbessern kann" [14].

vertikales Marketing

Vertikales Marketing bezieht sich demgegenüber auf die Integration des Handels als Absatzmittler in das auf Konsumenten gerichtete Marktbearbeitungskonzept der Industrieunternehmen [15].

3.2 Grundtypen der vertikalen Kooperation

In ihrem **Neuen Grundmodell der Kooperation** [16] verweist Laurent auf die beiden Basiskomponenten von Kooperationen: Beziehungsgefüge und Transaktion.

Beziehungsoptimierung

Voraussetzung zur Kooperationsinitiierung sind eine entsprechende Beziehungsqualität und Beziehungsattraktivität. **Hauptdeterminanten des Beziehungsgefüges** sind:

- Das Machtverhältnis,
- subjektive Sympathie und
- aus Sachproblematik und Organisation resultierende Kompetenz.

Die übergeordneten Ziele des Beziehungsmanagements sind Beziehungsprofilierung, Bindung von Geschäftspartnern und Steigerung der Wertschöpfung des Unternehmens.

Transaktionsoptimierung

Eine weitere notwendige Bedingung zur Realisierung eines Kooperationsvorteils stellt die Optimierung von Transaktionen dar. Transaktionen vereinen als Austauschprozeß Aktivitäten, Verfahren und materielle oder immaterielle Tauschobjekte. Hauptziele einer Transaktionsoptimierung sind dementsprechend:

- Reduktion der Transaktionskosten,
- Steigerung des Transaktionsnutzens,
- Reduktion der Transaktionsrisiken.

Differenzierungskriterien vertikaler Kooperationen

Aus den angeführten Grundelementen von Kooperationen leitet Laurent die folgenden grundlegenden Differenzierungskriterien für Typen vertikaler Kooperationen ab [17]:

1. Die Unterteilung nach der Abhängigkeitssstruktur der kooperierenden Akteure in einseitig dominierte und gleichberechtigte Kooperationstypen (Dominanz- und Partnerschaftstypen).
2. Die Unterteilung nach der Zweck- und Zielorientierung der Kooperation in Prozeß- bzw. Programmkooperationen.

Dominanztypen, wie etwa das Trade Marketing, sind durch eine einseitige, hierarchische Zieldominanz gekennzeichnet, während bei Partnerschaften Hersteller und Händler gemeinsam an den Verbraucher verkaufen.

Prozeßkooperationen beziehen sich primär auf Transaktionen und quantitative Maßstäbe an der Schnittstelle Hersteller-Handel, während bei der Harmonisierung qualitativer Maßnahmen im Rahmen der Programmkooperation Bezug auf das Verhältnis Hersteller/Handel-Konsument genommen wird.

3.3 ECR und SRC als Beispiel neuer vertikaler Kooperationen

Um einen aktuellen und umfassenden Ansatz der vertikalen Kooperation handelt es sich bei dem US-amerikanisches Konzept des **Efficient Consumer Response (ECR)** zur Rationalisierung der Distribution im Lebensmittelsektor. Das europäische Gegenstück bildet die von der Coca-Cola Retailing Research Group Europe in Auftrag gegebene Studie **Supplier-Retailer Collaboration in Supply Chain Management (SRC)** [18].

Übergeordnetes Ziel von ECR und SRC ist die Schaffung eines Distributionssystems, in dem die Produktion durch adäquate Waren- und Informationsflüsse direkt durch den Konsumenten am Point of Sale gesteuert wird [19]. Neben den Kostenvorteilen durch die Transaktionsoptimierung unterstützt die verbesserte, filialgenaue Informationsversorgung den Trend zum filialspezifischen Marketing-Mix.

Die beiden Konzepte umfassen unterschiedliche Strategiebausteine als Instrumente zur Effizienzsteigerung der Absatzkette, die Laurent nach Programm- und Prozeßkooperation unterteilt, wie in Abbildung 3.1 wiedergegeben, gegenüberstellt.

Die Strategiebausteine können jeweils einzeln oder kombiniert eingesetzt werden.

Vor der Einführung von ECR ist es erforderlich, ein harmonisiertes Geschäftsprozeß-Reengineering durchzuführen. Dazu zählt auch die Einführung von Category-Management im Handel, d.i. die warengruppenspezifische Funktionsbündelung von z.B. Einkauf, Verkauf und Merchandising einer Warengruppe durch einen Handelsmanager im Sinne eines Warengruppenmanagements [20].

Abb. 3.1 Efficient Consumer Response versus Supplier-Retailer Collaboration

Efficient Consumer Response	Supplier-Retailer Collaboration
Prozeßkooperationsinstrumente	
1. Efficient Replenishment (ER)	1. Efficient Operating Standards (EOS) (Allgemeine Logistikaktivitäten und -verfahren)
	2. Efficient Replenishment (ER) (Warenversorgung und -nachschub)
	3. Efficient Administration (EA) (Geschäftsabwicklung)
Programmkooperationsinstrumente	
2. Efficient Assortments (EA)	4. Efficient Store Assortment (ESA) (Sortimentsgestaltung und Warenpräsentation)
3. Efficient Promotion (EP)	5. Efficient Promotion (EP) (Absatzförderung und Instore-Marketing)
4. Efficient Product Introduction (EPI)	6. Efficient Product Launch and Development (EPD) (Neuprodukteinführung und -markteinführung)

Für die Implementierung aller vier ECR-Bausteine ist ein Zeitraum von zwei bis vier Jahren vorgesehen. Aufbauend auf der Implementierung „bester", aber isolierter Geschäftspraktiken („Best-Practice-Implementation"), erfolgt die volle ECR-Implementierung („Full-ECR-Implementation") durch eine Integration der Aktivitäten innerhalb der Absatzkette [21].

Wichtige technologische Voraussetzungen für ECR/SRC sind die Technologien der Datenerfassung, wie Scannerkassen, der Datenhaltung und der Datenübertragung (EDI).

Durch die Realisierung von ECR können nach in der ECR-Studie angegebenen Schätzungen in den USA bei der Lebensmitteldistribution (Trockensortiment) Effizienzsteigerungen von ca. 11% des Einzelhandelsumsatzes zu Verkaufspreisen erzielt werden. Das Gesamteinsparungspotential durch ECR im Lebensmitteleinzelhandel der USA wird auf insgesamt bis zu 30 Mrd. US-Dollar geschätzt [22]. Für Europa wird mit Einsparungen von 1,5 bis 2,5 % vom Umsatz durch Kooperation im Bereich der Logistik- und Informationsprozesse und 0,8 - 0,9 % vom Umsatz durch harmonisierte Marktbearbeitung gerechnet [23].

3.4 Prozeßkooperation zwischen Industrie und Handel

Da der Schwerpunkt von Programmkooperationsinstrumenten auf strategischen Entscheidungen in Bezug auf Produkte und Beziehungsgefüge liegt, wird im folgenden näher auf die operativ ausgerichteten Instrumente der Prozeßkooperation eingegangen.

Instrumente vertikaler Prozeßkooperation

Als allgemeine Instrumente vertikaler Prozeßkooperationen stellt Laurent heraus [24]:

1. Die effiziente Warenflußgestaltung, d.i. der physische Warenfluß.
2. Die effiziente Informationsflußgestaltung, d.i. die Festlegung und Weitergabe der Informationen über Warenbestände bei der Wiederbeschaffung.
3. Die effiziente Gestaltung der Dispositionsentscheidungen und -verantwortung, d.h. Disposition durch Händler oder Übertragung auf den Lieferanten.
4. Die effiziente Gestaltung der Geschäftsabwicklung, d.i. der papierlose Beleg- und Dokumentenfluß.

Bei der **effizienten Informationsflußgestaltung** geht es zum einen um die Schaffung der technologischen Voraussetzungen für einen effizienten Datenaustausch, zum anderen auch um die Gestaltung und Optimierung des Warenbestandsmanagements. In diesem Sinn gehören auch die Verfahren der Just-in-Time Distribution zur Informationsflußgestaltung.

Weitgehend unabhängig vom Einsatz anderer Kooperationsinstrumente ist die **effiziente Gestaltung der Geschäftsabwicklung**, welche in der Coca-Cola-Studie unter **Efficent Administration** berücksichtigt wird.

Herausragende Bedeutung in Bezug auf effiziente Informationsfluß- und effiziente Geschäftsabwicklungsgestaltung besitzen die innerbetrieblichen Informations- und die inner- wie zwischenbetrieblichen Datenübertragungsverfahren und -standards.

4 EDI - Übertragungstechniken und Standards

Die im folgenden vorgestellten Normen stellen ausschnittsweise den Status-quo vertikaler Kooperationsbemühungen zur Harmonisierung der überbetrieblichen Kommunikation dar. Sie beruhen auf breit angelegten nationalen und internationalen Verbandsinitiativen. Die aufgeführten Übertragungstechniken und Standards bilden die Grundlage bi- und multilateraler Optimierungsmaßnahmen.

4.1 Unternehmensübergreifende Nummern- und Codiersysteme

4.1.1 Internationale Lokationsnummer

Die **Internationale Lokationsnummer (ILN)** ist eine weltweit gültige Norm zur Identifizierung von Unternehmen, Tochterunternehmen, Niederlassungen und Regionalbüros [25]. Darüber hinaus können auch einzelne funktionale Einheiten eines Unternehmens, wie einzelne Läger, Produktionsstraßen, Lieferpunkte, Netzwerk- und sonstige Kommunikationsknoten, identifiziert werden. Die ILN ersetzt seit dem 01.05.1996 die **Bundeseinheitliche Betriebsnummer (bbn)** in Deutschland.

4.1.2 European Article Numbering

EAN (ursprünglich **European Article Numbering**) ist das internationale Artikelnummerierungssystem der International Article Numbering Association. Die Möglichkeit der maschinellen Erfassung der strichcodierten EAN-Nummer bildet eine Grundvoraussetzung EDV-basierter, betrieblicher Informations- und Kommunikationssysteme. Der normale EAN-Code ist 13stellig, wobei die ersten 7 Stellen die Basisnummer des ILN Typ 2 darstellen, und vornehmlich der Identifizierung von Verbrauchseinheiten dient.

Der 13stellige EAN-Code wird allerdings auch für vordefinierte Handelseinheiten verwendet.

Nachteile der herstellerorientierten Artikelnummerierung sind vor allem, daß der gleiche Artikel von unterschiedlichen Herstellern oder unterschiedlichen Lieferanten verschiedene EAN-Codes besitzt. Ebenso können gleiche Artikel desselben Herstellers durch unterschiedliche EAN-Codes wegen national unterschiedlicher Produktionsstätten gekennzeichnet sein [26]. Handelssysteme verwenden daher oft eigene Nummerierungssysteme oder eine Mischform aus EAN und hausinterner Artikelnummerierung.

Erweiterungen des EAN-Konzeptes sind die Kombination des EAN-Codes mit sogenannten Add-ons und der 14stelligen **Interleave Two of Five Code (ITF)** zur Gebindekennzeichnung.

Andere Artikelnummerierungssysteme sind die branchenspezifische **Internationale Standard-Buchnummer (ISBN)** und der in Nordamerika verwendete 12stellige **Universal Product Code (UPC)**.

4.1.3 Uniform Code Council / European Article Numbering -128

EAN-128 ist ein richtungsabhängiger, längenvariabler Code zur Übermittlung von Zusatzinformation neben der Artikelidentifikation. Der UCC/EAN-128 (**Uniform Code Council, UCC**) unterstützt den EAN Application Identifier Standard, bei dem alle Datenelemente durch vorangestellten Identifizierer nach Format und Inhalt festgelegt werden. EAN-128 eignet sich als sprechender Code somit z.B. zur Übermittlung von Produktions- und Verfalldaten sowie industriespezifische und firmeninterne Informationen [27].

Eine Sonderanwendung stellt die auf der Grundlage von EAN-128 basierende 18stellige Nummer der Versandeinheit (NVE, Datenbezeichner 00) dar. Die standardisierte NVE ermöglicht die eindeutige Identifizierung von Versandeinheiten und kundenindividuell zusammengestellten Gebinden [28].

4.2 Elektronischer Datenaustausch

Neuburger definiert den Begriff des elektronischen Datenaustausches (Electronic Data Interchange, EDI) als „eine bestimmte Form der zwischenbetrieblichen Kommunikation, bei der geschäftliche und technische Daten sowie allgemeine Geschäftsdokumente wie Texte, Abbildungen und Grafiken nach standardisierten Formaten strukturiert und zwischen den Computern verschiedener Unternehmen unter Anwendung offener elektronischer Kommunikationsverfahren mit der Möglichkeit der bruchlosen Weiterverarbeitung ausgetauscht werden" [29]. Bezüglich des Kommunikationsinhaltes kann zwischen Handelsdaten-, Produktdaten- und Dokumentenaustausch differenziert werden.

Der Einsatz von EDI ist an allen zwischenbetrieblichen Schnittstellen möglich. Für die Übertragung der Nachrichten kann zwischen direkten Punkt-zu-Punkt-Verbindungen der beteiligten Anwendungssysteme und indirekten Verbindungen, wie durch die Nutzung von Mehrwertdienstnetzen (Value Added Network Services, VANS), unterschieden werden. Ein Beispiel für ein VANS ist der EDI-Datenservice (EDS) der Kölner Centrale für Coorganisation (CCG), vormals SEDAS-Datenservice (SDS), an dem Anfang 1995 etwa 300 Hersteller und 10 Handelszentralen im Rahmen des Rechnungsverkehrs sowie 71 Hersteller und 11 Handelssysteme im Rahmen des Bestellverkehrs in Deutschland teilnahmen.

Neben der Sicherstellung der korrekten Datenübertragung durch eine geeignete technologische Infrastruktur sowie durch Übertragungskonventionen wie das **ISO/OSI-Referenzmodell** [30] wird die Verständigung im Rahmen von EDI durch Nachrichtenstandards garantiert.

4.3 Nachrichtenstandards

4.3.1 SEDAS

Die **Standardregelungen einheitlicher Datenaustauschsysteme (SEDAS)** sind eine seit 1977 bestehende und seit 1985 genutzte nationale Norm für den Datenaustausch im Bereich der Konsumgüterindustrie in Deutschland. SEDAS stellte eine der ersten Initiativen der Kölner Centrale für Coorganisation zur Rationalisierung für Beziehungen zwischen Handel und Industrie dar. Aufgabe der von Markenverband e. V. und DHI Unternehmensverwaltungs GmbH getragenen Gesellschaft sind neben der Förderung eines rationellen und vereinheitlichten Informations- und Warenaustausches die Entwicklung und Gestaltung zweckmäßiger Organisationsabläufe und -strukturen [31]. Ein Beispiel anderer branchenspezifischer Standards ist VDA für die Automobilindustrie [32].

SEDAS umfaßt Standards bzgl. Stamm-, Bestands-, Bestell-, Auftrags-, Liefer-, Rechnungs- und Marketing/Vertriebsdaten. Als nationaler Standard wird SEDAS in Zukunft zugunsten der internationalen EDIFACT-Standards an Bedeutung verlieren.

4.3.2 SINFOS

Seit 1991 ist der bereits 1984 initiierte zentrale Artikelstammdatenpool **SINFOS (Stammdaten-Informationssatz)**, dessen Syntax ebenfalls auf SEDAS basiert, in Betrieb. Aktuelle Artikelstammdaten stellen eine Basisvoraussetzung der integrierten Warenwirtschaftssysteme (WWS), der Berechnung der Direkten Produktrentabilität (DPR) und der überbetrieblichen Kommunikation, horizontal wie vertikal, dar [33].

SINFOS-Datensätze umfassen Artikelbasis- (EAN der kleinsten Verbrauchseinheit, CCG-Klassifikation u.ä.), Artikeltext- (Lang- und Kassenbontext, Herstellername u.ä.) und Logistikinformationen (Art der Verpackung, Einheiten, Gewicht u.ä.).

Die heutige Bedeutung von SINFOS ist aufgrund eigener Handelsinitiativen, teils mangelnder Aktualität der Daten und der Dynamik in den Kommunikationstechnologien eher als gering zu bewerten. Aktuelle Entwicklungen sind die Generierung eines Interstandard-Konverters, der die benötigten Artikelstammdaten in Form einer EANCOM-PRICAT (Abkürzung für price/sales catalogue) Standardnachricht zur Verfügung stellt sowie die Umsetzung von SINFOS auf eine SQL-fähige Datenbankplattform.

4.3.3 MADAKOM

Im Rahmen der **Marktdatenkommunikation (MADAKOM)** übertragen z.Zt. über 220 Ladeneinzelhandelsgeschäfte anonymisiert EAN-codierte, artikelgenaue Ab- und Umsatzdaten an die MADAKOM GmbH, ein Gemeinschaftsunternehmen von CCG und der Gesellschaft für Konsumforschung (GfK) [34].

In Verbindung mit der Erhebung von Daten aus Verkaufsförderungsaktivitäten des Handels werden die Scannerdaten von z. Zt. über 350.000 Artikeln von den beteiligten Systemen, Marktforschungsinstituten und Beratern zu Marktforschungszwecken und Aktionsbeobachtungen genutzt. Ursprünglich war die Bereitstellung der Marktdaten für die Industrie als Gegenleistung des Handels für die von der Industrie vorgenommene EAN-Strichcodierung gedacht [35]. MADAKOM kann wegen der geringen Beteiligung des Handels die klassischen Handelspanels im Moment noch nicht ersetzen.

4.3.4 EDIFACT

Electronic Data Interchange for Administration, Commerce and Transport (UN/EDIFACT) ist eine weltweite, branchenübergreifende Norm zum Austausch strukturierter, formatierter Handelsdaten. Die Komplexität von UN/EDIFACT-Standardnachrichten wird durch branchenspezifische Anwendungsrichtlinien und die Bildung von Subsets reduziert. Subsets sind eine exakt definierte Untermenge nutzbarer Nachrichtenarten, Datenelemente, Codes und Qualifier von UN/EDIFACT. Durch die Nutzung solcher Substandards kann die bilaterale Einzelabstimmung zwischen den Datenaustauschpartnern entfallen [36].

4.3.5 EANCOM

EANCOM ist der branchenspezifische EDIFACT-Subset der Konsumgüterindustrie und Bestandteil des umfassenden EAN-Instrumentariums, zu dem die EAN-Artikelnummerierungen, Strichcode-Standards und Lokationsnummern-Verfahren zählen. Gängige Subsets für andere Branchen sind etwa ODETTE für die Automobilindustrie, CEFIC im Bereich chemisch-pharmazeutischer Produkte und EDITEX für die Textilindustrie.

Zur Zeit existieren 27 EANCOM Nachrichtentypen, die nach Stamm-, Bewegungs-, Berichts- und Planungsdaten unterschieden werden können. Während in den Niederlanden oder Großbritannien rd. 1.200 Anwender mit EANCOM kommunizieren, liegt Deutschland mit 160 Anwendern im europäischen Vergleich weit abgeschlagen [37].

5 Geschäftsprozeßoptimierung zwischen Industrie und Handel

Als Voraussetzung der Prozeßkooperation gilt die innerbetriebliche **Geschäftsprozeßanalyse und -optimierung** der beteiligten Unternehmen [38]. Auf der Grundlage firmenintern optimierter und dokumentierter Aktivitäten und Verfahren erfolgt dann die Abstimmung und Optimierung der vertikal übergreifenden Prozesse. Ein Geschäftsprozeß ist das zielgerichtete Zusammenwirken betrieblicher Aufgabenträger in Form einer objektbezogenen, sachlogischen Abfolge betrieblicher Funktionen zur Erstellung wesentlicher betrieblicher Leistungen mit einer Schnittstelle zu externen Marktpartnern [39].

Geschäftsprozeß

Mit einer einheitlichen und ganzheitlichen Methodik, wie der von Scheer [40] entwickelten **Architektur integrierter Informationssysteme (ARIS)**, können dazu Ist-Prozesse erhoben und basierend auf einer Anforderungsanalyse optimierte Soll-Prozesse modelliert und implementiert werden.

Die Reorganisation der Geschäftsprozesse kann dabei durch den Einsatz von Branchenreferenzmodellen effektiviert werden. In den Branchenreferenzmodellen der IDS Prof. Scheer GmbH für die Konsumgüterindustrie und Handelsunternehmen sind mit dem ARIS-Toolset branchenspezifische Geschäftsprozesse unabhängig von konkreten Unternehmen als schlanke Musterprozesse exemplarisch modelliert. Durch den Einsatz derartiger Ausgangslösungen kann der unternehmensspezifische Entwurfsprozeß erheblich beschleunigt werden [41].

5.1 Informationssystemarchitektur und Prozeßorientierung im Handel

Während sich der Gedanke der Prozeßorientierung in der Industrie weitgehend durchgesetzt hat, wurde die Gestaltung integrierter Informationssysteme im Handel, mit Ausnahme warenwirtschaftlicher Funktionen, von der Forschung bislang stark vernachlässigt. Die funktionsorientierte Systementwicklung in anderen Unternehmensbereichen führte zu heterogenen Insellösungen, welche eine weitere Prozeßorientierung behindern, obgleich die Transaktionszahl, d.i. die Wiederholungshäufigkeit bestimmter Tätigkeiten, wie etwa der Rechnungsprüfung, im Handel ausgesprochen hoch ist [42].

Handels-H

Eine umfassende theoretische Fundierung bildet die **Architektur von Handelsinformationssystemen**: Das Handels-H von Bekker und Schütte (siehe Abbildung 5.1).

Die Architektur beschreibt die Bestandteile eines Informationssystems bezüglich Art, funktionalen Eigenschaften und ihres Zusammenwirkens und ist als Modell auf hoher Abstraktionsebene zu verstehen [43]. Die räumliche Anordnung der einzelnen Funktionen im Handels-H verdeutlicht die Beziehungszusammenhänge zu anderen Funktionsbereichen.

Abb. 5.1
Die Architektur von Hadelsinformationssystemen

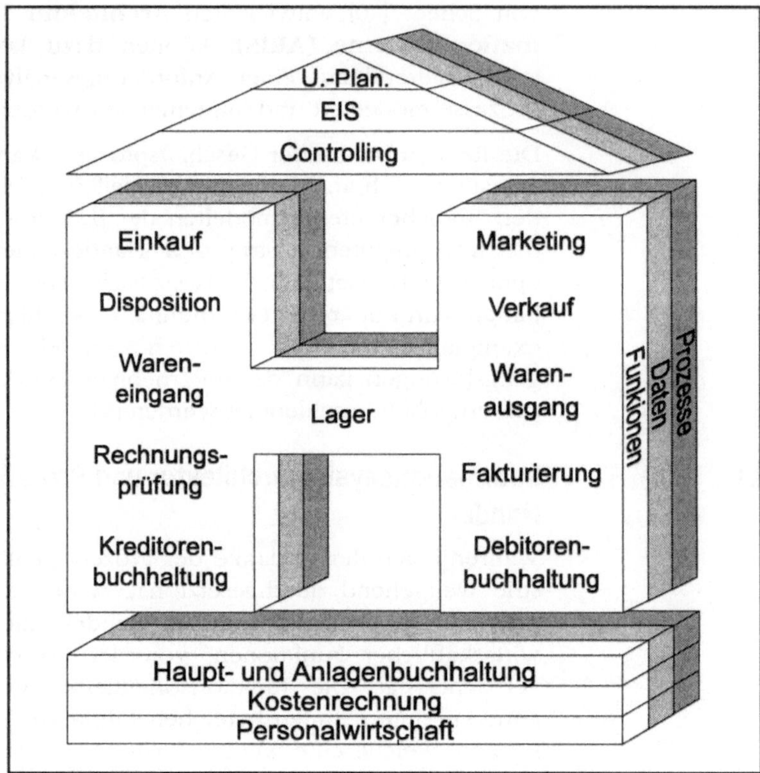

Die Architektur von Handelsinformationssystemen umfaßt im linken Schenkel die Teilsysteme der Beschaffung, Einkauf, Disposition, Wareneingang, Rechnungsprüfung und Kreditorenbuchhaltung sowie im rechten Schenkel die den Vertriebsbereich bildenden Teilsysteme Marketing, Verkauf, Warenausgang, Fakturierung und Debitorenbuchhaltung. Die beiden Funktionscluster werden durch die Überbrückungsfunktion des Lagers gekoppelt.

Warenwirtschaftssystem

Nach der Definition von Becker stellt ein Warenwirtschaftssystem (WWS) „... das immaterielle und abstrakte Abbild der warenorientierten dispositiven, logistischen und abrechnungsbezogenen Prozesse für die Durchführung der Geschäftsprozesse eines Handelsunternehmens dar" [44]. Das WWS wird dementsprechend durch das „H" im Handels-H-Modell charakterisiert. Der Begriff des Handelsinformationssystems umfaßt weiterhin noch die betriebswirtschaftlich-administrativen Systeme der Haupt-

und Anlagenbuchhaltung, Kostenrechnung und Personalwirtschaft, sowie die Auswertungssysteme des Controlling, **Executive Information System (EIS)** und die Unterstützungssysteme der Unternehmensplanung.

wesentliche Geschäftsprozesse des Handels

Die wesentlichen Geschäftsprozesse, die in der Architektur von Handelsinformationssystemen differenziert werden, sind:

- Lagergeschäft,
- Streckengeschäft,
- Delkredere- und Zentralregulierungsgeschäft,
- Aktionsgeschäft und
- Dienstleistungsgeschäft.

Das **Lagergeschäft** mit den Hauptfunktionen Beschaffen, Lagern und Distribution ist der klassische Handelsgeschäftsprozeß. Beim **Streckengeschäft** entfällt die Hauptfunktion des Lagerns, da die Ware vom Lieferanten direkt zum Abnehmer gelangt. Unabhängig von den logistischen Handelsfunktionen, nimmt der Handel beim **Delkredere- und Zentralregulierungsgeschäft** finanzwirtschaftliche Leistungen wahr. Die Handelszentrale reguliert zentral und übernimmt das Delkredere für alle Mitglieder. Das **Aktionsgeschäft** ist eine Sondergeschäftsform, die der Verkaufsförderung dient. Die logistische Aktionsabwicklung kann sowohl als Lager- als auch als Streckengeschäft erfolgen. Beim **Dienstleistungsgeschäft** entfallen die logistischen Funktionen weitgehend.

In der Architektur von Handelsinformationssystemen werden einerseits die genannten Systeme und Geschäftsprozesse in Funktions-, Daten- und Prozeßmodellen beschrieben und andererseits die Zusammenhänge zwischen den einzelnen Funktionsbereichen durch Informationsflußmodelle verdeutlicht. Aufbauend auf den einzelnen Informationsmodellen können konkrete Koordinationsempfehlungen abgeleitet werden. Diese betreffen einerseits die Koordination dezentraler Informationssysteme untereinander (horizontale Koordination) bzw. zentraler Informationssysteme miteinander (vertikale Koordination) und andererseits die Koordination unternehmens- und konzernübergreifender Beziehungen. Die Architektur als ordnender Rahmen eignet sich somit zur Entwicklung und Auswahl von Informationssystemen im Handel.

5.2 POS-Systeme

Im Rahmen marktorientierter Unternehmens- und Kooperationsphilosophien bilden die Technologien der Datenerfassung und die Funktionalitäten der Systeme am **Point of Sale** einen wichtigen Potentialfaktor für mehrstufige Handelsinformationssysteme. Sie stellen die Schnittstelle zum Absatzmarkt dar.

Die in den Abverkaufsstellen eingesetzten Kassenlösungen haben sich durch sukzessive Funktionserweiterungen zu umfassenden POS-Systemen fortentwickelt. Neben der Unterstützung des klassischen Kassiervorgangs bilden die artikelgenaue Erfassung von Abverkäufen sowie die Unterstützung des elektronischen Zahlungsverkehrs die wichtigsten Leistungsmerkmale moderner POS-Systeme. Die Anbindung der Kassen- bzw. POS-Systeme an das zentrale Handelsinformationsystem kann dabei direkt oder über ein Filialwarenwirtschaftssystem (FWWS) bzw. Filialinformationssystem geschehen.

Scanning

Basistechnologie zur warenbezogenen Informationserfassung ist das Scanning, etwa von EAN-Strichcodes. Scanning ermöglicht die automatisierte Erfassung artikelgenauer Abverkaufsdaten. Beim Scannen nicht-sprechender Codes wird mittels Artikelidentifikationsnummer der Preis aus den Artikelstammdaten ausgelesen (Price-Look-Up, PLU).

In der Entwicklung der Nutzung von Scannerdaten und -systemen können fünf Phasen unterschieden werden [45]:

1. Rationalisierung durch Scannersysteme,
2. Tests zur Sortimentsoptimierung,
3. Institutionalisierung der Scannermarktforschung mit Regaloptimierungssystemen und Analysen der Direkten Produktrentabilität,
4. standort- und kundenbezogenes Mikromarketing,
5. lieferantengesteuerte Disposition, *Computer Integrated Trading* (CIT).

Das Einsparungspotential, etwa durch höhere Kassiergenauigkeit, vereinfachte Preisauszeichnung und Minderung der Inventurdifferenzen in der ersten Phase beträgt zwischen 0,7 und 2,2 % des Umsatzes der Handelsunternehmen [46]. Der deutsche Einzelhandel befindet sich z.Zt. in Phase drei. In Pilotprojekten wird jedoch auch bereits die Übertragung des zentralen Bestellwesens an Lieferanten getestet [47].

Zum Stichtag 30.6.1995 zählte die CCG rd. 15.800 Scannermärkte in Deutschland.

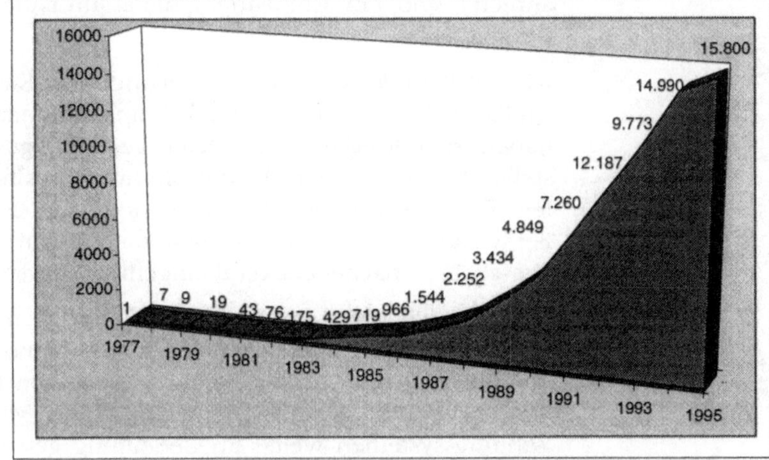

Abb. 5.2 Scannerinstallationen in Deutschland, Entwicklung von 1977 bis 1995. Quelle: CCG

elektronischer Zahlungsverkehr

Die Verfahren des elektronischen Zahlungsverkehrs können in Scheckkarten-, Kreditkarten- und Chip-Karten-Systeme unterschieden werden.

Scheckkarten

Zu den Scheckkarten-Verfahren zählen neben dem klassischen **electronic cash** und dem internationalen **edc/Maestro** mit Autorisierung auch das POS-Verfahren ohne Zahlungsgarantie (POZ, auch Online-Lastschriftverfahren OLV), sowie das Elektronische Lastschriftverfahren (ELV) mit und ohne Zahlungsgarantie. Bei den Lastschriftverfahren wird die Unterschrift des Kunden auf der Einzugsermächtigung durch die PIN ersetzt. Mit electronic cash wurden 1995 rd. 1,5 Milliarden DM und damit 73,7 Prozent mehr als im Vorjahreszeitraum umgesetzt [48].

Kreditkarten

Die Kreditkartensysteme können nach dem Kartenausgeber in Verfahren auf der Grundlage klassischer Kreditkarten und Kundenkarten-Systeme mit Zahlungsfunktion unterteilt werden. Beispiele für Handelsunternehmen mit eigener Kreditkarte sind z.B. Quelle, Hertie, Breuninger und Massa.

Chipkarten

Die Chipkarte ist multifunktional. Neben der Benutzung als Kredit- oder Debitkarte kann sie vor allem auch als elektronische Geldbörse eingesetzt werden, d.h. sie wird mit einem Geldbetrag aufgeladen. Für den Zahlungsausgleich, dem Clearing des von der Chipkarte abgebuchten Geldes, sorgt ein zentraler Systembetreiber. Neben den Serviceanbietern und dem Systembetreiber sind weitere Institutionen beteiligt, wie z.B. Banken der Serviceanbieter und der Chipkarteninhaber und die Herausgeber der Chipkarten.

Die jetzigen Kredit- und Debitkarten (ec-Karten) mit Magnetstreifen sollen in Zukunft durch Chipkarten ersetzt werden. Dazu haben sich Kreditkartenanbieter geeinigt, gemeinsame Schnittstellen-Spezifikationen für den Einsatz von Chipkarten zu erstellen. Die deutsche Kreditwirtschaft testet seit März 1996 in einem Feldversuch die mit Chip ausgestattete ec-Karte (Geldkarte), welche ab 1997 flächendeckend eingeführt werden soll [49].

Mit Hilfe der verschiedenen bargeldlosen Zahlungsarten können zukünftig neben artikelgenauen Informationen auch kundenindividuelle Daten am POS erfaßt werden. Im Ladeneinzelhandel werden daher die verschiedenen Arten von kartenbasierten Zahlungssystemen weiter an Bedeutung gewinnen. Die Herausforderung der nächsten Zeit ist neben der Kontrolle und Steuerung des Sortiments und des Warenbestandes vor allem die Verbindung von quantitativen Abverkaufsdaten mit qualitativen Kundeninformationen in komplexen Analyseverfahren. Im Fall offener Kartensysteme kann dies auch durch die Einschaltung von Trusted-Third-Partnern geschehen.

5.3 Kritische Analyse bestehender Informationssysteme im Handel

In Bezug auf bestehende Handelsinformationssysteme lassen sich heute eine Reihe von Schwachstellen identifizieren [50]:

proprietäre Hard- und Softwarelösungen

In mehrstufigen Handelssystemen existieren auf den einzelnen Stufen bislang noch oft veraltete, proprietäre Hard- und Softwarelösungen, die Insellösungen und Datenredundanzen implizieren. Informationssysteme in der Handelszentrale, Filialwarenwirtschaft und im POS-System sind nur unzureichend integrierbar. Bei der hohen Anzahl von Standorten in stark filialisierten Ketten stellt das damit verbundene hohe Investitionsvolumen zur EDV-technischen Reorganisation ein erhebliches Hindernis für die Schaffung eines integrierten Handelsinformationssystems dar. Die veralteten Software-Entwicklungsumgebungen und -konzepte erlauben häufig lediglich ein Aufschalten offener, relationaler Datenbanken auf proprietäre Kassenprotokolle [51].

traditionell funktionales Denken

Die Struktur der bestehenden Informationssysteme ist weiterhin geprägt durch das im Handel noch vorherrschende traditionell funktionale Denken. Prozeßbestrebungen, wie Wertschöpfungs-, Produktivitäts- und Timingoptimierung werden immer noch als Querschnittspolitiken bezeichnet [52], um das Festhalten an der bestehenden Funktionsteilung zu verdeutlichen. Unternehmensintern horizontal oder vertikal integrierte Systeme sind selten und insbesondere die Anbindung von betriebswirtschaftlich-administrativen Systemen an Steuerungs- und Auswertungssysteme bringt erhebliche Probleme.

artikelgenaue Bestandsführung ist die Ausnahme

Zur Abbildung eines geschlossenen Warenkreislaufes gehören artikelgenau geführte und kurzfristig fortschreibbare Bestandsdaten. Die artikelgenaue Bestandsführung auf Filialebene, insbesondere im Konsumgüterhandel, bildet jedoch noch die Ausnahme. Neben der EDV-technischen Erfassung von Warenein- und Warenausgang sind auch organisatorische Maßnahmen, z.B. zur Erfassung von Bruch, Verderb u.ä., erforderlich [53].

Die überbetriebliche Kommunikation wird durch eine Vielzahl unterschiedlicher Systeme mit abweichenden internen Datenformaten erheblich erschwert.

5.4 Rationalisierungspotentiale durch EDI zwischen Industrie und Handel

Am Beispiel des Beschaffungsprozesses des Handels für das Lagergeschäft sollen exemplarisch die Rationalisierungspotentiale durch den Einsatz von EDI im Rahmen der vertikalen Kooperation verdeutlicht werden.

Der Beschaffungsvorgang im Handel kann grob differenziert werden in Funktionen des Einkaufs und der Beschaffungslogistik. Der Einkauf übernimmt die Vereinbarung von Konditionen und Rahmenverträgen sowie die Rechnungsprüfung. Die logistischen Funktionen dienen der Versorgung der Handelsunternehmen mit Waren. Dazu gehören die Disposition und die Abwicklung von Bestellungen bzw. Abrufen. Dies entspricht einer Trennung in strategischen und operativen Einkauf.

Die Artikeldisposition kann sowohl bei den Kunden bzw. in den Filialen des Handels als auch zentral in den Regional- und Zentrallagern erfolgen. Die Disposition in den Filialen erfolgt auf Basis von Ordersätzen. Dabei ist zwischen Lagerbestellungen und Streckenbestellungen zu unterscheiden. Die Lagerbestellungen werden an das übergeordnete Regional- oder Zentrallager übermittelt, wo eine Verdichtung aller Lagerbestellungen stattfindet. Bei Streckenbestellungen wird der Auftrag durch den Außendienstmitarbeiter des Lieferanten erfaßt und an den Hersteller weitergeleitet, der dann die Filiale direkt beliefert.

In Abbildung 5.3 ist ein Ausschnitt eines optimierten Beschaffungsprozesses des Handels über Zentrallager mit Datenübertragung per EDI dargestellt.

Nach Tagesabschluß werden die Bewegungsdaten des POS-Systems an das Filial-Warenwirtschaftssystem per Netzwerkkopplung oder per EDI übertragen. In der Filiale erfolgt die Artikeldisposition auf Basis der tagesaktuellen Abverkaufsdaten, ohne den Artikelbestand manuell ermitteln und erfassen zu müssen. Damit steuern die Abverkaufsdaten quasi „Real-Time“ die automatische, artikelgenaue Nachbestellung [54]. Die Lagerbestellung wird im FWW-System erstellt und an das übergeordnete Lager per EDI übermittelt. Dort erfolgt im WWS des Lagers, ohne die eingehenden Bestellungen erfassen zu müssen, die Verdichtung der Filialbestellungen. Handelt es sich um ein Regionallager, werden die verdichteten Dispositionsergebnisse per EDI an das Zentrallager weitergereicht. Dort wiederholt sich der Dispositionsvorgang bis letztendlich die Bestellung bzw. der Abruf an den Lieferanten per EDI übermittelt wird.

Ohne erneute Erfassung kann die Bestellung beim Lieferanten bearbeitet und ausgeliefert werden. Sowohl die optionale Avisierung der Lieferung als auch die Übermittlung der Versandpapiere und der Rechnung kann per EDI erfolgen. Dies erleichtert die Wareneingangsbearbeitung und Rechnungsprüfung des Handels vom Zentrallager bis zur Filiale.

Das mit den Lieferdaten aktualisierte Filial-WWS bildet die Basis für den POS-Download, womit die aktuellen Artikelstammdaten an das POS-System herunter geladen werden können und am nächsten Tag für den Abverkauf zur Verfügung stehen.

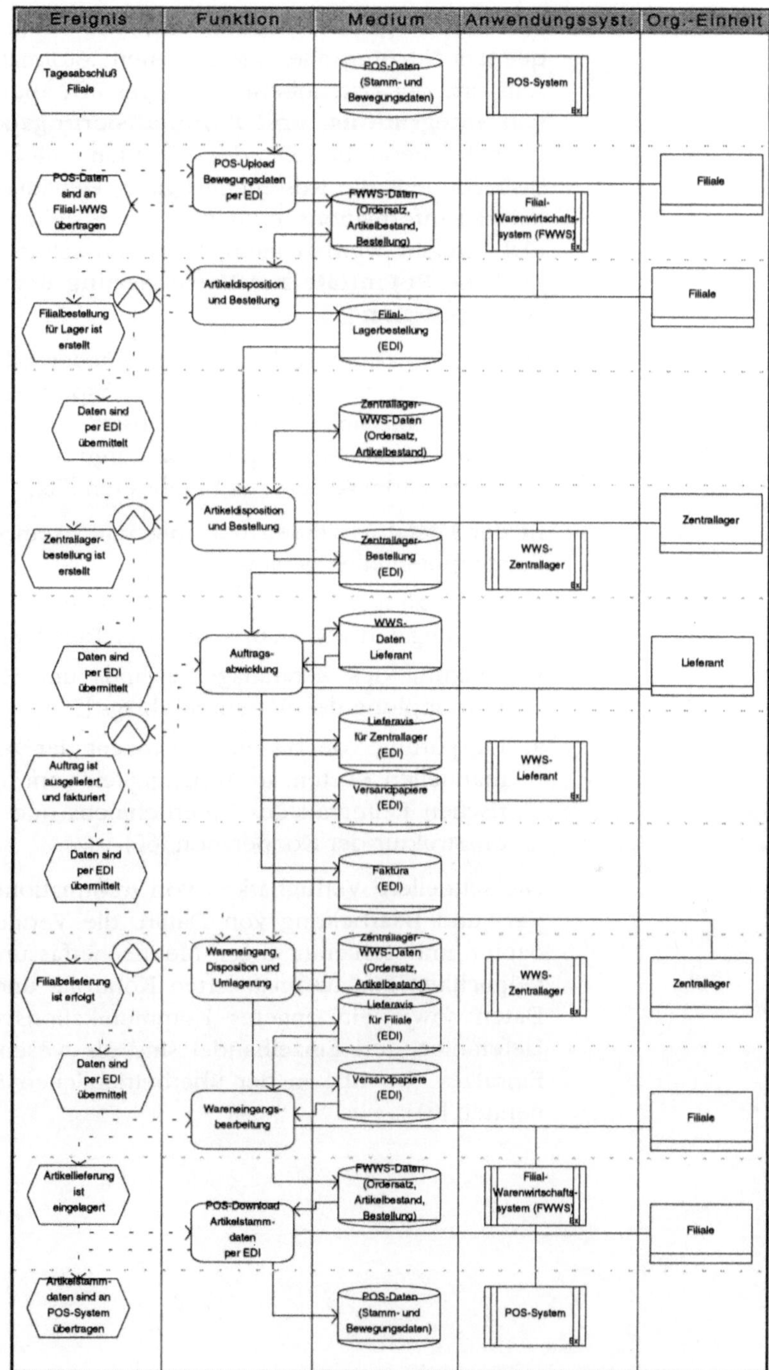

Abb. 5.3 Der Beschaffungsprozeß im Handel mit EDI

Trotz dieser gerafften Darstellung wird deutlich, daß bei konsequenter Nutzung aller vorhandenen Informationssysteme einerseits und der Datenübermittlung per EDI andererseits eine Reihe von **Integrations- und Rationalisierungspotentialen** gegenüber den heute bestehenden Abläufen realisiert werden können. Insbesondere die Kostengünstigkeit, Genauigkeit und Schnelligkeit der Informationsübermittlung, wie sie durch den Einsatz von EDI erreicht werden kann, bietet im schnellebigen Handel erhebliche **Potentiale zur Verbesserung der relativen Wettbewerbsposition** [55].

Da die Transaktionszahl, d.h. die Wiederholhäufigkeit, im Handel in allen wesentlichen Geschäftsprozessen ausgesprochen hoch ist, läßt sich durch den Einsatz von EDI ein erhebliches Zeit- und Kosteneinsparpotential aufgrund der medienbruchfreien Informationsverarbeitung realisieren [56].

In der Literatur werden u.a. folgende exemplarische Zahlen zu Einsparpotentialen genannt [57]:

- Verkürzung der Zeit von der Bestellung bis zur Plazierung in den Regalen von sieben auf zwei Tage [58],
- Senkung des Zentrallagerbestands um 50 Prozent und die Verdopplung des Warenumschlags [59],
- Einsparung von bis zu 66 Prozent der zur Zeit anfallenden manuellen Kosten, in Abhängigkeit vom internen organisatorischen Reifegrad des Unternehmens und von der Informationsstruktur der Kooperation [60].

Die schnellere Verfügbarkeit von Informationen, die rationellere Ver- und Bearbeitung von Daten, die Vermeidung von redundanter und fehleranfälliger Mehrfacherfassung von Daten, die Möglichkeit zur automatisierten Kontrolle und Verarbeitung der Daten sowie ein engeres Kommunikationsverhältnis zwischen Lieferanten und Einzelhandel sind als wesentliche Vorteile des Einsatzes von EDI in der überbetrieblichen Kommunikation zu nennen [61].

6 SAP R/3 Retail

Mit **R/3 Retail** stellt die SAP AG demnächst eine integrierte Branchenlösung für den Handel vor. Diese wird den Handel, insbesondere Handelskonzerne mit filialisierter, heterogener Firmenstruktur, in die Lage versetzen, alle Geschäftsprozesse in der Logistikkette vom Lieferanten bis zum Konsumenten lückenlos zu planen, zu steuern und durchzuführen.

Zum jetzigen Zeitpunkt liegen noch keine praktischen Erfahrungen aus dem Einsatz von R/3 Retail vor. Daher kann hier nur eine Charakterisierung des Systems vorgenommen werden. [62]

6.1 Charakterisierung von R/3 Retail

SAP entwickelt seit zwei Jahren gemeinsam mit sieben Pilotanwendern die Branchenlösung für den Handel: R/3 Retail. Die Zielsetzung ist die geschlossene Abbildung der „Supply Chain", der Wertschöpfungskette vom Lieferanten bis hin zum Endverbraucher.

SAP-Unternehmensmodell Handel

Die für den Handel typischen Geschäftsprozesse sind als Prozeßmodelle im SAP-Unternehmensmodell Handel modelliert und beschrieben. Dabei werden sechs sogenannte **Hauptszenarien** als Geschäftsvorfälle des Handels unterschieden:

- wiederbeschaffbare Ware,
- nichtwiederbeschaffbare Ware mit kurzfristiger Beschaffungszeit (z.B. Obst und Gemüse, Fische),
- nichtwiederbeschaffbare Ware mit mittelfristiger Beschaffungszeit (z.B. Textilien),
- Katalogware bzw. auftragsbezogene Einzelbeschaffung,
- Versandhandel und
- Eigenverbrauchsartikel.

Organisationselemente und Stammdaten

Mit R/3 Retail werden neue Organisations- und Stammdatenelemente zur Abbildung der Handelsstrukturen eingeführt sowie bestehende Elemente erweitert. Da diese Strukturen neben aktuellen und vollständigen Stammdaten die Basis für ein funktionierendes Handelsinformationssystem sind, werden die wesentlichen Elemente nun kurz vorgestellt.

Betrieb

Ein Handelsunternehmen kauft und verkauft Ware, die häufig in Betrieben zwischengelagert wird. Je nach Zweck der Lagerung werden im R/3 Retail die Handelsbetriebe unterschieden in Verteilzentren, die zur Bereitstellung von Waren für andere Betriebe und/oder Kunden dienen und in Filialen, die der Präsentation und dem Verkauf der Waren an den Endverbraucher dienen. Innerhalb eines Betriebes werden im Rahmen der Bestandsführung die dort lagernden Waren geführt und die zugehörigen Geschäftsprozesse, wie z.B. Wareneingang, Inventur oder Warenausgang, abgebildet.

Warengruppe

Die gehandelten Artikel werden mittels Warengruppen strukturiert und hierarchisiert. Neben diesen sogenannten Basiswarengruppen können weitere Warengruppierungen, z.B. CCG- oder Branchenklassifikationen, gebildet werden.

Artikel

Artikel werden von einem Handelsunternehmen für einen Betrieb eingekauft, disponiert und verkauft. Das Kriterium zur Unterscheidung von Artikeln bildet die nicht mehr teilbare Endverbraucherpackung bzw. die Abgabeeinheit, die eigenständig disponiert wird. Im R/3 Retail werden verschiedene sogenannte Artikeltypen unterschieden, die bestimmten Abwicklungsformen bzw. Problemstellungen entsprechen. Die wichtigsten sind:

- Einzelartikel,
- Varianten zum Sammelartikel (bevorzugt für modische, vielfältige Artikel),
- Warengruppenartikel (zur Bündelung von Artikeln in der Logistik),
- Sets, Lots und Displays,
- bepfandete Leergutartikel,
- Transporthilfsmittel und
- Dienstleistungen.

Je Artikelnummer können pro Abpackung bzw. Mengeneinheit EANs zugeordnet werden. Damit sind die Voraussetzungen für Scanning in allen Logistikprozessen, z.B. Wareneingang, Warenausgang, Verkauf mit unterschiedlichen Verpackungsgrößen (Palette, Umkarton, Stück), geschaffen. Dabei werden verschiedene EAN-Typen unterstützt, wie z.B.:

- Hersteller-EAN,
- Instore-EAN,
- Kurz-EAN,
- Frischwaren-EAN oder
- Gewichts/Preis-EAN.

Sortiment

Mittels der Festlegung von Sortimenten wird im R/3 Retail je Betrieb bzw. je Artikel festgelegt, von welchem Betrieb in welcher Zeit ein konkreter Artikel bewirtschaftet wird. Im Rahmen der Sortimentsgestaltung werden die Verteilzentren festgelegt, über die der Artikel bei Distribution über Lager verteilt werden soll, und es werden die Filialen festgelegt, in denen der Artikel verkauft werden soll.

Lieferant

Im R/3 Retail wird zwischen internen Lieferanten, den Betrieben, und externen Lieferanten unterschieden, die ein bestimmtes Artikelsortiment liefern. Ein Lieferant kann unterschiedliche Funktionen bzw. Rollen wahrnehmen. Er kann bspw. Ware liefern, die Rechnung stellen und/oder die Konditionen vereinbaren.

Kunde

Auch bei den Kunden werden interne Kunden, die Betriebe und externe Kunden unterschieden. Je nach Rolle des Kunden werden bspw. der Auftraggeber, der Warenempfänger, der Rechnungsempfänger und der Regulierer, aber auch der anonyme Kunde im POS unterschieden.

Kondition

Einkaufs- und Verkaufspreise, Zu- und Abschläge, Ausgangssteuern sowie nachträgliche Vergütungen (Boni) werden im R/3 Retail als Konditionen bezeichnet.

Aktion

Die Aktion, als verkaufsfördernde Marketingmaßnahme, ist beim Handelsunternehmen sowohl auf der Einkaufs- als auch auf der Verkaufsseite zu behandeln. Im R/3 Retail umfaßt die Abwicklung von Aktionen:

- das Festlegen der betroffenen Artikel (Preise, Konditionen, Geltungsbereich),
- das Beschaffen der Aktionsware,
- die Bestandsabgrenzung gegenüber der Normalware,
- die Versorgung von Filialen und Großhandelskunden mit Aktionsware,
- die Verkaufsabwicklung am POS sowie
- die Aktionserfolgsrechnung.

Unterstützung von Normen

Neben der bereits erwähnten Europäischen Artikelnummer EAN werden im System R/3 Retail zur unternehmensübergreifenden Kommunikation die Internationale Lokationsnummer ILN sowie die für den nationalen und internationalen Datenaustausch entwickelte EDIFACT-Norm unterstützt.

Funktionsumfang

Das Handelsgeschäft wird in seiner Grundstruktur im R/3 Retail mit den Funktionsblöcken Einkauf, Warenlogistik und Verkauf abgebildet, die eine durchgängige Bearbeitung des Warenflusses vom Lieferanten bis zum Konsumenten erlauben.

Einkauf

Der strategische Einkauf legt die zu beschaffenden Artikel fest, wählt die Lieferanten aus und verhandelt die Konditionen. Mit Bestellbüchern werden die Filialen über die aktuellen Einkaufsstammdaten informiert. Vom operativen Einkauf, der zentral oder auch dezentral abgewickelt werden kann, erfolgt die Artikeldisposition, d.h. die maschinelle oder manuelle Bedarfsplanung, die Aufteilung von Artikelmengen auf Betriebe, das Bestellwesen und die Lieferantenbeurteilung sowie die Rechnungsprüfung von aktuellen Lieferantenrechnungen und nachträglichen Bonus- und Rabattabrechnungen.

Warenlogistik

Die Warenlogistik bildet das Bindeglied zwischen Einkauf und Verkauf zur Steuerung und Bearbeitung des Warenflusses in Handelsunternehmen. Hier erfolgt die Bearbeitung von Waren-ein- und -ausgängen, die Artikel-Etikettierung, die artikelgenaue Bestandsführung und Lagerverwaltung sowie die Filialbelieferung und Versanddurchführung. Die Anbindung von MDE- und Scanning-Systemen erlaubt eine einfache und sichere Datenerfassung und Verprobung vor Ort.

Verkauf

Der Verkauf im R/3 Retail berücksichtigt sowohl die Anforderungen des stationären Handels als auch die des Groß- und Versandhandels. Dem *Point of Sale* mit seiner hohen Anzahl anonymer Kunden steht dabei der direkte Kunden-Verkäufer-Kontakt gegenüber. Der strategische Verkauf übernimmt die Festlegung von Sortimenten, Listungen je Betrieb, Verkaufspreisen und Aktionen.

Die POS-Verarbeitung erlaubt die Anbindung der marktüblichen POS- und Kassensysteme mit der Übertragung von Stammdaten an die Filialsysteme (POS-Download) und die Rückübertragung von Verkaufsvorgängen, Waren- und Geldbewegungen an R/3 Retail (POS-Upload) mit anschließender Verarbeitung im SAP-System.

Mittels der Auftragsabwicklung erfolgt die Angebots- und Auftragserstellung im direkten Kundenkontakt sowohl für einmalige oder kurzfristige Geschäfte, wie den Barverkauf, als auch für langfristige und regelmäßige Geschäftsabwicklungen, bspw. mit Rahmenverträgen. Die Filialabrechnung und Fakturierung schließen den Verkaufsvorgang nach der Warenausgangsbearbeitung in der Warenlogistik ab. Dies bezieht sich sowohl auf den Verkauf im direkten Kundenkontakt als auch auf die Warenversorgung der Filialen. Rechnungen, Gut- und Lastschriften werden erstellt und automatisch an die Finanzbuchhaltung übergeben.

Warenwirtschafts-informationssystem

Ergänzend steht mit dem Warenwirtschaftsinformationssystem ein leistungsfähiges, flexibles und übergreifendes Planungs- und Informationssystem zur Verfügung. Dabei kann auf Informationen aus allen operativen Anwendungen zugegriffen werden. Im Warenwirtschaftsinformationssystem des R/3 Retail wird dazu wie in allen anderen R/3 Informationssystemen zwischen vordefinierten Standardanalysen, individuell definierten flexiblen Analysen und der Planung unterschieden. Da die Plandaten auf den gleichen Informationsstrukturen wie die Istdaten beruhen, sind Plan- und Istdaten vergleichbar.

Kommunikation

Der Informationsaustausch mit internen und externen Partnern findet im R/3 Retail mittels Nachrichten statt. Unter dem Begriff **Nachrichten** werden sowohl elektronische Nachrichten, die bspw. per EDI, Mail oder Fax versendet werden, als auch gedruckte Dokumente verstanden. Dabei ist die Verwendung aller denkbarer Kommunikationskanäle vom Postversand der Lieferpapiere bis zur EDI-Bestellung möglich. Verschiedene Nachrichten für praxisübliche Anforderungen sind bereits vordefiniert, und die Erstellung eigener Nachrichten ist jederzeit möglich.

Handelsinformations-system R/3 Retail

Durch die Integration in das R/3 Gesamtsystem ist R/3 Retail nicht nur ein Warenwirtschaftssystem mit Einkauf, Verkauf und Warenlogistik als Bindeglied zwischen Einkauf und Verkauf. R/3 Retail ist eine betriebswirtschaftliche Gesamtlösung, die auch die Anforderungen des Handels an das Rechnungswesen und die Personalwirtschaft sowie die Auswertungssysteme des Controlling, das Executive Information System (EIS) und die Unterstützungssysteme der Unternehmensplanung beachtet. Neben den funktionalen Aspekten werden von R/3 Retail weitere Anforderungen an eine integrierte Informationsverarbeitung im Handel erfüllt [63]: Die integrierte Datenhaltung, die Integration räumlich verteilter Betriebsstätten in ein durchgängiges System und die Umsetzung der Geschäftsprozeßorientierung nicht nur mittels der Business Workflow-Komponente. Damit umfaßt R/3 Retail alle Bestandteile eines Handelsinformationssystems, wie es in der Architektur von Handelsinformationssystemen von Becker und Schütte [64] (vgl. Kapitel 5.1) beschrieben ist.

6.2 R/3 Retail und EDI

EDI stellt eine **Basistechnologie für die vertikale Prozeßkooperation** dar. An dieser Stelle soll aufgezeigt werden, welche Möglichkeiten das Handelsinformationssystem R/3 Retail bietet, um mit dem Einsatz von EDI zur überbetrieblichen Kommunikation vertikale Prozesse optimiert und durchgängig abzuwickeln.

Wie bereits dargestellt, besteht mit der Nachrichtensteuerung die Möglichkeit, unterschiedliche Kommunikationskanäle vom Postversand bis zur Datenübertragung per EDI zu nutzen. Sowohl eingehende als auch ausgehende Nachrichten können mittels EDI übertragen werden. Die Nachrichten werden an eine Schnittstelle übergeben bzw. von dort übernommen. Die Übersetzung in die EDI-Formate und die Kommunikation werden von externen Programmen ausgeführt.

EDI im Einkauf

Im Einkauf besteht die Möglichkeit, einerseits Bestellungen, Bestellanfragen, Rahmenverträge, Abrufe oder auch Bonusabrechnungen an Lieferanten zu übermitteln und andererseits die Bestellbücher sowie Aufteilungsinformationen an die beteiligten Filialen und Handelspartner zu übertragen. Die Bestellbuchdaten können darüber hinaus an alle weiteren Subsysteme, wie POS-Systeme, Etikettiersysteme oder Fremd-WW-Systeme übermittelt werden. Lieferantenangebote und -rechnungen können per EDI empfangen werden. Dabei können die übermittelten Rechnungen wahlweise vorerfaßt oder bereits gebucht werden.

EDI in der Warenlogistik

Im Rahmen der Wareneingangsbearbeitung der Warenlogistik können Lieferbelege, wie Lieferavise, Lieferscheine oder auch Rücklieferungsavise elektronisch empfangen und übermittelt werden. Ebenso können die bei der Warenausgangs- und Versandabwicklung zu erstellenden Versandpapiere per EDI übermittelt werden.

EDI im Verkauf

Die Anbindung der Warenwirtschafts- und POS-Systeme der Filialen erfolgt ebenfalls per EDI. Eine allgemeine POS-Schnittstelle übernimmt die Konvertierung der selektierten Daten aus dem R/3 Retail in ein allgemeines Format. Diese aufbereiteten Daten werden dann elektronisch an die Filialen übertragen und von einem POS-Konverter in das spezifische Format des vorliegenden POS-Systems umgewandelt.

Die Funktionsschwerpunkte der POS-Schnittstelle sind

- Download von Stammdaten (Artikelstammdaten, Artikelpreise, Warengruppen und -hierarchien, EAN-Referenzen, Wechselkurse, Steuern, Kunden- und Mitarbeiterstammdaten),
- Upload von verdichteten und unverdichteten Verkaufsvorgängen (Verkauf, Retoure, Reklamation, Dienstleistung, Umtausch, Pfandartikel, Personalkauf, Konzessionärsartikel),
- Upload von Warenbewegungen (Auswahlware, Eigenentnahme, Bruch, Vernichtung, Verderb, Gewichtsverlust),
- Upload von Geldbewegungen (nachträgliche Reklamation, Einzahlung, Auszahlung, Rechnungsausgleich, unbekannte Retour, Vorauszahlung, Gutscheinverkauf) und
- Upload von Vorgängen, die nicht automatisch zu einer Buchung im R/3 Retail führen können (Fehlerbehandlungen, Artikelstamm- oder Kundenstamm-Änderungen durch die Filialen).

Kundenanfragen und -aufträge im Rahmen der Auftragsabwicklung können per EDI empfangen werden. Dementsprechend können die im Verkauf zu erstellenden ausgehenden Nachrichten, wie Angebote, Auftragsbestätigungen, Rahmenverträge, Rechnungen oder Gut- und Lastschriften, per EDI übermittelt werden.

7 Ausblick

Die Branchenlösung R/3 Retail stellt einen erheblichen Schritt zur Schaffung einer ganzheitlichen und integrierten Datenbasis als Grundlage einer Prozeßorientierung auf Handelsseite dar.

Die zögernde Nutzung des elektronischen Datenaustausches wird häufig auf die Vielzahl unterschiedlicher und nicht integrierter Anwendungssysteme zurückgeführt. Die Verbreitung eines auf Standardsoftware basierenden Handelsinformationssystems wird daher zu einem verstärkten Einsatz von EDI zur überbetrieblichen Kommunikation führen.

EDI stellt eine Basistechnologie für die vertikale Prozeßkooperation dar. Erst durch die mit EDI verbundene Vermeidung von Medienbrüchen ergeben sich Automatisierungsmöglichkeiten und wird die Realisierung von Kooperationsgewinnen ermöglicht. Integrierte Informationssysteme bei den Marktpartnern und deren Vernetzung mittels EDI ergeben somit einen optimalen und durchgängigen DV-Unterstützungsgrad zur Abwicklung der vertikalen Prozesse.

Durch den hohen Verbreitungsgrad von SAP-Systemen in der Industrie werden mit Einführung von R/3-Retail im Handel zunehmend identische Anwendungssysteme an den beiden Enden der „Supply Chain" stehen. Diese homogenen Systeme erleichtern einerseits bilaterale Kooperationsbestrebungen und Absprachen zwischen einzelnen Hersteller- und Handelssystemen. Dies kann von einer Flexibilisierung und Eigendefinition auszutauschender Nachrichtenarten über die einzelne Nutzung von Remote Function Calls (RFCs) oder Intermediate Documents (IDOCs) im Rahmen der Übernahme von betriebswirtschaftlichen Funktionen durch den Lieferanten, wie z.B. die Artikeldisposition [65], bis hin zur weitgehenden Kopplung der Systeme reichen [66].

Andererseits werden die in den SAP-Systemen bereits integrierten Schnittstellen zu EDI-Anwendungen den Übergang von bilateralen zu rationelleren multilateralen Kommunikationen fördern. Aber erst die Auflösung der funktional getrennten Datenhaltung zwischen Industrie und Handel in der „Supply Chain" ermöglicht eine endgültige Geschäftsprozeßoptimierung in Hinblick auf die Schaffung virtueller Unternehmen.

Durch den Einsatz von R/3-Retail im Handel wird unter informationstechnologischen Gesichtspunkten ein erheblicher Schritt in Richtung auf die Realisierung vertikaler Kooperationsstrategien vollzogen. Dennoch hängt die konkrete Realisierung der Kooperationsvorteile und -gewinne wesentlich von der Einsicht und dem Kooperationswillen der beteiligten Unternehmen ab.

Literaturverzeichnis

[1] Wöhe, G.: Einführung in die allgemeine Betriebswirtschaftslehre, 18. Auflage, München 1993, S. 643.

[2] Tietz, B.: Der Handelsbetrieb, 2. Auflage, München 1993, S. 26.

[3] Ausschuß für Begriffsdefinitionen aus der Handels- und Absatzwirtschaft: Katalog E - Begriffsdefinitionen aus der Handels- und Absatzwirtschaft, 3. Ausgabe, Köln 1982, S. 20 ff.

[4] Tietz, B.: Marketing, 2. Auflage, Düsseldorf 1989, S. 112.

[5] Tietz, B.: Konsument und Einzelhandel - Strukturwandelungen in der Bundesrepublik Deutschland von 1970 bis 1995, 3 Auflage, Frankfurt 1983, S. 475.

[6] Werner, G.-W.: Der Weg bestimmt das Ziel, in: Dynamik im Handel, 40. Jg., 1996, Nr. 2, S. 108-111.

[7] Jansen, H.: Vom Langstreckenläufer zum Sprinter - „Intersport EDI 2000" - der weite Weg zum Global Network, in: Dynamik im Handel, 39. Jg., 1995, Nr. 7, S. 6-9.

[8] o.V.: Retail is Detail, in: Dynamik im Handel, 39. Jg., 1995, Nr. 4, S. 2-5, S. 4.

[9] o.V.: Optimierung des Lagernachschubs - wichtiges Kooperationsfeld zwischen Industrie und Handel, in: Dynamik im Handel, 39. Jg., 1995, Nr. 7, S. 40-41.

[10] o.V.: Retail is Detail, in: Dynamik im Handel, 39. Jg., 1995, Nr. 4, S. 2-5.

[11] Kaleck, P. G.: Continous Replenishment - Ein Fallbeispiel aus dem Handel, in: Dynamik im Handel, 39. Jg., 1995, Nr. 11, S. 28-30.

[12] Zentes, J.: GDI-Monitor: Fakten, Trends, Visionen, in: Zentes, J. und Liebmann, H.-P.: GDI-Trendbuch Handel No. 1, Düsseldorf und München 1996, S. 10-36.

[13] Laurent, M.: Neue Typen und Strategien der vertikalen Kooperation zwischen Systemen in Industrie und Handel - Die Entwicklung eines Grundmodells und einer Typologie als Rahmen für eine empirisch gestützte Analyse, Diss., Saarbrücken 1995, S. 98.

[14] Laurent, M.: a.a.O., S. 99.

[15] Irrgang, W.: Strategien im vertikalen Marketing der Industrie, in: Irrgang, W. (Hrsg.): Vertikales Marketing, 2. Aufl., München 1993, S. 1-24.

[16] Laurent, M.: a.a.O., S. 116 ff.

[17] Laurent, M.: a.a.O., S. 161 ff.

[18] GEA Consulenti Associati di Gestione Aziendale: Supplier-Retailer Collaboration in Supply Chain Management, hrsg. v. The Coca-Cola Retailing Research Group-Europe (CCRRGE), Mailand et al. 1994.

[19] Tietz, B.: Efficent Consumer Response (ECR), in: Wirtschaftswissenschaftliches Studium (WiSt), 24. Jg., 1995, Nr. 10, S. 529-530.

[20] Tietz, B.: a.a.O., S. 529-530.

[21] Kurt Salmon Associates, Inc: Efficient Consumer Response - Enhacing Consumer Value in the Grocery Industry, hrsg. v. Food Marketing Institute, Washington 1993, S. 5 ff.

[22] Kurt Salmon Associates, Inc: a.a.O., S. 3.

[23] GEA Consulenti Associati di Gestione Aziendale: Supplier-Retailer Collaboration in Supply Chain Management, hrsg. v. The Coca-Cola Retailing Research Group-Europe (CCRRGE), Mailand et al. 1994, S. 20.

[24] Laurent, M.: a.a.O., S. 240.

[25] Centrale für Coorganisation GmbH (Hrsg.): Arbeitsbericht 1995 - Ausblick 1996, Köln o. J., S. 16 f.

[26] Hertel, J.: Design mehrstufiger Warenwirtschaftssysteme, Heidelberg 1992, S. 55.

[27] Hertel, J.: a.a.O.,, S. 59.

[28] o.V.: EAN der Handelseinheit plus Nummer der Versandeinheit? - Im Zwiefel Ja, in: Coorganisation, 1996, Nr. 1, S. 49.

[29] Neuburger, R.: Electronic Data Interchange - Einsatzmöglichkeiten und ökonomische Auswirkungen, Wiesbaden 1994, S. 6.

[30] Für allgemeine Informationen zu EDI, vgl. Jaspersen, T. und Warsch, C. (Hrsg.): EDI in der Praxis, Bergheim 1994.

[31] Centrale für Coorganisation GmbH (Hrsg.): Arbeitsbericht 1995 - Ausblick 1996, Köln o. J., S. 1 ff.

[32] Neuburger, R.: Electronic Data Interchange - Einsatzmöglichkeiten und ökonomische Auswirkungen, Wiesbaden 1994, S. 20.

[33] Hertel, J.: a.a.O., S. 67 ff.

[34] Centrale für Coorganisation GmbH (Hrsg.): Arbeitsbericht 1995 - Ausblick 1996, Köln o. J., S. 34.

[35] Hagen, K.: Zusammenarbeit Industrie/Handel in Organisation und Logistik, in: Markenartikel, 54. Jg., Nr. 5, 1992, S. 216-221.

[36] Hertel, J.: a.a.O., S. 78.

[37] Hallier, B.: Auf dem Weg zum Computerintegrated Trading, in: Dynamik im Handel, 39. Jg., 1995, Nr. 7, S. 2-4, S. 4.

[38] Laurent, M.: a.a.O., S. 132.

[39] Kruse, C.: Referenzmodellgestütztes Geschäftsprozeßmanagement - Ein Ansatz zur prozeßorientierten Gestaltung vertriebslogistischer Systeme, Diss., Saarbrücken 1995, S. 24,

Scheer, A.-W.: Wirtschaftsinformatik - Referenzmodelle für industrielle Geschäftsprozesse, 6. Auflage, Berlin et. al. 1995, S. 10 ff.,

Becker, J.; Schütte, R.: Handelsinformationssysteme, Landsberg/Lech 1996, S. 53.

[40] Scheer, A.-W.: Architektur integrierter Informationssysteme - Grundlagen der Unternehmensmodellierung, 2. Auflage, Berlin et al. 1992.

[41] Scheer, A.-W.: Wirtschaftsinformatik - Referenzmodelle für industrielle Geschäftsprozesse, 6. Auflage, Berlin et. al. 1995, S. 83 f.

[42] Schütte, R.: Prozeßorientierung in Handelsunternehmen, in: Vossen, G.; Becker, J. (Hrsg.): Geschäftsprozeßmodellierung und Workflow-Management - Modelle, Methoden, Werkzeuge, Bonn et al. 1996.

[43] Scheer, A.-W.: Architektur integrierter Informationssysteme - Grundlagen der Unternehmensmodellierung, 2. Auflage, Berlin et al. 1992, S. 2.

[44] Becker, J.; Schütte, R.: Handelsinformationssysteme, Landsberg/Lech 1996, S. 13.

[45] Hallier, B.: Auf dem Weg zum Computerintegrated Trading, in: Dynamik im Handel, 39. Jg., 1995, Nr. 7, S. 2-4.

[46] Hallier, B.: a.a.O., S. 2-4, S. 2.

[47] o.V.: Mehr Ertrag auf gleicher Fläche, in: Dynamik im Handel, 40. Jg., 1996, Nr. 2, S. 102-107.

[48] GZS Gesellschaft für Zahlungssysteme mbH (Hrsg.): Geschäftsbericht 1995, Frankfurt am Main 1996.

[49] Maushart, M.-A.: Einführung der Chipkarte stößt nicht nur auf technische Probleme, in: Computer-Zeitung, 14.02.1996, S. 15.

[50] Becker, J.; Schütte, R.: Handelsinformationssysteme, Landsberg/Lech 1996, S. 16 ff.

[51] o.V.: Somerfield bestellt automatisch, in: Dynamik im Handel, 39. Jg., 1995, Nr. 11, S. 31-33.

[52] Tietz, B.: Der Handelsbetrieb, 2. Auflage, München 1993, S. 104 f.

[53] Hertel, J.: Warenwirtschaftssysteme, in: Tietz, B.; Köhler, R.; Zentes, J. (Hrsg.): Handwörterbuch des Marketing (HWM), Stuttgart 1995, Sp. 2658-2669.

[54] o.V.: Somerfield bestellt automatisch, in: Dynamik im Handel, 39. Jg., 1995, Nr. 11, S. 31-33, S. 31 f.

[55] Zentes, J.: Nutzeffekte von Warenwirtschaftssystemen im Handel, in: Information Management, 1988, Nr. 3, S. 58-67.

[56] Rupprecht-Däullary, M.: Zwischenbetriebliche Kooperation, Wiesbaden 1994.

[57] Zu weiteren Beispielen realisierter Einsparpotentiale durch den Einsatz von EDI und EDIFACT vgl. u.a. Bekker, J.; Schütte, R.: Handelsinformationssysteme, Landsberg/Lech 1996, S. 454, Neuburger, R.: Electronic Data Interchange - Einsatzmöglichkeiten und ökonomische Auswirkungen, Wiesbaden 1994, S. 32 ff.

[58] o.V.: Retail is Detail, in: Dynamik im Handel, 39. Jg., 1995, Nr. 4, S. 2-5.

[59] Kaleck, P. G.: Continous Replenishment - Ein Fallbeispiel aus dem Handel, in: Dynamik im Handel, 39. Jg., 1995, Nr. 11, S. 28-30.

[60] Förster, H.: EDI in Europa, in: Coorganisation, 1995, Nr. 2, S. 14-19.

[61] Astor, J.: Daten statt Papier?, in: Dynamik im Handel, 38. Jg., 1994, Nr. 7, S. 23-26.

[62] SAP AG (Hrsg.): Funktionen im Detail - Das Warenwirtschaftssystem der SAP - R/3 Retail, Walldorf 1995.

[63] Schütte, R.: Prozeßorientierung in Handelsunternehmen, in: Vossen, G.; Becker, J. (Hrsg.): Geschäftsprozeßmodellierung und Workflow-Management - Modelle, Methoden, Werkzeuge, Bonn et al. 1996.

[64] Becker, J.; Schütte, R.: Handelsinformationssysteme, Landsberg/Lech 1996.

[65] Kaleck, P. G.: Continous Replenishment - Ein Fallbeispiel aus dem Handel, in: Dynamik im Handel, 39. Jg., 1995, Nr. 11, S. 28-30.

[66] Hofmann, M. und Killer, B.: Kommunikation von Anwendungen innerhalb und zwischen Unternehmen, hrsg. v. SAP AG, Walldorf 1995.

CATeam zur Unterstützung der Teambildung für die prozeßorientierte R/3-Einführung

Dr. Bettina Schwarzer
Fa. ITM GmbH, Stuttgart

Prof. Dr. Helmut Krcmar
Lehrstuhl für Wirtschaftsinformatik,
Universität Stuttgart-Hohenheim

1 Das Projektteam als kritischer Erfolgsfaktor

R/3 -Einführung

Die Einführung von R/3 wird in den Unternehmen in der Regel als Projekt abgewickelt, da die Aufgaben so komplex und teuer sind, daß sie in der üblichen Linienorganisation nicht bewältigt werden können. Aufgrund der üblicherweise großen Bedeutung, die eine R/3-Einführung für ein Unternehmen besitzt, wird in den meisten Unternehmen versucht alles zu tun, damit das Projekt ein Erfolg wird. Projektpläne und Budgets werden diskutiert und immer neue Werkzeuge gesucht, um die Aufgabendurchführung zu erleichtern. Angefangen von Projektmanagementsystemen über Modellierungswerkzeuge, computergestützte Referenzmodelle bis hin zu Testwerkzeugen, möglichst alles und jeder wird mit DV unterstützt.

Projektteam

Vor lauter Beschäftigung mit R/3, den Werkzeugen und den sonstigen Projektbelangen wird häufig jedoch eines vernachlässigt: das Projektteam und seine Bedürfnisse, Sorgen und Wünsche. Besonders bei derartig vielschichtigen Projekten wie R/3-Einführungen sieht sich das Projektteam i.d.R. großen Herausforderungen gegenüber. Die typische Ausgangssituation in den Unternehmen ist durch eine extrem heterogene, aber eng verwobene Systemlandschaft gekennzeichnet, die es meist erforderlich macht, sämtliche Altsysteme möglichst parallel abzulösen. Dazu kommt die Komplexität der einzuführenden Software, deren Customizing nicht nur detaillierte Kenntnisse über die Abläufe in den Fachbereichen, sondern auch über die Software erfordert. Darüber hinaus drängt oft die Zeit, und das Projektteam muß mit einem knapp bemessenen Einführungszeitraum fertig werden. Das Projektteam steht dadurch unter hohem Druck, innerhalb von relativ kurzer Zeit eine extrem hohe fachliche Leistung zu erbringen.

Aber nicht nur der fachliche Druck ist bei der R/3-Projektarbeit sehr hoch - auch der eklatante psychologische Druck, der sowohl innerhalb des Projektteams als auch von außen auf den einzelnen Projektmitarbeiter einwirkt. Die Bewältigung von unzureichender Freistellung von den Aufgaben im Fachbereich, Probleme mit den ehemaligen Linienvorgesetzten, Ablehnung und Widerstände in den Fachbereichen gegen die zukünftigen Veränderungen und die Unsicherheit über die eigene Zukunft nach dem Projektende stellen weitere Herausforderungen an die Projektmitarbeiter dar.

Um diesem **Spannungsfeld** (vgl. Abb. 1.1) unterschiedlicher fachlicher und emotionaler Anforderungen standzuhalten und dennoch die Aufgaben in unverminderter Qualität zu erfüllen, ist ein **hochqualifiziertes und -motiviertes Projektteam** notwendig, das gemeinsam und ohne zu zögern hinter dem Projekt steht. Mit ihm steht und fällt das Projekt. Für den Projektleiter ist es daher insbesondere in den ersten Phasen des Projektes von zentraler Bedeutung, ein schlagkräftiges Team zu bilden.

Abb. 1.1
Spannungsfeld der Teamarbeit

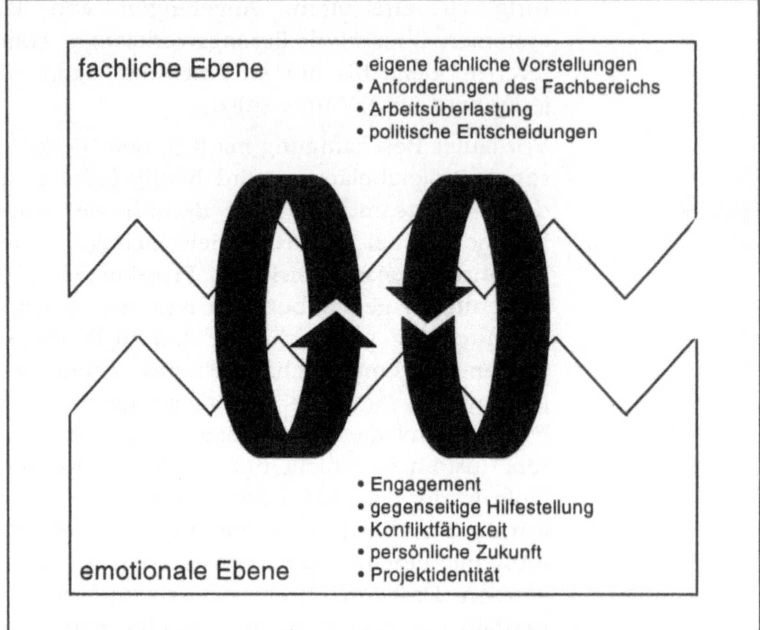

Im folgenden werden zunächst die Ziele der Projektteambildung erklärt, bevor auf eine technische Möglichkeit zur Unterstützung der Teambildung, den Einsatz von CATeam, eingegangen wird. In Kapitel 3 werden die Ausführungen anhand eines konkreten Falls aus der Praxis verdeutlicht und diskutiert.

2 Projektteambildung mit CATeam

2.1 Ziele der Teambildung

Projektteams werden für die Dauer des Projektes aus Mitarbeitern unterschiedlicher Bereiche zusammengesetzt. So werden z.B. Projektspezialisten, die über umfassende DV-Projekterfahrungen verfügen, Organisatoren, Fachspezialisten und Personalbetreuer in ein Projektteam einbezogen. Hinzu kommen häufig externe Berater, die fehlende Kapazitäten ergänzen oder nicht vorhandenes Know How beisteuern. In der Regel sind die **Projektteams** daher **sehr heterogen** zusammengesetzt. Die Mitarbeiter bringen nicht nur unterschiedliche Fachkenntnisse mit, sondern auch unterschiedliche Erfahrungshorizonte in bezug auf Projektarbeit. Da sich die Projektmitarbeiter häufig vor dem Projekt nicht oder nur flüchtig kennen oder sogar aus „verfeindeten" oder konkurrierenden Abteilungen kommen, ist es für den Projekterfolg von vorrangiger Dringlichkeit, aus den verschiedenen Spezialisten ein Projektteam „zusammenzu-schmelzen", das auch unter Druck nicht auseinanderbricht, sondern seine Projektaufgaben weiter wahrnimmt.

Teamzusammensetzung

Von zentraler Bedeutung für den Erfolg des Projektteams ist, daß die Teammitglieder sowohl auf der fachlichen wie auch der emotionalen Ebene den Anforderungen gewachsen sind. Daher muß die **erste Phase der Projektarbeit**, beginnend mit dem Projekt-Kick-Off, dazu genutzt werden, **gezielte Teambildung** zu betreiben. Dabei sind unterschiedliche Zielsetzungen zu verfolgen. Zum einen müssen innerhalb des Projektteams die Berührungsängste mit anderen Fachbereichen abgebaut werden. Da eine prozeßorientierte R/3-Einführung Durchgängigkeit im Denken erfordert und nicht an Fachbereichsgrenzen haltmacht, müssen die Teammitarbeiter Inhalte und Sichtweisen der anderen beteiligten Fachbereiche kennen- und verstehen lernen. Darüber hinaus muß bei ihnen Verständnis für die Verflochtenheit des eigenen Spezialgebiets im Gesamtprozeß geschaffen werden.

Zielsetzungen der Teambildung

Für die Zusammenarbeit im Projektteam ist nicht nur das gegenseitige Verständnis eine zentrale Voraussetzung, sondern auch die Entwicklung einer offenen Kommunikation, die frühzeitigen Abgrenzungsstrategien vorbeugt. Aufgrund der großen Komplexität von R/3-Projekten werden in der Regel eine Reihe von Teilprojekten definiert, in denen zunächst weitgehend unabhängig voneinander bestimmte Teilaufgaben bearbeitet werden.

Aufgrund der hohen Interdependenzen ist eine völlige Unabhängigkeit in der Regel jedoch nicht gegeben und ein deshalb Informations- bzw. Ergebnisaustausch erforderlich. Hierfür gilt es frühzeitig die Voraussetzungen zu schaffen, indem Offenheit im Umgang miteinander gefördert wird.

Im Hinblick auf die Außenwirkung des Projektteams ist die Erarbeitung eines **gemeinsamen Zielverständnisses** sowie das Wecken einer **Gruppenidentität**, d.h. eines „Wir"-Gefühls als Gegenpol zur Bereichsorientierung, von zentraler Bedeutung. Nur wenn diese beiden Voraussetzungen geschaffen sind und das Projektteam als eine „Front" hinter seinem Projekt steht, wird es der Kritik und dem Druck aus den Fachbereichen begegnen können, ohne daran zu zerbrechen.

2.2 CATeam zur Teambildung

Um bereits die erste Phase der R/3-Einführung effizienter und effektiver zu gestalten und den Teambildungsprozeß zu verbessern, erscheinen Werkzeuge zur Unterstützung der Gruppenarbeit geeignet. Für die Kick-off-Phase, in der grundlegende Fragen geklärt werden und die die Basis für die weitere Zusammenarbeit legt, eignen sich insbesondere computerunterstützte Sitzungen (auch **CATeam = Computer Aided Team** genannt), da diese Phase typischen Sitzungscharakter hat.

Auswirkungen der Computerunterstützung

Die Auswirkungen der Computerunterstützung auf die Gruppenarbeit sind vielfach untersucht worden. Insgesamt bestätigte sich die Annahme, daß die verfügbaren Werkzeuge Potentiale für die Verbesserung der Gruppenarbeit in sich tragen [1]. Dabei soll durch den Einsatz von Computern nicht der Sitzungsablauf automatisiert werden, und schon gar nicht soll der Computer als „intelligente Maschine" an der Sitzung teilnehmen. Vielmehr stellt der Computer den Sitzungsteilnehmern ein **flexibles, gemeinsames Material** (Texte, Zeichnungen, Gliederungen usw.) zum gemeinsamen Arbeiten zur Verfügung [3]. Durch den Einsatz von Werkzeugen werden **neue Arbeitsformen** ermöglicht, z.B. anonymes Arbeiten, paralleles Arbeiten und der Einsatz neuer Problemlösungstechniken [2]. Dem Moderator stehen vielfältige Werkzeuge zur Verfügung [2], so können z.B. bei einem elektronischen Brainstorming alle Teilnehmer ihre Ideen parallel in das System eingeben. Die Beteiligung der Teilnehmer wird gleichmäßiger, und es fällt einzelnen Teilnehmern schwerer, andere

Sitzungsteilnehmer zu manipulieren und „versteckte Tagesordnungen" durchzusetzen.

Diese beispielhaft angeführten Vorteile lassen CATeam-Werkzeuge interessant für die erste Projektphase erscheinen, die von hohem Diskussionsbedarf gekennzeichnet sind. Im folgenden wird anhand eines Beispiels aus der Praxis dargestellt, wie in einem Workshop der Projekt-Kick-Off mit CATeam-Werkzeugen (verwendete Software GroupSystems) unterstützt und welche Erfahrungen dabei gemacht wurden. Das nächste Kapitel beschreibt die Ausgangssituation des Projektes. Danach werden Ablauf und Erfahrungen des CATeam-Workshops „Projekt-Kick-Off" dargestellt, bevor Überlegungen zu den Vorteilen der Unterstützung der ersten Projektphase durch CATeam-Werkzeuge den Abschluß bilden.

3 Beispiel aus der Praxis

3.1 Ausgangssituation

Szenario

Unternehmen A mit rund 3.000 Mitarbeitern sah sich aufgrund der veränderten Wettbewerbsbedingungen gezwungen, tiefgreifende Veränderungen im Unternehmen vorzunehmen, um die eigene Wettbewerbsfähigkeit am Markt zu erhalten. Vom Top-Management wurde daher beschlossen, ein Projekt aufzusetzen, um die Prozeßorientierung im Unternehmen zu verankern und SAP R/3 einzuführen. Die Module FI, CO, MM, AM, HR und Treasury sollten in dem Projekt berücksichtigt werden. Laut Vorstandsbeschluß wurden mit dem Projekt **zwei nur sehr allgemein formulierte Zielsetzungen** verfolgt:

1. Die bisherigen, in der Regel gewachsenen, Abläufe sollten verbessert werden und
2. die immensen DV-Kosten, die auf die hohen Wartungskosten für die gewachsene, alte Systemlandschaft zurückzuführen waren, sollten gesenkt werden.

Der Projektleiter, ein Projektspezialist, der aus einem der vom Projekt betroffenen Fachbereiche stammte, wählte sechs Teilprojektleiter aus unterschiedlichen einbezogenen Bereichen aus und stellte einen neuen Projekt-Controller ein. Insgesamt bestand das Kernteam aus 14 Mitarbeitern verschiedener Fachbereiche, die sich vor Projektbeginn nur teilweise kannten. Hinzugezogen wurden bei Bedarf weitere Experten aus den Fachbereichen. In späteren Projektstadien wurde den Projektmitarbeitern jeweils ein externer Berater zur Seite gestellt. Insgesamt wuchs das Projektteam in Spitzenzeiten auf 80 Personen an. Aufgrund der unterschiedlichen Herkunft der einzelnen Mitarbeiter wurden vielfältige Kenntnisstände und Interessenlagen in das Projekt hereingetragen. Neben Bereichsinteressen, die aus dem traditionellen Funktionsdenken resultierten, brachten eine Reihe der Teammitglieder auch starke persönliche Interessen in das Projekt mit.

Außer dem Projektleiter hatte zu Beginn des Projektes kein Teammitglied Informationen über Ziele und Vorgehensweise des Projektes, da dieses sehr kurzfristig und in großer Stille beschlossen worden war. Des weiteren verfügte keiner der Projektmitarbeiter über Erfahrungen mit Prozeßorientierung, die im krassen Gegensatz zur bisherigen stark funktional und hierarchisch gegliederten Organisation stand. Auch verfügte keiner der Mitarbeiter über Erfahrungen mit der prozeßorientierten Einführung von R/3 - vielen Teammitgliedern war das Aussehen und die Funktionalität von R/3 gänzlich unbekannt. Nur einige Projektmitarbeiter hatten Erfahrung im Umgang mit R/2.

Kick-Off-Workshop

Aufgrund des geringen Wissenstandes über Inhalte und Zielsetzungen des Projektes sowie der Vielfalt der Interessen und unterschiedlichen Persönlichkeiten wurde vom Projektleiter beschlossen, einen dreitägigen Kick-Off-Workshop durchzuführen. Da das Projekt unter hohem Zeitdruck stand - die Projektlaufzeit war vom Kick-Off bis zum Produktivstart auf 15 Monate festgesetzt - war dem Projektleiter sehr daran gelegen, möglichst schnell ein gut funktionierendes Projektteam zu haben. Obwohl der Projektleiter bis zu diesem Zeitpunkt nicht über Erfahrungen mit CATeam verfügte, versprach er sich, aufgrund von Berichten anderer Nutzer, von dem Einsatz der Computerunterstützung erstens **Zeitersparnisse** und zweitens eine **Erleichterung bei der Erzielung von Übereinstimmung und Committment.**

3.2 Projekt-Kick-Off mit CATeam

3.2.1 Struktur des CATeam-Workshops zum Projekt Kick-Off

Zur Vorbereitung des Projekt-Kick-Off wurde von dem Projektleiter des Unternehmens sowie Mitarbeitern der ITM und der Universität Hohenheim ein dreitägiger CATeam-Workshop konzipiert, in dem fünf Themenschwerpunkte verbunden wurden. Mit jedem der Themenschwerpunkte wurde nicht nur eine inhaltliche, sondern auch eine Zielsetzung im Hinblick auf die Teambildung verfolgt (vgl. Tab. 3.1).

Tab. 3.1 Themenschwerpunkte und Zielsetzungen

Themenschwerpunkt	**Zielsetzung für Teambildung**
Problemsammlung	Aufzeigen der unterschiedlichen Meinungen/ Sichten im Projektteam; Schaffen eines offenen Klimas auch bei Problemdiskussion;
Kennenlernen der prozeßorientierten Vorgehensweise zur Einführung von R/3	Dem Projektteam Sicherheit über weiteres Vorgehen geben und Aufzeigen, was es erwartet und was von ihm erwartet wird;
Zielbestimmung für das Projekt	Durch die eigenständige Erarbeitung der Projektziele sollte sichergestellt werden, daß alle Projektmitarbeiter die Ziele mittragen und sich damit identifizieren;
Identifikation der kritischen Erfolgsfaktoren	Wahrnehmung und Verständnis der für die gemeinsame erfolgreiche Projektdurchführung notwendigen Faktoren sollte erzielt werden;
Abgleich von Problemen, Zielen, kritischen Erfolgsfaktoren	Dem Projektteam sollten erfolgsrelevante Zusammenhänge zwischen Problemen, Zielen und Erfolgsfaktoren aufgezeigt werden.

Die unterschiedlichen Schwerpunkte wurden nicht immer am Stück behandelt, sondern auf drei Tage verteilt, zwischen denen immer einige Tage freigelassen wurden. Dadurch wurden die Themen aus fachlicher Sicht den Teilnehmern immer wieder ins Gedächtnis gerufen, und sie hatten die Möglichkeit, zwischen zwei Workshop-Terminen die Themen aufzuarbeiten und sich in ihren ehemaligen Fachbereichen abzustimmen. Darüber hinaus wurden für die dazwischenliegenden Tage kleine Aufgaben an die Teilprojektleiter oder Teammitglieder verteilt, damit diese erste Arbeitskontakte entwickeln und ein erstes gemeinsames Ergebnis präsentieren konnten.

Bis auf das Kennenlernen der prozeßorientierten Vorgehensweise und den Abgleich von Problemen, Zielen und Kritischen Erfolgsfaktoren wurden alle anderen Phasen durch CATeam-Werkzeuge unterstützt. Abbildung 3.1 zeigt die Grobstruktur des dreitägigen Workshops.

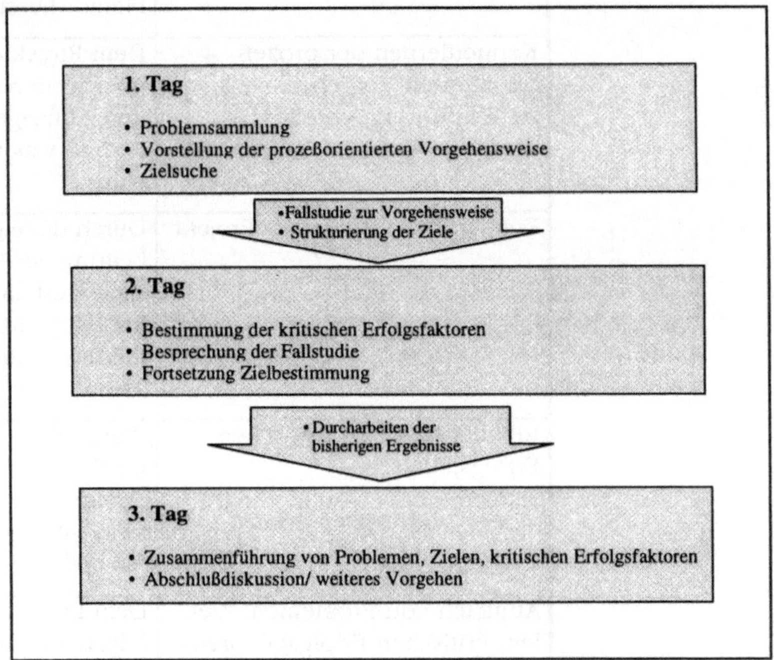

Abb. 3.1
Grobstruktur des Kick-off -Workshops

3.2.2 Problemsammlung

Nach einer kurzen Einführung durch den Projektleiter wurde am ersten Workshop-Tag mit einer Sammlung der Probleme begonnen. Im Gegensatz zu traditionellen Sitzungen, in denen Probleme häufig als „Problemstatement“ und damit als Projektbegründung und Zielsetzung von der Projektleitung vorgegeben werden, wurden die Teilnehmer vom Moderator aufgefordert, das zur Verfügung stehende Brainstorming-Werkzeug (vgl. Tab. 3.2) zu benutzen, um die Frage „Welche Probleme bestehen in unserem Unternehmen und welche sollen durch das Projekt gelöst werden?" zu beantworten. Innerhalb einer knappen Stunde wurden 292 Kommentare zu dieser Frage von der Gruppe generiert.

Tab. 3.2
Überblick elektronisches Brainstorming

Problemlösungstechnik	Unstrukturiertes elektronisches Brainstorming
Tool	Elektronisches Brainstorming
Unterstützung	Unterstützt die Ideenfindung in Gruppen
Arbeitsweise	Sitzungsteilnehmer tauschen anonym und simultan, aber mit eigenem Arbeitstempo, Ideen und Kommentare aus, die sich auf eine vorgegebene Fragestellung beziehen. Die Teilnehmer können sich bereits abgegebene Kommentare durchlesen und sich von diesen anregen lassen. Die Kommentarlisten werden rechnergestützt ausgetauscht, indem der eine neue Idee abgebende Teilnehmer eine augenblicklich ungenutzte Ideenliste erhält.
Neue Arbeitsform	Paralleles Arbeiten Anonymes Arbeiten

Vorteile der Verwendung von Brainstorming-Werkzeugen

Die Verwendung des Brainstorming-Werkzeuges ermöglichte der Gruppe **neue Formen der Zusammenarbeit** im Vergleich zu traditionellen Meetings oder der Metaplan-Methode. Durch die parallele Arbeit beim gemeinsamen Brainstorming wurde die **Produktivität der Gruppe erhöht**, was an den 292 innerhalb einer Stunde generierten Kommentaren im Vergleich zur Metaplanmethode abzulesen ist. Die Teammitglieder konnten jeder in seinem eigenen Tempo laufend Kommentare eingeben, so daß für sie kein Druck bestand, in eine Diskussionspause einzuhaken, sich das Wort zu erkämpfen oder zu warten, bis sie an der Reihe sind. Durch die permanente Möglichkeit zur Meinungsäußerung wurde ein sehr viel **breiteres Meinungsspektrum** erfaßt, als dieses in einer Diskussion möglich gewesen wäre. Des weiteren konnten alle Projektmitarbeiter **gleichberechtigt partizipieren,** und so konnten auch die stilleren Teammitglieder ihre Meinung äußern.

Wichtig in dieser Phase war auch die Möglichkeit des **anonymen Arbeitens**. In Diskussionen oder bei Metaplan ist zumeist bekannt, wer welchen Beitrag liefert. Dieses ist insbesondere dann problematisch, wenn es um kritische Themen geht, da viele Teilnehmer sich nicht trauen, ihre Meinung zu äußern. Die Folge ist ein Meinungsbild, das die Realität nicht widerspiegelt. Die Bedeutung der Anonymität zeigte sich in den generierten Kommentaren, die sich in einen bemerkenswert geringen Anteil fachlicher Kommentare und einen unerwartet hohen Anteil kritischer Kommentare zum Projektmanagement einteilen ließen. In den fachlichen Kommentaren wurden häufig allgemeine Probleme beschrieben, Detailfragen wurden nur sehr selten problematisiert. Die übrigen Kommentare brachten deutlich den im Projektteam vorherrschenden Unmut über den unzureichenden Informationsstand der Projektmitarbeiter sowie über das bisherige (Vor-)Projektmanagement zum Ausdruck. Auch zeigten sie die Unsicherheiten, die bezüglich der Vorgehensweise und Aufgabenverteilung bestanden.

Dieses Ergebnis des Brainstormings war für den Projektleiter eine wichtige Erfahrung, denn ihm wurden die Unruhe, Unsicherheit und Unzufriedenheit, die im Projektteam zu diesem Zeitpunkt herrschten, das erste Mal bewußt und transparent. Aufgrund der Anonymität, die der Einsatz von GroupSystems für Windows mit sich brachte, wurde von Anfang an eine Offenheit in den Kommentaren erreicht, die gewöhnlich in einer neu zusammengestellten Gruppe kaum erzielt wird. Die Möglichkeit zur anonymen Äußerung wurde von den Gruppenmitgliedern durchweg positiv beurteilt. Für sie war wichtig, alle Probleme und Ängste offen auf den Tisch legen zu können, ohne damit sofort persönlich identifiziert zu werden.

Diese von allen Projektmitgliedern gemeinsam erstellte **Problemliste** diente dem Projektleiter als Grundlage für die weitere Gestaltung des Projektmanagements, denn sie lieferte ihm wichtige Hinweise für zu verbessernde Aspekte. Alle Teilnehmer erhielten ein Exemplar der ausgedruckten Problemliste. Zu diesem Zeitpunkt wurde die Liste nicht in der Gruppe diskutiert. Sie wurde von den Projektmitarbeitern der ITM und Universität Hohenheim bis zur nächsten Sitzung strukturiert und den Teilnehmern wiederum ausgeteilt.

Für die Entwicklung des Projekteams war diese Phase ein erster Schritt hin zu einer **offenen Kommunikationskultur**. Für alle Teilnehmer wurde zum einen deutlich, daß auch andere Projektmitglieder Probleme haben oder sehen und zum anderen, daß die Probleme zum Teil sehr unterschiedlicher Art sind. Vom Projektleiter wurde deutlich das Signal gesetzt, daß Probleme nicht tabu sind, sondern offen auf den Tisch gehören und daß sich jeder auch mit den Problemen des anderen auseinandersetzen soll.

3.2.3 Zieldefinition

Das zweite Ziel des Kick-off-Workshops war die **gemeinsame Zielbildung**. Im Gegensatz zu den traditionellen Vorgehensweisen wurde darauf verzichtet, die Ziele vom Projektleiter vorzugeben. Nicht der Projektleiter sollte bestimmen, sondern die Gruppe sollte selber ihre Ziele erarbeiten. Aufgrund der Komplexität und Bedeutung dieser Aufgabenstellung wurde die Zieldefinition nicht an einem Tag durchgeführt, sondern auf alle drei Workshop-Tage verteilt.

computergestütztes Brainstorming

Am ersten Workshop-Tag wurde ein **computergestütztes Brainstorming** (vgl. Tab. 3.2) zu der Frage „Welche Ziele wollen wir mit dem Projekt erreichen?" aufgesetzt. Die Teilnehmer wurden aufgefordert, die Ziele, die sie für das Projekt als relevant erachteten, möglichst konkret zu beschreiben. Die Ergebnisse des Brainstormings wurden ausgedruckt und den Teilnehmern in Papierform zur Weiterbearbeitung gegeben. Die Aufgabe für die zu diesem Zweck gebildeten Kleingruppen lautete, Doppelnennungen zu eliminieren und eine Vorstrukturierung der Ziele vorzunehmen. Die groben Strukturierungsvorschläge (Kategorien) wurden in den **Idea Organizer** (vgl. Tab. 3.3) eingegeben und die einzelnen Kommentare aus der Brainstorming-Liste den Kategorien zugeordnet.

Tab. 3.3
Idea Organizer

Problemlösungstechnik	Ideen Organisation (Themenanalyse/-konsolidierung)
Tool	Idea Organizer
Unterstützung	Unterstützt das Kategorisieren von Informationen unter Stichworte oder kurze Sätze in Listenform;
Arbeitsweise	Sitzungsteilnehmer können Ideeen und Kommentare aus einer Referenzliste (z.B. aus dem elektronischen Brainstorming) unter Kategorien ordnen (Mehrfachzuordnungen sind möglich). Jederzeit können weitere Kommentare abgegeben werden.
Neue Arbeitsform	Paralleles Arbeiten Anonymes Arbeiten, wenn gewünscht

Durch den Einsatz des Idea Organizers konnte die Gruppe erneut Vorteile neuer Arbeitsformen nutzen. Durch die **Parallelisierung der Strukturierungsarbeit** konnten im Vergleich zur Metaplan-Methode wiederum **Zeitvorteile** erzielt werden. Des weiteren konnten Kommentare ohne Schwierigkeiten mehrfach zugeordnet werden, was bei Metaplan das Ausfüllen neuer Karten voraussetzt. Durch die Arbeit in Kleingruppen an einem Rechner wurde die Anonymität während der Zuordnung aufgehoben und offene Diskussionen in den Kleingruppen herausgefordert.

Bei der Erfüllung der Strukturierungsaufgabe wurde den Teammitgliedern bewußt, wie unscharf und häufig unverständlich ihre Zielformulierungen waren. Aus diesem Grunde wurde anschließend im Idea Organizer ein **strukturiertes Brainstorming** zur Konkretisierung der Zielideen durchgeführt. Die Aufgabe lautete „Bitte beschreiben Sie die (vorstrukturierten) Ziele so konkret wie möglich". Innerhalb von 45 Minuten wurde eine umfangreiche Sammlung von präzisierenden Gedanken generiert.

Die kommentierte Zielliste wurde ausgedruckt und den Teilnehmern ausgehändigt. Die Teilprojektleiter wurden aufgefordert, diese Liste bis zum nächsten Workshop-Termin so zu bearbeiten, daß sie konkrete Vorschläge für die Ziele vorstellen können. In einem vierstündigen Treffen der Teilprojektleiter zwischen den beiden Workshop-Terminen wurde zunächst eine Struktur für die Ziele erarbeitet, in die dann die einzelnen Kommentare aus dem Brainstorming und der Detaillierung eingefügt wurden. Dazu wurden die GroupSystems-Dateien in MS Word für Windows eingelesen und während der Diskussion um- bzw. einsortiert und den in der dabei ablaufenden Diskussion gefundenen Formulierungen angepaßt.

Am nächsten Workshop-Tag wurden in einer mehrstündigen Diskussionsphase die von den Teilprojektleitern vorbereiteten Zielformulierungen durchgearbeitet. Die WinWord-Datei aus der Teilprojektleitersitzung wurde dann in GroupSystems eingelesen, so daß jeder Teilnehmer die aktuelle Version der Zielliste vor sich auf dem Bildschirm sehen konnte. In dieser Phase entwikkelte sich eine zum Teil hitzig geführte Diskussion um Inhalte und Formulierungen, an der auch die in den ersten Phasen ruhigeren Mitarbeiter teilnahmen. Schließlich gelang es, in allen Punkten einen Konsens in der Gruppe zu erzielen. Insgesamt wurden von der Gruppe 32 Ziele in sechs Zielkategorien verabschiedet. Die abgestimmten Formulierungen wurden parallel in GroupSystems dokumentiert, und jeder Teilnehmer erhielt zum Abschluß einen Ausdruck der Ziele des Projektes. Dem Projektleiter wurde darüber hinaus die Zieldatei auf Diskette ausgehändigt, so daß er die vorliegenden Zieltexte in elektronischer Form in die Projektdokumentation übernehmen konnte.

Bedeutung der Zielbestimmungsphase

Für das Projektteam war diese Phase der Zielbestimmung von grundlegender Bedeutung für den Rest des Projektes. Da alle Kernteammitglieder an der Zielbestimmung mitgearbeitet haben, war es problemlos möglich, sich mit den Zielen zu identifizieren und für sie einzutreten. Auch bei größten Widerständen aus den Fachbereichen und dem Management im Laufe des Projektes haben die Projektmitglieder ihre Ziele nach außen vertreten und sich für sie engagiert. Darüber hinaus hat das Projektteam in dieser Phase wichtige Erfahrungen für die eigene Zusammenarbeit gemacht: es hat gelernt, daß Meinungen offen vorgebracht werden sollen und können und daß es möglich ist, in der offenen Diskussion eine gemeinsame Lösung zu erarbeiten. Diese Erfahrung bildete die Grundlage für die offene Kommunikationskultur, die in dem Projekt angestrebt wurde.

3.2.4 Kritische Erfolgsfaktoren

Am zweiten Workshop-Tag wurden die **kritischen Erfolgsfaktoren** des Projektes in die Betrachtungen einbezogen. Zu diesem Zeitpunkt hatten die Teilnehmer bereits eine grobe Vorstellung von Problemen und Zielen sowie von der für das Projekt gewählten prozeßorientierten Vorgehensweise. Zunächst wurde der Begriff „Kritischer Erfolgsfaktor" erläutert und von den Teilnehmern diskutiert. Im Anschluß daran wurden die Teilnehmer aufgefordert, im **Group Outliner** (vgl. Tab. 3.4) die Frage zu beantworten: „Was muß passieren, damit das Projekt ein Erfolg wird?"

Die Gruppe begann zunächst eine Baumstruktur mit Oberpunkten anzulegen und dann unter dieser Gliederung Kommentare abzulegen. Im Verlauf der Sitzung wurde die Baumstruktur von den Teilnehmern immer wieder verändert und umsortiert, um so eine möglichst übersichtliche Gliederung zu erhalten. Die eingegebenen Kommentare ließen eine große Bandbreite kritischer Erfolgsfaktoren erkennen.

Tab. 3.4
Group Outliner

Problemlösungstechnik	Strukturierte Ideensammlung
Tool	Group Outliner
Unterstützung	Unterstützt die strukturierte Ideensammlung, indem Kommentare in eine Baumstruktur eingefügt werden;
Arbeitsweise	Sitzungsteilnehmer können die Baumstruktur der Themen selber anlegen und im Ablauf verändern. Sie können zu jedem Thema bzw. Unterthema in beliebiger Reihenfolge Kommentare abgeben sowie die Kommentare der anderen Teilnehmer einsehen;
Neue Arbeitsform	Paralleles Arbeiten Anonymes Arbeiten

Voting-Tool

Nach kurzer Diskussion der kritischen Erfolgsfaktoren zur Schaffung eines gemeinsamen Verständnisses wurden die Teilnehmer aufgefordert, die kritischen Erfolgsfaktoren im Voting-Tool (vgl. Tab. 3.5) in eine Reihenfolge - strukturiert nach ihrer Wichtigkeit - zu bringen. Aufgrund der durch das Tool gewährleisteten Anonymität konnten alle frei ihre Beurteilung abgeben. Die Ergebnisse wurden am Großbildschirm gezeigt. Dabei wurde deutlich, daß große Uneinigkeit bei den Teilnehmern herrschte. Diese Uneinigkeiten wurden als Anlaß für eine weitere Diskussion genommen, in der die Unstimmigkeiten problematisiert und Gründe für die unterschiedlichen Auffassungen gesucht wurden. Nach der Diskussion wurde ein zweites Mal abgestimmt. Dieses Mal wurden zwar wiederum Uneinigkeiten sichtbar, doch waren die Differenzen nicht mehr so groß wie beim ersten Mal. Auch wenn an dieser Stelle keine Einigkeit in der Gruppe erzielt wurde, so wurde dennoch erreicht, daß sich die Teilnehmer der Vielzahl der unterschiedlichsten Erfolgsfaktoren bewußt und sie für einen vorsichtigen Umgang mit den Faktoren sensibilisiert wurden.

Tab. 3.5
Vote

Problemlösungstechnik	Abstimmung
Tool	Vote
Unterstützung	Unterstützt sieben verschiedene Abstimmungsmethoden: Rangfolge, Ja/Nein, Wahr/Falsch, Zustimmung/Ablehnung, Punktebewertung auf 10 Punkte-Skala, Prozent-Bewertung, Mehrfachauswahl
Arbeitsweise	Sobald die Sitzungsteilnehmer ihre Stimme abgegeben haben, erstellt das System das Meinungsbild der Gruppe. Die Ergebnisse werden i.d.R. als Balkendiagramm oder als Abstimmungsmatrix präsentiert.
Neue Arbeitsform	Paralleles Arbeiten Anonymes Arbeiten

4 Vorteile der Werkzeugunterstützung

Der Kick-off-Workshop wurde von allen Teilnehmern als Erfolg betrachtet, da sie auf effiziente Weise ihre Ziele erreicht und eine interessante Arbeitsweise kennengelernt hatten. Für den Projektleiter war besonders wichtig, daß die erzielten Ergebnisse von allen mitgetragen wurden und das Projektteam auf ein gemeinsames Verständnis und eine gemeinsame neue Erfahrung aufbauen konnte. Tabelle 4.1 zeigt die Unterschiede zwischen einer traditionellen, nicht computerunterstützten und der CATeam-Vorgehensweise in den ersten beiden Projektphasen.

Tab. 4.1 Vergleich nicht-computerunterstützter und CA-Team-unterstützter Vorgehensweise

Kriterium	Vorgehen nicht-computer-unterstützt	Vorgehen CATeam-unterstützt	Unterschied durch CATeam
Problem-sammlung	als bekannt vorausgesetzt	gemeinschaftlich erstellt	Probleme werden expliziert
Zielfindung	Projektleiter legt vor	gemeinschaftlich erarbeitet	erhöhtes Commitment
Krit. Erfolgsfaktoren	Projektleiter leitet KEF aus Zielen ab	KEF gemeinschaftlich erarbeitet	gemeinsames Verständnis der KEF
Zeitbedarf	hoch	geringer	Zeit wird gespart

positive Aspekte der CATeam-Unterstützung

Folgende Aspekte der CATeam-Unterstützung wurden von den Teilnehmern als besonders positiv für die ersten Phasen der prozeßorientierten SAP-Einführung empfunden:

- Für alle Phasen, in denen die Computerunterstützung zur Sammlung von Ideen benutzt wurde, gilt, daß es auf anderem Wege kaum möglich gewesen wäre, so viele Ideen innerhalb so kurzer Zeit zu erfassen und zu dokumentieren. Insbesondere zu Beginn eines Projektes, bei dem die Vorstellung der Projektteilnehmer vom Projekt häufig noch diffus ist, ist es außerordentlich vorteilhaft, wenn zunächst alle Ideen gesammelt werden können und nicht aufgrund der gewählten Methodik schon von vornherein eine Selektion stattfinden muß. Die Vorteilhaftigkeit der Computerunterstützung zeigte sich auch bei der Strukturierung der Ideen, bei der erhebliche Zeiteinsparungen im Vergleich zum Kartensortieren bei der Metaplan-Methode zu verzeichnen waren.

- Die anonyme, computergestützte Problemsammlung sorgte für Offenheit und deckte Konflikte zu Beginn des Projektes auf, die den gesamten Projektverlauf sonst hätten gefährden können. Des weiteren erleichterte sie insbesondere den stilleren Teilnehmern das Äußern der eigenen Meinung. Die Projektteilnehmer lernten so schnell das gesamte Meinungsspektrum im Projekt kennen.

- Die Vorgehensweise bei der Zieldefinition erlaubte es allen Mitarbeitern mitzuwirken. Jedes Teammitglied hatte die Möglichkeit, seine eigenen Zielvorstellungen einzubringen. Nicht der externe Berater (in diesem Fall die Mitarbeiter der ITM GmbH und der Universität Hohenheim), sondern das Projektteam war federführend bei der Zielbestimmung. Durch die ausführliche Diskussion bei der Verabschiedung der Ziele, in die jeder Teilnehmer seine Auffassung einbringen konnte, wurde die Gruppe innerhalb von kurzer Zeit auf gemeinsame Ziele eingeschworen, die von allen getragen werden konnten. Dieses führte zu hohem Engagement und Buy-in im weiteren Verlauf des Projekes.

- Bei der Bestimmung der kritischen Erfolgsfaktoren wurden die Abstimmungswerkzeuge gezielt eingesetzt, um die Meinungsunterschiede innerhalb der Gruppe aufzuzeigen. Da die Abstimmung anonym ablief, konnte so ein unverfälschtes Meinungsbild erhoben werden. Der Gruppe wurden die Differenzen deutlich, und sie lernte sich damit auseinanderzusetzen.

- Der Einsatz von CATeam vermittelte den Teilnehmern sehr frühzeitig Erfolgserlebnisse aus der gemeinsamen Arbeit, denn bereits nach dem ersten Brainstorming (innerhalb der ersten Stunde) konnten sie auf eine gemeinsam erarbeitete Kommentarsammlung mit 292 Einzelkommentaren zurückblicken. Diese Erfolgserlebnisse aus der gemeinsamen Arbeit motivierten die Teilnehmer weiter, am Teamauftrag zu arbeiten; des weiteren bildete die Teamerfahrung eine ideale Ausgangslage für weitere gruppendynamische Prozesse.

- Über alle Phasen hinweg machten sich einerseits der Vorteil der sofort verfügbaren Dokumentation als auch andererseits die Weiterverwendbarkeit der GroupSystems Unterlagen deutlich bemerkbar. Die Teilnehmer waren sehr davon angetan, sofort über eigene Unterlagen, die den jeweiligen Arbeitsstand dokumentierten, zu verfügen, um damit weiterarbeiten zu können und auch nachträglich die einzelnen Schritte nachvollziehen zu können. Positiv wurde auch die Möglichkeit aufgenommen, die GroupSystems Dateien in WinWord weiterverarbeiten zu können, so daß sich auch ortsunabhängige Kleingruppen bilden konnten, die sowohl in Hohenheim als auch im eigenen Unternehmen ohne erneuten Erfassungsaufwand weiterarbeiten konnten.

Resümee

Die in dem Projekt gemachten Erfahrungen mit computerunterstützten Sitzungen in der Kick-off-Phase wurden von allen Teilnehmern positiv bewertet. Aus diesem Grunde haben auch nachträglich zu dem Projekt hinzugekommene Teilprojektgruppen denselben Workshop-Ablauf gewählt. Auch hier zeigte sich, daß durch den Einsatz von computerunterstützten Sitzungen in den ersten Phasen, insbesondere bei komplexen und wenig definierten Projekten mit großen Projektteams, wie dieses bei SAP-Einführungen in der Regel der Fall ist, sowohl die inhaltliche Abstimmung als auch das gegenseitige Kennenlernen und miteinander Arbeiten effizienter und effektiver wurden.

Literatur

[1] **Krcmar, H.:** Computerunterstützung für die Gruppenarbeit - Zum Stand der Computer Supported Cooperative Work Forschung. In: Wirtschaftsinformatik, 1992, Nr. 4, S. 425-437.

[2] **Schwabe, G.; Krcmar, H.:** CSCW- Werkzeuge. In: Wirtschaftsinformatik, 1992, Nr. 2, S. 209-224.

[3] **Schwabe, G.:** Objekte der Gruppenarbeit - Ein Konzept für das Computer Aided Team. DeutscherUniversitätsVerlag, Wiesbaden, 1995.

SAP Ausbildung im Wandel

Dipl.-Inf. Ulrich Bartels

Fa. CLS InterService, Gesellschaft für Unternehmensberatung und Informationsverarbeitung mbH, Bonn

Christoph Siebeck

Selbständiger EDV-Fachjournalist, Bochum

1 Anforderungen an die Anwenderschulung

Moderne Anwendungssoftware wird auf der einen Seite immer leistungsstärker, auf der anderen Seite aber auch immer komplexer. Ohne umfangreiche und fachlich fundierte Ausbildung sind die Anwender mit dem Programm in der Regel überfordert. Die Möglichkeiten der Software bleiben weitgehend ungenutzt. Daraus folgt als logische Konsequenz: die kostenintensive Umstellung auf hochintegrierte betriebliche Informationssysteme bringt nicht den erwarteten Wettbewerbsvorteil.

Lange Zeit wurde die zwingend notwendige Schulung der Mitarbeiter „nebenbei" erledigt. Das Anwendungsprogramm wurde angeschafft, installiert und die Schulung dann von einem vermeintlichen „Experten" erledigt – sei es aus dem eigenen Haus oder als externer Dienstleister. Aus Kostengründen wurde die Ausbildung auf das absolute Minimum beschränkt. Der Rest ergab sich dann oft in der täglichen Praxis – oder eben nicht.

Heute läßt sich diese Form der „Schulung" nicht mehr durchführen. Bereits die Möglichkeiten herkömmlicher Standardsoftware, wie Textverarbeitung oder Tabellenkalkulation, sind für solche „Crashkurse" viel zu umfangreich, ganz zu schweigen von komplexen Softwaresystemen wie SAP R/3. Mag bei einer Textverarbeitung eine gescheiterte Anwenderschulung unangenehm und teuer sein, können **Unwissen, Halbwissen oder Fehlbedienungen beim R/3-System die Handlungsfähigkeit eines ganzen Unternehmens gefährden.**

Ohne fachlich fundierte und methodisch-didaktisch sinnvolle Ausbildung der Anwender ist daher die Einführung von SAP R/3 von vornherein zum Scheitern verurteilt.

Besonderheiten der Schulungssituation

Die heutige Schulungssituation im Bereich moderner Informationssysteme weist einige Besonderheiten auf:

1. Kaum noch ein Unternehmensbereich arbeitet ohne Computerunterstützung. Die Zahl der zu schulenden Anwender hat stark zugenommen.
2. Die Anwendungsprogramme werden immer komplexer. Damit steigen auf der einen Seite die Anforderungen an die Auszubildenden, auf der andere Seite wird der Schulungsumfang immer größer.

3. Die Softwarehersteller bringen immer schneller neue Versionen auf den Markt, die eine erweiterte Funktionalität aufweisen. Jede neue Version führt damit auch zu einer neuen Schulung.
4. Die Einführung neuer Informationstechnologie muß in vergleichsweiser kurzer Zeit erfolgen. Kein Unternehmen kann sich heute mehrere Monate Umstellung leisten. Das System muß so schnell wie möglich in den Produktivbetrieb gehen.

Schulungen müssen also für viele Personen auf hohem Niveau in kurzen Abständen und in möglichst kurzer Zeit durchgeführt werden. Der Ausbildungsbereich ist damit auch zu einem erheblichen Kostenfaktor geworden. Die **Ausbildung** muß nicht nur **erfolgreich**, sondern gleichzeitig auch **kostengünstig** sein.

2 Die klassische Ausbildungsmethode – Seminare

Grundsätzlich bieten sich für das Lernen zwei klassische Methoden an:

- die **Vermittlung durch ein Seminar** oder ähnliches

und

- das **Selbststudium** durch Bücher oder andere Printmedien.

Selbststudium

Das Selbststudium fällt bei der Anwenderschulung für das R/3-System von vornherein aus, da die Inhalte viel zu komplex für eine ausschließlich theoretische Vermittlung sind und eine effektive Lernkontrolle fehlt.

Seminare

Bleibt die Vermittlung durch ein Seminar. Hier gibt es verschiedene Möglichkeiten:

- **externe Schulungen**

Bei externen Schulungen trifft häufig eine heterogene Lerngruppe zusammen. Die Teilnehmer verfügen über unterschiedliches Vorwissen und kommen aus unterschiedlichen Unternehmen, vielleicht sogar aus unterschiedlichen Abteilungen. In der Regel beschränken sich **externe Seminare** daher auf **Standards**, die die individuelle Arbeitssituation des Einzelnen und auch die umfangreichen Customizing-Möglichkeiten des R/3-Systems nicht berücksichtigen. Häufig müssen Nachschulungen durchgeführt werden, die noch einmal auf die unternehmenstypischen Besonderheiten und das Arbeitsumfeld des Teilnehmers eingehen.

- **interne Schulungen** durch eigene oder externe Dozenten

  Interne Schulungen bieten den Vorteil, daß sie auf die Arbeitssituation der Teilnehmer und die individuellen Anpassungen des R/3-Systems maßgeschneidert werden können. Die Ausbildungsinhalte spiegeln exakt das wider, was im Arbeitsalltag gefordert wird. Allerdings benötigt man einen Schulungsraum mit entsprechender Ausrüstung und hoch qualifizierte Dozenten, die sich ihr Fachwissen entsprechend honorieren lassen.

Vorteile von Seminaren

Jedes Seminar - egal, ob intern oder extern durchgeführt - weist einige typische Vor- und Nachteile auf. Zunächst die Vorteile:

- Das Lernen in der Gruppe kann die Lernleistungen erhöhen. Im Idealfall unterstützen sich die Teilnehmer gegenseitig und tauschen ihre Erfahrungen aus.
- Die Teilnehmer können im bestimmten Rahmen die inhaltlichen Schwerpunkte mitbestimmen – vorausgesetzt, der Dozent hat die nötigen Kenntnisse. Diese aktive Mitbestimmung fördert das Interesse und auch die Motivation.
- Die Schulung kann durch unterschiedliche Medien und Methoden abwechslungsreich gestaltet werden. Damit steigt die Aufmerksamkeit und die Lern- und Behaltensleistung der Teilnehmer.
- Der Dozent kann bei Mißverständnissen sofort korrigierend eingreifen oder einzelne Teilnehmer gezielt unterstützen.

Nachteile von Seminaren

Diesen Vorteilen stehen allerdings auch Nachteile gegenüber:

- Der Erfolg der Ausbildung wird in sehr hohem Maße durch den Dozenten bestimmt. Gute Dozenten sind erfahrungsgemäß schwierig zu finden. Gefordert sind sowohl umfassende fachliche Kenntnisse als auch eine fundierte pädagogische Ausbildung. Ein Fachexperte, der die Teilnehmer mit stundenlangen Vorträgen überfordert, nützt genau so wenig wie ein ausgezeichneter Pädagoge, der keine fachlichen Fragen beantworten kann. Da die Nachfrage zur Zeit sehr hoch ist, sind gute Dozenten oft langfristig ausgebucht.
- Der Lernerfolg hängt von der Tagesform der Teilnehmer und des Dozenten ab. Ein Teilnehmer, der eine unruhige Nacht verbracht hat, läßt sehr schnell in der Aufmerksamkeit nach. Möglicherweise verpaßt er ganz den Anschluß und wartet nur noch auf das Ende der Schulung.

- Die Teilnehmer entscheiden nicht selbst, wann und wieviel sie lernen. Jeder Schulungstag hat ein mehr oder weniger festes Programm, das von den Teilnehmern absolviert werden muß – gleichgültig, ob sie gerade aufnahmebereit sind oder nicht. Der Lernprozeß ist mehr oder weniger erzwungen. Besonders bei mehrtägigen Seminaren läßt die Aufmerksamkeit und Leistungsfähigkeit der Teilnehmer gegen Ende sehr stark nach.
- Die Situation im Seminar kann unangenehme Erinnerungen an die Schulzeit wecken. Erwachsene haben immer eine besondere Lerngeschichte, die auch durch die Schulausbildung mitgeprägt wird. Die Erinnerungen sind nicht immer angenehm. So kann zum Beispiel ein direktes Nachfragen des Dozenten zu hohem Streß und Leistungsdruck führen, der emotionale Lernblockaden beim Teilnehmer erzeugt. Häufig finden sich bei Teilnehmern auch Ängste, bei Fehlern oder „dummen Fragen" von den anderen Teilnehmern ausgelacht zu werden. Die positiven Effekte des Gruppenlernens können – je nach Lerngeschichte und Persönlichkeit des Teilnehmers – genau ins Gegenteil kippen.
- Die Inhalte einer Schulung lassen sich nur sehr eingeschränkt individualisieren. Besonders bei externen Seminaren ist die Lerngruppe oft sehr heterogen – sowohl von den Berufsbildern als auch von den Vorerfahrungen. Die Folge: der eine Teilnehmer ist mit der Schulung völlig überfordert, ein anderer Teilnehmer findet das Seminar langweilig. Selbst bei gleichen Voraussetzungen der Teilnehmer treten über kurz oder lang Schwierigkeiten auf, da das Lerntempo häufig sehr unterschiedlich ist. Entweder müssen die schnellen Lerner auf die langsamen warten, oder die langsamen Lerner verlieren den Anschluß.
- Die Schulung ist mit hohen Kosten verbunden. Neben den reinen Schulungskosten kommen noch die Kosten für den Arbeitsausfall sowie gegebenenfalls die Anreise und Übernachtung dazu. Um Kosten zu sparen, wird daher gelegentlich nur ein Mitarbeiter einer Abteilung zur Schulung geschickt, der seine Kenntnisse dann an seine Kollegen weitergeben soll. In der Praxis scheitert dieses Verfahren allerdings regelmäßig. Häufig reicht das neu erworbene Wissen des Teilnehmers nur für die Vermittlung elementarer Grundlagen aus, komplexere Vorgänge oder Funktionen werden erst gar nicht erläutert. Zusätzlich entsteht durch die

Vermischung von Produktivarbeit und Ausbildung hoher Zeitdruck, der letztendlich zu unbefriedigenden Ergebnissen führt. Weder die Ausbildung noch die eigentliche Arbeit werden angemessen durchgeführt.

Seminare erfordern außerdem einen hohen organisatorischen Aufwand. So muß bei externen Schulungen der vorgegebene Termin in betriebliche Abläufe eingepaßt werden und gegebenenfalls für die Dauer der Schulung eine Ersatzarbeitskraft beschafft werden. Bei internen Schulungen muß man sich um einen Dozenten und unter Umständen um die Beschaffung eines Schulungsraums kümmern. Kurzfristige Änderungen sind kaum möglich. Falls ein oder mehrere Teilnehmer an dem Schulungstermin von ihrem Arbeitsplatz nicht abkömmlich sind, wird das Seminar trotzdem stattfinden – eben ohne den oder die Teilnehmer.

Seminare, die Wissen kompakt an mehreren Tagen vermitteln, reichen für einen praktischen Einsatz im Unternehmen meistens nicht aus. Die Annahme, ein Anwender lerne in drei oder fünf Tagen die nötigen Kenntnisse, um zum Beispiel die Kostenstellen- und Kostenartenrechnung im Modul 'CO-CCA' des Controllings selbständig durchzuführen, ist illusorisch. Selbst eine zehntägige Schulung wird nicht ausreichen.

Transfer des Gelernten

Häufig beginnt das eigentliche Lernen erst nach dem Seminar am Arbeitsplatz. Was in der Schulung in einer speziell geschaffenen, künstlich konstruierten Lernumgebung noch problemlos funktionierte, bereitet in der täglichen Praxis oft große Schwierigkeiten: der Transfer des Gelernten in den Arbeitsalltag gelingt nur mühsam oder unter Umständen gar nicht.

Selbst „alte Hasen", die umfangreiche Erfahrungen mit dem R/3-System haben, stoßen immer wieder auf Probleme, die sich nicht sofort lösen lassen. Anfänger fühlen sich häufig durch den enormen Leistungsumfang und die Komplexität des R/3-Systems verunsichert. Reagiert dann die Software nicht exakt so wie in der Schulung, sondern meldet möglicherweise noch einen bis dahin nie aufgetretenen Fehler, entstehen Ängste und Frustrationen. An eine effektive Arbeit ist nicht mehr zu denken.

Viele DV-Anwenderschulungen führen zu ähnlichen Ergebnissen wie eine Fahrschulausbildung: solange der Fahrlehrer auf dem Beifahrersitz Platz nimmt, fühlt sich der Fahrschüler sicher und souverän. Die erste Alleinfahrt ist dann für die meisten Führerscheinneulinge mit Angst und Unsicherheit verbunden. Der Straßenverkehr erscheint auf einmal unübersichtlich und voller Tükken, die Bedienung des Autos kompliziert. Erst nach einigen erfolgreichen Versuchen kommt dann die Sicherheit zurück.

DV-Anwenderschulungen können aufgrund der knappen Zeit in der Regel nur in die Bearbeitung von Standardvorgängen einführen. In der Praxis sieht es aber oft ganz anders aus. Ein einfaches Beispiel:

Beispiel

Die Sachbearbeiterin Frau Müller aus der Buchhaltung hat bereits mehrere Schulungen zum R/3-System besucht – unter anderem auch ein Seminar zur Belegbearbeitung im FI-Finanzwesen. In der Schulung haben sämtliche Arbeitsschritte problemlos funktioniert. Frau Müller fühlt sich im Umgang mit der Anwendung relativ sicher.

Im Unternehmen gibt es bereits in der ersten Woche ein Problem: Bei der Verbuchung muß ein Konto angesprochen werden, das noch nicht vorhanden ist. Dieser Fall ist in der Schulung nie vorgekommen, Frau Müller sitzt ratlos vor ihrem Rechner. Sie ruft den Abteilungsleiter an und bittet um Rat. Der kann ihr zwar den richtigen Ansprechpartner nennen, ist aber verärgert, da die Schulungen sehr teuer und für sein Empfinden nutzlos waren.

methodisch-didaktische Defizite

Neben diesen Schwierigkeiten, die durch die spezielle Seminarsituation entstehen, zeigen sich auch immer deutlicher methodisch-didaktische Defizite in der Anwenderschulung. Obwohl bereits seit vielen Jahren DV-Schulungen durchgeführt werden, weiß eigentlich niemand so recht, wie nun eine erfolgreiche Anwenderschulung grundsätzlich aussehen sollte. Eine durchgängige Didaktik des Computerunterrichts ist – wenn überhaupt – nur in Ansätzen vorhanden. Die Praxis sieht dann – etwas übertrieben – allzuoft so aus:

Der Dozent steht vor den Teilnehmern und führt mit einem Vortrag in das Thema ein. Die Teilnehmer sitzen an ihren Übungsgeräten und warten eigentlich nur darauf, daß sie endlich praktisch arbeiten dürfen. Dauert der Vortrag des Dozenten zu lange, beginnen garantiert irgendwann die ersten Teilnehmer mit dem Computer herumzuspielen. Hier muß der Dozent dann seinen Vortrag unterbrechen und um etwas Geduld bitten.

Dann werden die einzelnen Befehle und Arbeitsschritte hintereinander vom Dozenten an die Tafel geschrieben, die Teilnehmer führen sie entsprechend schrittweise aus. Im Schulungsalltag führt diese Technik regelmäßig zu Schwierigkeiten. Das Tempo der Teilnehmer ist eigentlich nie einheitlich. Der eine Teilnehmer ist sehr schnell fertig und wartet dann ungeduldig auf den nächsten Arbeitsschritt; ein anderer Teilnehmer kommt nicht mit und muß den Dozenten um Hilfe bitten. Nimmt dieser seine Aufgabe ernst, gibt er Hilfestellungen und zusätzliche Erläuterungen. Die anderen Teilnehmer warten so lange. Das Ergebnis dieser „Methode“: die Lerngruppe wird in lauter Einzellerner gesprengt, die sich alle mit einer anderen Funktion beschäftigen und individuelle Hilfe vom Dozenten erwarten. Bei den hohen Teilnehmerzahlen muß dieser Anspruch fast immer scheitern.

Ein weiterer Nachteil dieser „Schrittmethode“: Ein Arbeitsschritt wird in lauter kleine Bestandteile zerlegt, die später im praktischen Einsatz vom Teilnehmer mühsam wieder rekonstruiert werden müssen. Eine **ganzheitliche und durchgängige Vorstellung** fällt aus Zeitgründen meistens aus.

Auch in einem weiteren Punkt gehen Schulung und Arbeitspraxis häufig auseinander. Ein Programm wird anhand einzelner Funktionen vorgestellt. Die Lerninhalte werden mehr durch die logische Struktur des Programms bestimmt als durch die Aufgaben, die der Teilnehmer im Arbeitsalltag lösen muß. Ein Beispiel:

Beispiel

In einem R/3-Kurs zur Belegbearbeitung im FI erläutert der Dozent an einem einzigen Beispiel, wie Netto- und Bruttobuchungen durchgeführt werden und wie die Schnellerfassungsmaske aufgerufen wird. Nachdem er diese unterschiedlichen Techniken vorgestellt hat, erfahren die Teilnehmer, wie sie einen Beleg buchen.

In der Praxis findet sich solch eine Arbeitsweise nicht wieder. Hier werden die Belegdaten erfaßt, dann erfolgt die Buchung. Eine gleichzeitige Buchung eines Beleges im Netto- oder Bruttoverfahren ist gar nicht möglich. Auch die Schnellerfassungsmaske wird wahrscheinlich nie für eine einzige Buchung eingesetzt. Die ausschließliche Aufbereitung der Lerninhalte nach der logischen Struktur des Programms eignet sich lediglich für Anwender, die bereits über umfangreiches Grundlagenwissen verfügen und in einem nächsten Schritt Detailwissen erwerben sollen.

handlungs- oder prozeßorientiertes Vorgehen

Sehr viel effektiver als dieses funktionsorientierte Vorgehen ist eine handlungs- oder prozeßorientierte Methode. Die Teilnehmer lernen die einzelnen Schritte genauso kennen, wie sie in der Praxis benötigt werden – also zum Beispiel: Erfassungsbild aufrufen, Daten eingeben, Buchung durchführen, Erfassungsbild verlassen. Abweichende Verfahren – zum Beispiel Netto- und

Bruttobuchung – werden dann in einem weiteren inhaltlich geschlossenen Schritt vorgestellt. Der Teilnehmer kann die Inhalte insgesamt aufnehmen und wird von der – unter Umständen – sehr mühsamen Puzzleaufgabe in der praktischen Arbeit entlastet.

Das Seminar als klassisches Instrument der Anwenderschulung stößt durch diese Probleme immer mehr an Grenzen. Zwar ließe sich der eine oder andere Mißstand durch eine methodisch-didaktische Ausbildung der Dozenten vermeiden oder zumindest verringern, bei dem zur Zeit sehr hohen Schulungsbedarf fehlt aber sowohl die Zeit als auch das Interesse der Ausbilder.

Kurz gesagt: DV-Anwenderschulungen als Seminare sind sehr kostenintensiv und bringen häufig nicht die gewünschten und benötigten Ergebnisse.

3 Die alternative Ausbildungsmethode – CBT

Eine Alternative zu der herkömmlichen DV-Anwenderschulung in Seminaren bietet das **Computer Based Training** – kurz CBT. Statt ein Seminar zu besuchen, arbeitet der Teilnehmer entweder allein oder in einer Lerngruppe die Inhalte am Computer durch.

Die Idee, den Computer zu Ausbildungszwecken einzusetzen, ist recht alt. Bereits in den 60er Jahren fanden sich die ersten Versuche, die nach dem sehr simplen Strickmuster Frage - Antwort - Bewertung - nächste Frage arbeiteten. Der Schüler konnte lediglich die Geschwindigkeit dieses Frage-Antwort-Spiels bestimmen, weitere Möglichkeiten gab es nicht.

Multimedia-Techniken

Heutige CBT-Programme haben mit diesen „Lern-Dinosauriern" nur noch das Medium Computer gemeinsam. In erster Linie werden Multimedia-Techniken eingesetzt, die Bild, Ton und Interaktion kombinieren. In Simulationen kann der Teilnehmer den Umgang mit dem System üben. Dabei sind sowohl die Arbeitstechniken als auch die Reaktionen der Software dem tatsächlichen System sehr ähnlich.

Beispiel für ein R/3-Lernprogramm

Ein typisches Lernprogramm für das R/3-System sieht zum Beispiel so aus (MultiMedia Teach Line „FI-Überblick"):

In einem Eingangsbildschirm listet das Programm die zu vermittelnden Themenbereiche des Kurses auf – zum Beispiel Hauptbuchhaltung, Anlagenbuchhaltung oder Belegbearbeitung.

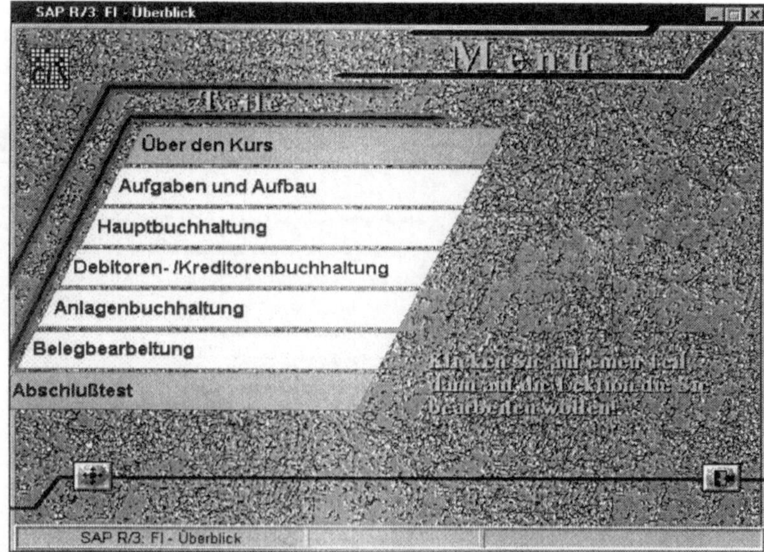

Abb. 3.1
Eingangsbildschirm

Der Teilnehmer kann unabhängig von der vorgeschlagenen Reihenfolge einen beliebigen Teil auswählen. Unter den einzelnen Themenbereichen werden dann die Lektionen aufgelistet – für den Teil „Debitoren-/Kreditorenbuchhaltung" z.B. „Der Debitor im R/3-System", „CpD - Konten" oder „Das Zahlungsprogramm". Auch hier kann der Teilnehmer selbst entscheiden, welche Lektion er bearbeiten will.

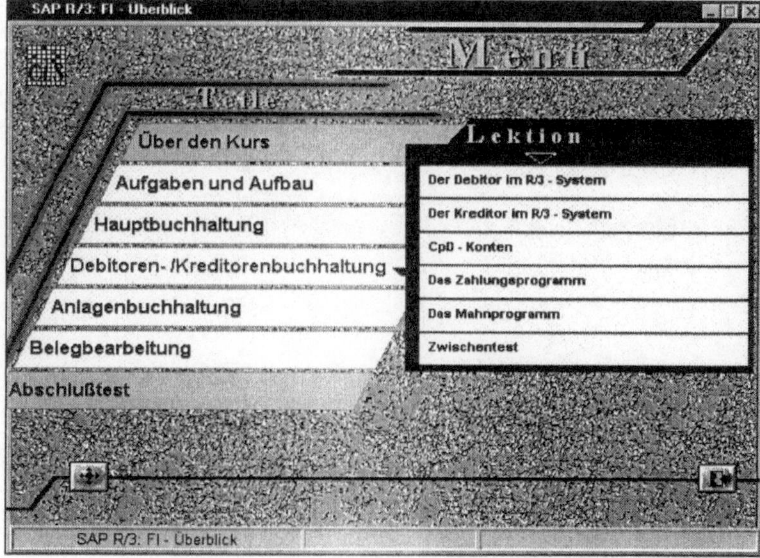

Abb. 3.2
Aufteilung in Lektionen und Kapitel

Zu Beginn einer Lektion erhält der Teilnehmer zunächst Informationen über die Inhalte, Lernziele und die Bearbeitungsdauer.

Abb. 3.3
Inhalte und Lernziele

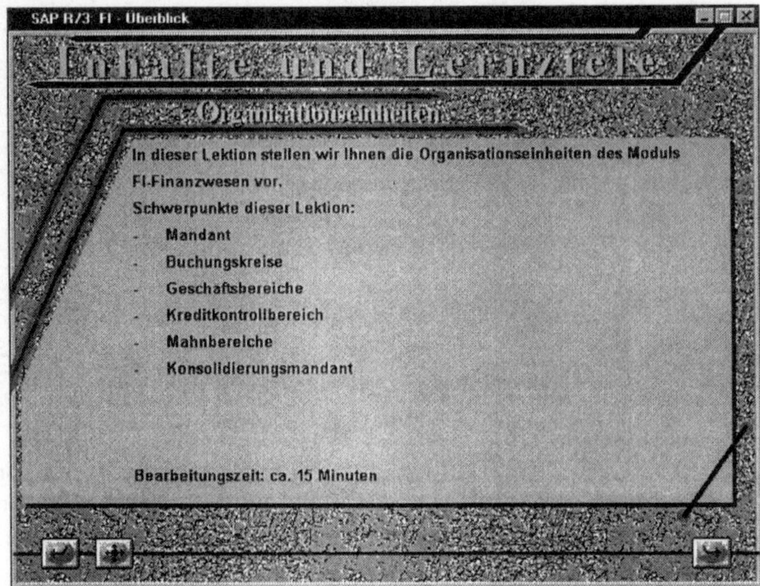

Das konkrete Vorgehen zur Lösung einer Aufgabe wird mit nachgebildeten Bildschirmen des R/3-Systems erklärt. Der Teilnehmer erfährt von einem Sprecher, welche Funktionen die einzelnen Felder haben und welche Daten eingegeben werden müssen. Besonderheiten werden noch einmal durch grafische Elemente – z.B. Textfelder oder Rahmen – hervorgehoben. Nach der Erklärung gibt der Teilnehmer dann selbständig Daten in einer Interaktion ein und gelangt zum nächsten Bildschirm.

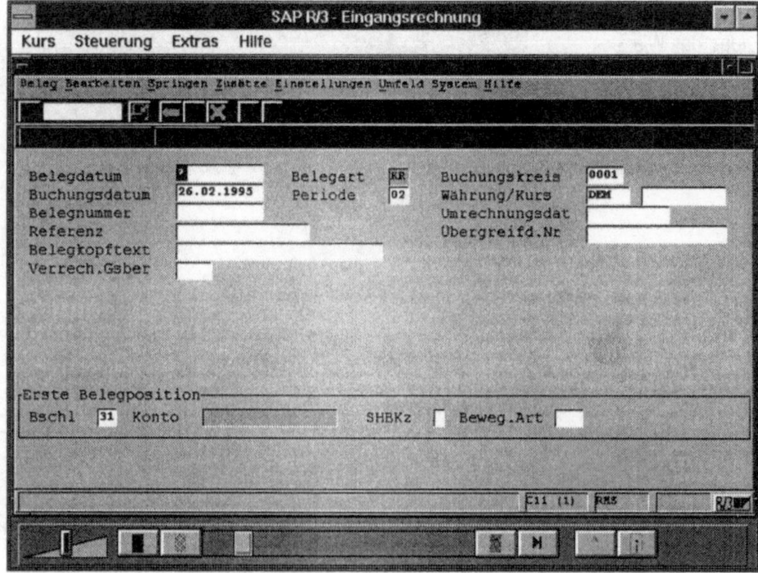

Abb. 3.4
Interaktion mit nachgebildeten R/3-Bildschirmen

Neben den Interaktionen, die bereits eine Lernkontrolle darstellen, wird das neu erworbene Wissen nach jeder Lektion noch einmal gesondert überprüft. Dabei erhält der Teilnehmer auch Aufgaben, in denen er komplette Arbeitsschritte – zum Beispiel das Erfassen einer Eingangsrechnung – selbständig lösen muß. Zusätzlich erfolgt am Ende des Kurses ein Abschlußtest, in dem der Teilnehmer ein Zertifikat erwerben kann. Der Schwierigkeitsgrad dieses abschließenden Tests kann von der Systemverwaltung angepaßt werden. Auf Wunsch kann der Teilnehmer sein Wissen auch in einem Spiel überprüfen.

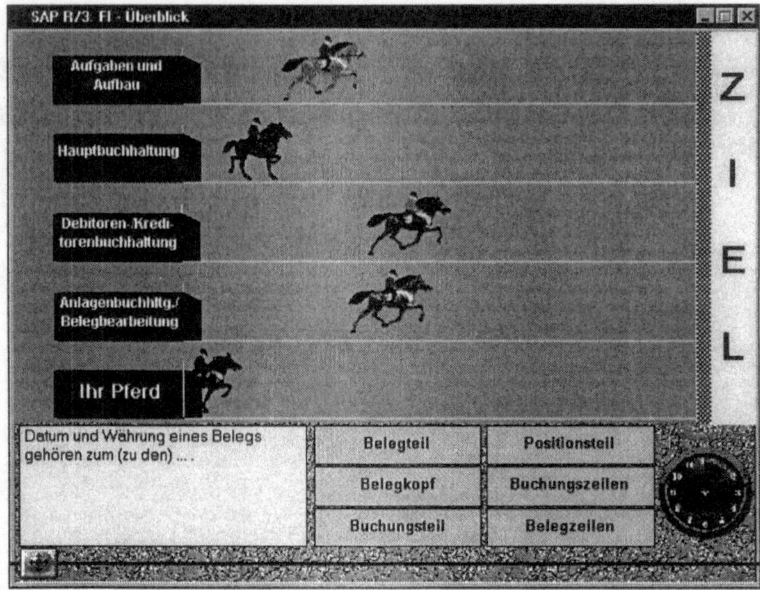

Abb. 3.5
Spielerische Überprüfung des Wissens

Der Kurs kann jederzeit unterbrochen werden. Der Bearbeitungsstand wird dabei auf Wunsch gespeichert. Der Teilnehmer kann damit sowohl die Lerninhalte als auch den Lernumfang selbst bestimmen.

Zusätzlich zum eigentlichen Kurs bietet das Programm ein Lexikon, das sowohl Fachbegriffe als auch die wichtigsten Verfahren erläutert. Das Lexikon läßt sich auch isoliert verwenden.

Vorteile des CBT

Multimedia-CBT-Programme verbinden viele Vorteile der klassischen Methoden zur Wissensvermittlung:

- Der Teilnehmer lernt wann und wieviel er will. Das Lerntempo richtet sich nach seinen Gewohnheiten, nicht nach denen anderer Teilnehmer. Die Differenzierung der Lerninhalte erfolgt durch den Teilnehmer selbst. Er kann für ihn uninteressante oder bereits bekannte Abschnitte überspringen und bearbeitet nur die persönlich relevanten Themen. Durch dieses **selbstbestimmte Lernen** ist die individuelle Bedeutung des Stoffes und damit auch die Aufmerksamkeit sichergestellt. Außerdem kann die Schulung auf viele kleine Lerneinheiten verteilt werden, deren Länge sich nach der Aufnahmefähigkeit des Teilnehmers und auch nach betrieblichen Erfordernissen richtet.

- Computer werden von den meisten Menschen als objektiv und unbestechlich empfunden. Fehler werden nicht öffentlich, so entfällt auch die möglicherweise vorhandene Angst vor Mißerfolg oder einer Blamage. Unangenehme Erinnerungen an die Schulzeit kommen beim Lernen mit Computern kaum auf. Das Lernen erfolgt deutlich entspannter. Die „unpersönliche Lernmaschine" – häufiger Kritikpunkt bei früheren CBT-Programmen – tritt bei Multimedia-Systemen in den Hintergrund. Der **Computer** wird eher **als Lernpartner** empfunden.
- Durch die Interaktionen wird der Teilnehmer zur Aktivität gezwungen. Dadurch verbessern sich die Lern- und Behaltensleistungen. Bei der Simulation des Anwendungsprogramms wird auf diese Weise außerdem der Transfer in die Praxis erleichtert.
- Der parallele Einsatz unterschiedlicher Sinneskanäle führt zu deutlich höheren Lernleistungen. So liegt die Behaltensleistung für Informationen, die lediglich gehört oder gelesen werden, bei knapp 30 Prozent. Kombiniert man dagegen die beiden Kanäle, steigt die Behaltensleistung bereits auf 50 Prozent. Werden dann dem Teilnehmer noch Möglichkeiten gegeben, selbst einzugreifen, liegt die Behaltensleistung bereits bei 90 Prozent.
- Die integrierten **Übungen** ermöglichen eine **effektive Lernkontrolle** und eine **differenzierte Rückmeldung über den Lernfortschritt**. Der Teilnehmer kann jederzeit selbst beurteilen, wie gut er den Stoff beherrscht und bei Bedarf gezielt Themen wiederholen.

Diese Vorteile können die Schulungszeiten deutlich verkürzen und gleichzeitig die Lernerfolge steigern. Außerdem sind CBT-Programme im Vergleich zu herkömmlichen Verfahren oft deutlich kostengünstiger. Ein Beispiel:

Beispiel zur Wirtschaftlichkeit

Ein CBT-Programm zum Thema „Systembedienung im R/3" kostet als Mehrplatzlizenz beispielsweise 7.500 DM. Dazu kommen noch die nötigen Aufrüstungen für die Lernstationen – z.B. mit Soundkarte, Kopfhörer oder Lautsprecher und CD-ROM-Laufwerk. Diese Zusatzkosten belaufen sich pro Gerät auf knapp 500 DM. Insgesamt werden in dem Unternehmen fünf Lernstationen eingerichtet. Zusätzlich muß noch ein Server mit einer größeren Festplatte ausgerüstet werden. Hierfür entstehen noch einmal Kosten von 2.000 DM. Die Gesamtkosten betragen damit rund 12.000 DM.

Insgesamt sollen 40 Mitarbeiter die Schulung absolvieren. Die durchschnittliche Bearbeitungsdauer für den Kurs beträgt 2 Tage. Pro Mitarbeiter und Schulungstag belaufen sich die Kosten damit auf knapp 150 DM.

Bei einem Seminar dagegen sind Kosten von 1.000 DM pro Teilnehmer und Schulungstag keine Seltenheit. Dazu kommen dann unter Umständen noch die Anreise- und Übernachtungskosten.

Je höher das Schulungsvolumen, desto wirtschaftlicher wird der Einsatz von CBT-Programmen. Werden in dem obigen Beispiel 100 Mitarbeiter geschult, reduzieren sich die Kosten pro Teilnehmer und Schulungstag auf 60 DM. Bei einem Seminar dagegen bleiben die Kosten pro Teilnehmer immer gleich – egal, ob ein Mitarbeiter geschult wird oder 200. Je nachdem, wie hoch die Kosten für eine Anwenderschulung durch ein Seminar liegen, kann bereits bei fünf bis zehn Teilnehmern durch ein CBT-Programm eine Kostensenkung erzielt werden. Außerdem sind die Investitionen in die Hard- und Software dauerhafter Natur.

So können die Kurse ohne weitere Kosten auch für Nachschulungen eingesetzt werden. Stellt sich im praktischen Einsatz heraus, daß der Mitarbeiter ein Thema noch nicht richtig beherrscht, kann er die entsprechenden Lektionen ohne großen organisatorischen Aufwand noch einmal an der Lernstation bearbeiten. Bei Folgeschulungen sinken die Kosten pro Tag und Teilnehmer noch einmal, da die nötige Hardware ja nur einmal angeschafft werden muß.

Angenommen, das Unternehmen aus dem obigen Beispiel führt als Folgeschulung den Kurs „Sachkontenbuchhaltung im FI“ durch. Die Anschaffungskosten für den Kurs belaufen sich ebenfalls auf 7.500 DM, die durchschnittliche Bearbeitungszeit beträgt drei Tage. Die Gesamtkosten für die beiden Kurse und die Hardware liegen dann bei 19.500 DM für fünf Schulungstage und 40 Teilnehmer. Pro Tag und Teilnehmer belaufen sich die Kosten dann auf knapp 100 DM. Eliminiert man die Kosten für die Hardwareerweiterung, betragen die reinen Schulungskosten sogar nur 75 DM pro Tag und Teilnehmer.

Ein weiterer Vorteil: nach der Anschaffung kann der Kurs auch für Schulungen an anderen Standorten eingesetzt werden. Statt die Mitarbeiter auf die Reise zu schicken, versendet man einfach die Datenträger. Falls an dem anderen Standort bereits eine entsprechend ausgerüstete Lernstation vorhanden ist, fallen keine weiteren Kosten an.

CBT ist also nicht nur **kostengünstiger** als herkömmliche Schulungen, sondern auch wesentlich **flexibler**. Wann die Ausbildung durchgeführt wird, wird individuell bestimmt und nicht durch einen Terminplan, der schon Monate vorher feststeht.

Nachteile des CBT

Allerdings weist CBT auch einige typische Nachteile auf:

- Die **Lerninhalte** sind **unveränderlich**. Wenn ein Teilnehmer mehr wissen möchte als das Programm vermittelt, muß er sich entweder mit der Dokumentation des Anwendungsprogramms auseinandersetzen oder einen Experten befragen. Der Teilnehmer kann lediglich die Auswahl der Themen beeinflussen, aber nur in den seltensten Fällen Fragen an das Programm stellen. Selbst wenn diese Möglichkeit besteht – beispielsweise. bei der sehr aufwendigen Koppelung mit einem Expertensystem – ist die Antwort nicht immer brauchbar.
- Die **Lerninhalte** können bei Standardprogrammen **nicht an die Erfordernisse des Unternehmens angepaßt werden.** In diesem Punkt müssen CBT-Programme mit den gleichen Schwierigkeiten kämpfen wie eine herkömmliche Standardschulung. Wird das R/3-System in einem Unternehmen über das Customizing angepaßt, stimmen die Inhalte des CBT-Programms oft nicht mehr mit dem System am Arbeitsplatz überein. Einen Ausweg bieten hier entweder sehr teure Individualentwicklungen oder aber CBT-Programme, die sich über Schnittstellen um benutzerdefinierte Inhalte erweitern lassen.
- Die **Simulation** des Anwendungsprogramm ist **nie ganz realistisch**. Um den Anspruch einer wirklich exakten Nachbildung zu erfüllen, müßte das gesamte R/3-System nachprogrammiert werden. Zwangsläufig beschränken sich die Reaktionen des CBT-Programms auf einige Aspekte bzw. erzwingen bestimmte Eingaben. Ein exploratives Lernen ist damit unmöglich, aus Sicherheitsgründen aber beim R/3-System wohl auch nicht angebracht.
- Lernen beschränkt sich nicht nur auf die Vermittlung von Faktenwissen, sondern beinhaltet auch soziale Kompetenzen oder zum Beispiel die Vermittlung von Entscheidungsfähigkeit. **Lernen am Computer** zielt fast ausschließlich auf den **kognitiven Bereich**. Die Versuche, Verhaltenstraining am Computer durchzuführen, sind ohne menschliche Rückmeldung von vornherein zum Scheitern verurteilt. Bei der DV-Anwenderschulung tritt dieser Aspekt allerdings in

den Hintergrund, da hier fast nur Struktur- und Faktenwissen benötigt wird.

- Multimedia-CBT-Programme stellen **sehr hohe Anforderungen an das Entwicklungsteam**. Neben Fachexperten und Pädagogen werden außerdem noch Programmierer und Grafiker benötigt. Ein Programm, das schon in der Bedienung die gesamte Aufmerksamkeit des Anwenders erfordert, wird kaum zusätzliches Wissen vermitteln können. Außerdem wird bei einigen Multimedia-Programmen immer noch der technische Aspekt überbetont. Ein Programm, das einen komplizierten Sachverhalt über eine Videosequenz mit einem vortragenden Dozenten vermitteln will, hat seinen Zweck genauso verfehlt wie ein Programm, das jede richtige Antwort des Lernenden mit einem langen Fanfarenkonzert euphorisch feiert.

CBT als Alternative

CBT ist deshalb **kein vollwertiger Ersatz** für die klassische Anwenderschulung in Seminaren, sondern eine **kostengünstige Alternative**, um Grundlagenwissen zu vermitteln. In der Praxis werden daher Seminare und CBT häufig nebeneinander eingesetzt: Der Teilnehmer eignet sich zuerst an der Lernstation das nötige Grundlagenwissen an, Spezialkenntnisse werden dann in Seminaren oder Workshops vermittelt. So werden die typischen Vorteile der beiden Methoden optimal kombiniert.

CBT bietet außerdem die Möglichkeit, den hohen Schulungsbedarf gerade für komplexe Systeme wie R/3 in angemessener Zeit zu bewältigen. Obwohl die Anbieter für SAP R/3-Schulungen immer mehr zunehmen, reichen die vorhandenen Kapazitäten nicht aus, um die enorme Nachfrage kurzfristig zu befriedigen. CBT-Programme können die Dozenten von Grundlagenschulungen entlasten und so das vorhandene Know-how für maßgeschneiderte, kundenindividuelle Schulungen freistellen.

4 Rahmenbedingungen für den Einsatz von CBT

Der CBT-Einsatz ist kein technisches Problem, sondern muß vor allem unter pädagogischen Gesichtspunkten betrachtet werden. Die Beschaffung der Hard- und Software allein bietet keine automatische Garantie für den Erfolg der Schulung.

Generell müssen folgende Punkte überprüft werden:

- **Ist CBT tatsächlich ein geeignetes Mittel für die Schulung oder nur das kostengünstigste?**

Bei der Vermittlung sozialer, handwerklicher oder kommunikativer Fähigkeiten kann CBT zwangsläufig nie ausschließlich eingesetzt werden. Der Computer ist in solchen Bereichen aber gut für die Vermittlung von eher theoretischen Grundlagen geeignet. Ein CBT-Einsatz allein aus wirtschaftlichen Gesichtspunkten kann den Erfolg der gesamten Schulung in Frage stellen.

- **In welcher Form soll das CBT durchgeführt werden?**

Grundsätzlich gibt es drei Möglichkeiten:

autonomes Lernen

Dem Teilnehmer werden die Lernstation, der Kurs und alle weiteren erforderlichen Materialien zur Verfügung gestellt. Der Kurs muß in einer vorgegebenen Zeit absolviert werden. Wie der Teilnehmer diese Zeitvorgaben erfüllt, bleibt dabei ihm selbst überlassen. Das autonome Lernen setzt disziplinierte und hoch motivierte Mitarbeiter voraus und sollte nur bei einer kleinen Zahl von Teilnehmern durchgeführt werden. Neben der Anwenderschulung eignet es sich sehr gut, um Entscheidern einen Überblick und Einführung in ein Thema zu geben – zum Beispiel über die Leistungsfähigkeit eines R/3-Moduls.

betreutes Selbstlernen

Bei diesem Verfahren steht dem Teilnehmer ein Tutor zur Seite, der mit ihm den zeitlichen Rahmen und den Umfang der Ausbildung bespricht. Die Lerninhalte arbeitet der Teilnehmer dann selbständig an einer Lernstation durch – üblicherweise im Unternehmen während der Arbeitszeit.

betreutes Lernen in Gruppen

Hier werden größere Lerngruppen zusammengestellt, die sich zu festgelegten Terminen mit dem Thema beschäftigen. Jeder Teilnehmer arbeitet im Schulungsraum allein mit dem CBT-Programm. Der Kurs wird bei dieser Form üblicherweise auf einem Server installiert. Bei Bedarf steht ein Ansprechpartner zur Verfügung, der auch mehrere Lerngruppen gleichzeitig betreuen kann. Dieses Verfahren verbindet kurze Schulungszeiten mit selbstbestimmtem Lernen. Es wird vor allem bei einer großen Zahl von Teilnehmern eingesetzt.

- **Ist ein fester Ansprechpartner für die Teilnehmer vorgesehen?**

Der Teilnehmer darf nicht das Gefühl haben, in einer sterilen „Lernmaschinerie" allein gelassen zu werden. Bei Problemen – seien sie inhaltlicher oder technischer Natur – muß er wissen, an wen er sich wenden kann. Diese Vorgabe gilt für alle Einsatzformen des CBT – egal, ob autonomes Lernen oder betreutes Lernen in der Gruppe. Lediglich die Präsenz und der Umfang der Unterstützung unterscheiden sich.

- **Sind die Teilnehmer für die Arbeit mit dem Computer ausreichend motiviert?**

Vor allem bei Teilnehmern, die noch nie mit einem CBT-Programm gearbeitet haben, sollte darauf geachtet werden, daß die Motivation stimmt und Ängste erst gar nicht aufkommen. Vor der Schulung muß mit den Teilnehmern darüber gesprochen werden; dabei sollen vor allem Punkte wie das selbstbestimmte Lernen und die Eigenverantwortung hervorgehoben werden. Auf keinen Fall sollten Argumente benutzt werden wie „Das ist das billigste und funktioniert sehr gut.“. Der Teilnehmer muß seine persönlichen Vorteile beim Selbststudium erkennen.

- **Kann der Teilnehmer mit der Lernstation und dem Programm umgehen?**

Dieser Punkt ist vor allem beim autonomen und selbstbestimmten Lernen wichtig. Der Teilnehmer muß zumindest wissen, wie er das CBT-Programm startet und die wichtigsten Steuerungsfunktionen beherrschen.

5 Mindestanforderungen an ein CBT-Programm

Das CBT-Programm selbst muß einer gründlichen Prüfung unterzogen werden. Multimedia bedeutet nicht automatisch einen hohen Lernerfolg. Nur technisch, methodisch-didaktische und inhaltlich stimmige Programme führen zum gewünschten Erfolg. Schlechte Lernprogramme – leider immer noch häufig zu finden – bewirken häufig genau das Gegenteil: Der Teilnehmer verliert die Lust am Lernen.

Bevor eine Entscheidung für ein spezielles CBT-Programm fällt, sollte eine Demoversion sorgfältig auf die folgenden Mindestanforderungen überprüft werden:

- **Ist das Programm inhaltlich korrekt?**

Diese Anforderung sollte eigentlich selbstverständlich sein, wird aber nicht von jedem Programm erfüllt. Es ist darauf zu achten, daß der Hersteller ein Update des Lernprogramms für Releasewechsel des R/3-Systems anbietet. Ein veraltetes Lernprogramm sollte erst gar nicht eingesetzt werden.

- **Sind die Zielgruppe und die Lerninhalte des Programms eindeutig definiert?**

CBT kann genauso wenig wie ein Seminar sämtliche möglichen Zielgruppen berücksichtigen. Ohne eindeutige Festlegung finden sich in dem Programm unter Umständen viele Themen, die aber nur sehr oberflächlich behandelt werden.

- **Werden die Inhalte angemessen vermittelt?**

Die technischen Möglichkeiten dürfen nicht Selbstzweck werden. Optische und akustische Gags sorgen vielleicht beim ersten Mal für Unterhaltung beim Teilnehmer, lenken aber letztendlich nur ab. Ein Sound- und Farbengewitter wird allzu gerne genutzt, um inhaltliche oder methodische Mängel zu verstecken. Zu einfach sollte es aber auch nicht sein. Ein Programm, das den Teilnehmer nur mit langen Lesetexten traktiert, bringt gegenüber einem weitaus preiswerteren Buch nur einen Vorteil: die Seiten werden automatisch umgeblättert.

- **Sind die Inhalte praxisorientiert ausgewählt?**

Inhalte, die vom Teilnehmer nicht praktisch eingesetzt werden können oder für die alltägliche Arbeit keine Bedeutung haben, sind nur hinderlicher Ballast. Das Programm sollte sich weder mit Allgemeinplätzen aufhalten, noch ausschließlich spezielle Problemlösungen vorschlagen, sondern handlungsorientiert wichtige Grundlagen für ein Thema vorstellen. So interessiert einen Anwender wie er einen Vorgang mit dem R/3-System bearbeiten kann, nicht wie das R/3-System die dabei anfallenden Daten speichert und organisiert. Ein Sachbearbeiter, der nie Berechtigungen an Anwender vergibt, braucht auch keine langen Erklärungen zu dem Thema. Ein kurzer Hinweis auf die Funktion von Berechtigungen reicht völlig aus. Für den Inhalt gilt deshalb: Weniger ist oft mehr! Es zählt nicht die inhaltliche Vollständigkeit, sondern der Bezug zur Praxis.

- **Arbeitet das Programm stabil?**

Ein gutes Lernprogramm muß Bedienungsfehler sicher abfangen. Der Teilnehmer benötigt seine volle Konzentration für die Inhalte, nicht für die Bedienung des Programms.

- **Läßt das Programm dem Teilnehmer Freiheiten?**

Die Lerninhalte und das Lerntempo soll der Teilnehmer bestimmen, nicht das Programm. Der Teilnehmer muß im Programm beliebig hin- und herspringen können und es jederzeit unterbrechen können. Bei Interaktionen muß das Programm auch falsche Eingaben zulassen und erst nach der Eingabe helfend eingreifen. Wird jedes falsche Zeichen bemängelt, sind die Lernerfolge wesentlich geringer.

- **Wie reagiert das CBT-Programm auf Fehler des Teilnehmers?**

Bei Fehlern darf nicht einfach nur eine Meldung „Falsch!" erscheinen, sondern auch ein Hinweis, was genau falsch gemacht wurde. Das Programm muß dem Teilnehmer außerdem nach mehreren falschen Versuchen die richtige Lösung zeigen. Andernfalls landet der Teilnehmer in einer Sackgasse!

- **Sind die Erklärungen des Programms verständlich?**

Die inhaltliche Darstellung und die Sprache muß an die Zielgruppe angepaßt sein. Für R/3-Einsteiger müssen wichtige SAP-eigene Begriffe erläutert werden. Nicht jeder weiß, was mit Begriffen wie „Sonderhauptbuchvorgang" oder „Buchungskreis" gemeint ist.

- **Ist eine Lernkontrolle vorhanden?**

Ohne Lernkontrolle sind keine konkreten Aussagen über den Leistungsstand des Teilnehmers möglich. Ideal für die Planung der Personalentwicklung sind zum Beispiel gedruckte Zertifikate, die nicht nur allein die Teilnahme, sondern auch die Leistung beschreiben. So lassen sich gezielt Nachschulungen ansetzen.

- **Sind die Aufgaben zur Lernkontrolle eindeutig und abwechslungsreich?**

Wenn Antworten vorgegeben werden – z.B. bei Multiple-Choice-Fragen – müssen sie zur Frage passen. Ein Beispiel für eine unsinnige Aufgabe:

Wissen Sie, wann aus einer Anzahlungsanforderung eine normale Buchung im Finanzwesen wird?

a) nach der Erstellung der Anzahlungsanforderung

b) nach der Verrechnung

c) nach der Erfassung der Schlußrechnung.

Die Frage läßt keine der aufgeführten Antworten zu, sondern kann nur mit Ja oder Nein beantwortet werden.

Die eingesetzten Techniken zur Lernkontrolle sollten möglichst abwechslungsreich sein. Ein stereotypes Anklicken von Lösungen führt schnell zu nachlassender Aufmerksamkeit. Ideal sind eingestreute Simulationsaufgaben, in denen der Teilnehmer komplette Vorgänge bearbeiten muß.

Dokumentation

Einen guten Hinweis auf die Qualität eines CBT-Programms bietet oft bereits die mitgelieferte Dokumentation. Hier sollten mindestens folgende Punkte dargestellt werden:

- Wer gehört zur Zielgruppe des Programms?
- Welche Voraussetzungen benötigt der Teilnehmer?
- Wie lange dauert die Bearbeitung?
- Welche Hard- und Software wird zusätzlich benötigt?
- Wie lauten die Lernziele des Kurses (Grob- und Feinziele)?
- Wie wird der Kurs bedient (am besten mit einem Beispiel)?

Eine gut aufbereitete Dokumentation ist oft ein Zeichen, daß sich der Hersteller Mühe gemacht hat. Entsprechende Qualität hat dann in der Regel auch der eigentliche Kurs.

6 Die R/3-Schulung der Zukunft

CBT und Multimedia sind nur ein Schritt, die R/3-Anwenderschulung effektiver und kostengünstiger zu gestalten. Heute werden CBT und klassische Schulungen durch Dozenten bei vielen Unternehmen zu einem ineinander verzahnten Ausbildungsverfahren kombiniert. CBT deckt vor allem den Grundlagenbereich ab, die Vermittlung von Spezialwissen erfolgt nach wie vor über einen Dozenten.

Kundenorientierung

Dabei stehen immer mehr die einzelnen Kunden im Mittelpunkt der Ausbildung. Viele Anbieter klassischer Schulungen verzichten bereits auf vorgefertigte Standardprogramme und stellen einen Rahmen zur Verfügung, der mit Inhalten gefüllt wird, die die betrieblichen Situationen des einzelnen Kunden optimal abdecken.

Integration von beliebigen Objekten in CBT

Auch CBT bietet diese Anpassung an kundenspezifische Besonderheiten. Bereits heute sind Kurse auf dem Markt, die individuelle Erweiterungen durch den Kunden erlauben. Das CBT-Programm bietet die Grundlagen; über spezielle Schnittstellen werden kundenspezifische Inhalte, die mit gängiger Standardsoftware erstellt werden können, in den Kurs integriert. Die Einbindung beschränkt sich dabei nicht nur auf Texte oder Grafiken, sondern umfaßt auch Sprache oder Video-Sequenzen. Für den Teilnehmer bleiben diese Erweiterungen als solche im Idealfall nicht erkennbar. Er bewegt sich durch einen einheitlich gestalteten Kurs.

Damit fällt ein häufiger Kritikpunkt am CBT – die starren und schematischen Inhalte – weg. Statt teurer Eigenentwicklungen, die häufig mit großen Schwierigkeiten verbunden sind, kann der Kunde auf praxiserprobte Standards zurückgreifen und sie nach seinen eigenen Vorstellungen und Erfordernissen mit relativ geringem Aufwand ausbauen.

Modularisierung

CBT-Systeme der Zukunft werden noch einen Schritt weiter gehen. Die Lerninhalte werden sehr stark modularisiert und können entweder von einem Tutor oder dem Anwender selbst in beliebiger Form zusammengestellt werden. Kombiniert man die Schnittstellen zu externen Anwendungen und die starke Modularisierung, entsteht ein Programm, das sowohl die kundenspezifischen Besonderheiten als auch die individuellen Kenntnisse des einzelnen Teilnehmers optimal unterstützt.

Ausbildungs- und Betreuungszentrum

Anders als heutige Ausbildungsformen wird die Ausbildung der Zukunft nicht mehr geographisch gebunden sein. Ein Dozent oder auch CBT-System bietet die **Informationen zentral** an, die Teilnehmer werden dann mit diesem Ausbildungszentrum über Datenautobahnen verbunden. Auch die Ausbildungsbetreuung kann zentral erfolgen. Der Teilnehmer bearbeitet in seinem Unternehmen das CBT-Programm und kann jederzeit über den Bildschirm Kontakt zu seinem Tutor aufnehmen, der in einem Ausbildungszentrum sitzt. Der Tutor schaltet sich mit in das Programm ein und gibt gezielt Unterstützung.

vom Trainer zum Lernberater

In der Zukunft wird sich die Rolle des Dozenten immer weiter vom „Trainer" zum „Lernberater" verändern. Statt den Teilnehmern selbst die Inhalte zu vermitteln, widmet sich der Berater gezielt den individuellen Fragen und Problemen des einzelnen Teilnehmers und der kundenindividuellen Anpassung der Schulungsinhalte. Auf diese Weise maximiert er den Lernerfolg des Einzelnen.

Integration in die Produktivarbeit

Das Lernen selbst wird in absehbarer Zeit nicht mehr isoliert von der Produktivarbeit erfolgen, sondern integriert. So kann das R/3-System beispielsweise um eine kontextsensitive Lernkomponente erweitert werden, die dem Anwender exakt die Fähigkeiten und Fertigkeiten vermittelt, die er zur Lösung eines Problems benötigt. Solch ein Modell – zur Zeit noch Zukunftsmusik – kann dann so aussehen:
Der Anwender meldet sich am R/3-System an. An der Benutzerkennung erkennt das System, daß es sich um einen R/3-Neuling handelt und schlägt deshalb zum ersten Kennenlernen eine kurze Vorstellung des Systemaufbaus und der Funktionsweise vor. Danach teilt der Anwender dem System mit, welche Aufgabe er lösen möchte. Das R/3-System erläutert die wesentlichen Schritte und zeigt die Auswirkungen auf das Gesamtunternehmen auf. Anschließend kann der Anwender selbst versuchen, die Aufgabe durchzuführen. Dabei überwacht R/3 die Eingaben und greift bei Bedarf mit Erläuterungen und Hinweisen ein.

Die **Schulung** erfolgt bei solchen Modellen unter absolut **realistischen Bedingungen**. Gleichzeitig lernt der Teilnehmer die **Vorgänge prozeßorientiert** und in ihrer Gesamtheit kennen. **Mittelpunkt der Schulung ist der Anwender** und seine individuellen Schwierigkeiten, nicht mehr das Programm und der Computer. Der Dozent tritt nicht direkt in Erscheinung, sondern nur noch als Fachexperte, der Know-How für Lernsysteme liefert, aber dennoch steht er als Lernberater zur Verfügung.

Ausbildung in und mit der Modellfirma LIVE AG

Dip.-Kff. Sabine Mehlich
Lehrstuhl für Betriebswirtschaftslehe und Wirtschaftsinformatik, Universität Würzburg

1 Einleitung

Wie werden Mitarbeiter nach einem Softwarewechsel möglichst schnell wieder „einsatzbereit"? Diese Frage beschäftigt nicht nur die Unternehmen, die ihre betriebswirtschaftliche Anwendungssoftware umgestellt haben und nun die einschlägigen Schulungsangebote studieren. Seit nunmehr 10 Jahren ist innerbetriebliche Aus- und Weiterbildung ein Forschungsschwerpunkt am Lehrstuhl von Prof. Dr. R. Thome an der Universität Würzburg. Neben der Entwicklung von multimedialen Lehr- und Lernsystemen werden auch softwarespezifische Modellfirmen konzipiert und realisiert.

Definition: Modellfirma

Was aber ist eine Modellfirma? Vereinfacht dargestellt ist eine Modellfirma ein konsistenter Datenbestand in einem Anwendungssystem, der es dem Anwender erlaubt, mit Hilfe von vorgegebenen Fallbeispielen selbständig am System zu arbeiten und so dieses beherrschen zu lernen. Um ein effizientes Lernen zu ermöglichen, sollte eine Modellfirma folgende Eigenschaften besitzen: der Aufbau muß einerseits **einfach und übersichtlich** sein, um den Anwender nicht zu überfordern und andererseits sollte die Modellfirma die notwendige **Komplexität** aufweisen, um das Funktionsspektrum der Software überzeugend darstellen zu können. Wichtig ist weiterhin, daß sie **betriebswirtschaftlich korrekt** aufgebaut ist. Dazu ist aber **die vollständige Integration** aller Fachbereiche notwendig, denn nur so ist es dem Anwender möglich, die Zusammenhänge zu verstehen. Ein **didaktisches Konzept** ermöglicht dem Anwender durch zielgruppenspezifische Übungen und ausführliche Dokumentation der Beispiele ein individuelles Lernen.

Entwicklung der LIVE AG

Mit der Modellfirma LIVE AG[1)] hat das Modellfirmenkonzept der Universität Würzburg ihren bislang größten Reifegrad erreicht. Die LIVE AG wurde als Schulungsmedium für das System R/3 der Firma SAP AG in Zusammenarbeit mit der SNI AG seit Sommer 1992 entwickelt. Die Modellfirma soll in ihren unterschiedlichen Versionen vier Aufgaben gerecht werden:

1) Siemens Informationssysteme AG: LIVE AG - Zum schnellen Lernen und Testen von R/3, Paderborn 1995

1. **Testfirma** für die Einführung und den Funktionalitätstest von R/3.
2. **Beispielfirma** für die Ausbildung von Schulungsteilnehmern in den Trainingszentren.
3. **Demofirma** für die Präsentation von R/3 auf Messen und zur Fachberatung von Anwendern.
4. **Customizingfirma** in unterschiedlichen voreingestellten Ausprägungen als typische Lösung für bestimmte Unternehmensanforderungen.

Bereits zu Release 1.2 im Frühjahr 1993 wurde eine erste Modellfirmen-Version freigegeben. Im Zuge der Erweiterung des R/3-Systems hat sich die LIVE AG aus einem Handelsunternehmen zu einem Hybridunternehmen, das handelt und produziert, entwickelt. Mit dem Einsatz der LIVE AG in mehr als 200 Unternehmen weltweit und in 50 europäischen Hochschulen hat sich das Modellfirmenkonzept als Aus- und Weiterbildungsinstrumentarium durchgesetzt.

2 Erfolgsfaktoren der LIVE AG

In diesem Kapitel werden die wichtigsten Eigenschaften der Modellfirma kurz skizziert. In den weiteren Abschnitten werden diese detaillierter dargestellt.

betriebswirtschaftliche Konzeption

An erster Stelle ist das **durchgängige BWL-Konzept** zu nennen. Im Gegensatz zu anderen Beispielfirmen, die aus einer mehr oder weniger zufälligen Ansammlung von Stamm- und Bewegungsdaten bestehen, wird die LIVE AG sorgfältig konzipiert, gepflegt und erweitert. Durch die Integration aller Module ist die **Prozeßorientierung** der Modellfirma immanent. Auch darin unterscheidet sich die LIVE AG von anderen Beispielfirmen, die modulorientiert aufgebaut und so noch weit vom integrierten Ansatz der LIVE AG entfernt sind. Für die LIVE AG ist somit der Anspruch der Praxis nach **Daten- und Prozeßdurchgängigkeit** erfüllt.

Aktualität

Alle momentan zur Verfügung stehenden Modulfunktionen werden abgebildet, und zu jedem Release wird ein LIVE AG-Mandant auf CD ausgeliefert. Damit wächst der **Funktionsumfang der LIVE AG** kontinuierlich, und dem Anwender steht (mit entsprechenden Zeitversatz) immer eine aktuelle LIVE AG-Version zur Verfügung.

didaktisch aufbereitete Dokumentation

Weiterhin ist die ausführliche mehr als 2.000 Seiten umfassende **Dokumentation** wichtig. Diese Dokumentation wird zweisprachig (deutsch und englisch) in Form von Adobe Acrobat-Dateien auf CD ausgeliefert. Alle **Stammdaten** und **Customizingeinträge** sind detailliert dargestellt und dienen somit dem tieferen Verständnis der Zusammenhänge. Die einzelnen **Fallstudien** (zu Release 2.2 insgesamt etwa 200) sind so dokumentiert, daß der Anwender schrittweise durch das System geführt wird. Das sogenannte Fallstudienkonzept ermöglicht dem User einen gezielten, anwendergruppenspezifischen Umgang mit dem R/3-System.

Projektphasen

Die LIVE AG unterstützt sämtliche Phasen eines R/3-Projektes. So kann in der **Entscheidungsphase** die Modellfirma dazu genutzt werden, sich selbst einen objektiven Eindruck über die Funktionalitäten von R/3 zu verschaffen. In der **Einführungsphase** kann die LIVE AG als Customizing-Beispiel dienen, in dem auch Änderungen vorgenommen werden können, um spezifische Abläufe zu testen. Vor und während der **Produktivsetzung** können Enduser-Schulungen durchgeführt werden. Desweiteren kann die Dokumentation der Modellfirma als Vorlage für die eigene **Anwenderdokumentation** genutzt werden.

lebende LIVE AG

Da die LIVE AG ein „**lebendes“ Unternehmen** ist, besitzt sie eine Historie. Durch die im Zeitverlauf angefallenen Stamm- und Bewegungsdaten sind **Auswertungen** und **Analysen** betriebswirtschaftlich aussagefähig und konsistent.

Einspiel- und Rücksetzungskonzept

Absolut notwendig für den Anwender ist ein ausgefeiltes Einspiel- und Rücksetzungskonzept, um bestimmte Vorgänge wiederholt durchführen zu können. Damit ist die LIVE AG kein „ex-und-hopp“-Schulungsmedium, sondern eine Ausbildungsumgebung, die speziell für das **eigenständige, wiederholende Lernen** kreiert wurde.

funktions- und fachübergreifendes Lernen

Eine Ausbildung mit der LIVE AG ist nicht mit den im R/3-Bereich angebotenen konventionellen „arbeitsteiligen“ Kursen zu vergleichen. Der Anwender lernt durch die Fallstudien das R/3-System anhand von Abläufen kennen, die sowohl **funktions-** als auch **fachbereichsübergreifend** angelegt sind. So kann er den **Gesamtzusammenhang** einfacher und schneller begreifen, anstatt sich das Wissen über mehrere Kurse (und damit Wochen) hinweg anzueignen.

3 Dokumentation der LIVE AG

Mit dem Erwerb der LIVE AG erhält man zusätzlich zum Modellfirmenmandanten folgende Dokumentationen:

Organisation

- Eine übersichtliche **betriebswirtschaftliche Darstellung** der LIVE AG.
  Ziel dieser Dokumentation ist es, dem Anwender einen Überblick über die Organisationsstruktur und die wichtigsten Kennzahlen des Unternehmens zu geben.

Customizing

- Die vorgenommenen **Customizing-Einstellungen** in den einzelnen Fachbereichen.
  Schwerpunkt dieses Teiles der Modellfirmendokumentation ist die Beschreibung der Einführung und Anpassung an unternehmensindividuelle Anforderungen mit den R/3-Customizing-Werkzeugen. Ziele dabei sind folgende:

Ziele

1. Verständnis für den Umgang mit der R/3-Parameter- und Tabellenlogik: Möglichkeiten, Wechselwirkungen und Systematik an konkreten Daten.
2. Sinnvolle Aufgabenverteilung und Reihenfolge beim Vornehmen der Einstellung am konkreten Fall der Modellfirma.
3. Anpassungswerkzeuge sowie Hinweise auf Unterstützungsmöglichkeiten.
4. Dabei ist zu beachten, daß das gesamte Customizing der LIVE AG auf den Einstellungen des SAP-Standardmandanten 000 basiert. Damit ist die LIVE AG eine Art Referenzunternehmen, welches ausschließlich mit den SAP-Standardeinstellungen arbeitet und so die Basisfunktionalität von R/3 dokumentiert.

Einblick in die Stammdaten der LIVE AG

- Die **Stammdaten** der einzelnen Fachbereiche.
  Aus Sicht der unterschiedlichen Fachbereiche sind hier die Stammdaten dokumentiert. Diese Referenz soll dem Anwender helfen, einen genauen Einblick in die unterschiedlichen Modelldaten zu gewinnen. Für die verschiedenen Verwendungszwecke können Daten ausgewählt werden, au_erdem sind für fast jeden Anwendungsfall ein oder mehrere Beispiele hinterlegt.

Fallstudienkonzept

- Die **Fallstudien** der einzelnen Fachbereiche.
  Im Rahmen der Modellfirmenentwicklung wurde ein Fallstudienkonzept zum Testen und zum Einarbeiten in die R/3-Software entwickelt. Die konzipierten Fallstudien sind als Anwendungsbeispiele aus dem realen Aufgabenumfeld eines einzelnen Arbeitnehmers zu verstehen. Sie dienen als Basis, den Übenden durch die zusammenhängenden Aufgabenbereiche des Unternehmens und die Softwarefunktionen zu führen.

Ferner sind eine **technische Checkliste** für die Installation und Pflege der Modellfirma als Mandant auf dem Anwender-R/3-System und ein Leitfaden für das **Arbeiten mit der LIVE AG** vorhanden.

4 Fallstudienkonzept

Durch den Einsatz von Fallstudien soll ein **zielgerichtetes Lernen** erreicht und kein sinnloses Herumprobieren am System verursacht werden. Die großen Vorteile liegen in der **Nachvollziehbarkeit** der einzelnen funktionalen Schritte und in der direkten Vergleichbarkeit mit den exakten betriebswirtschaftlichen Daten der Fallstudie aus den Geschäftsvorfällen der Modellfirma.

Zielgruppen

Folgende Zielgruppen sollen in der Fallstudiengestaltung berücksichtigt werden:

1. **Vertriebsmitarbeiter**:
   - Vetriebsbeauftragte (1) (2),
   - Fachberater und Customizer (2) (3).
2. **Anwender:**
   - Geschäftsführung (1),
   - Führungskräfte (2) und
   - Sachbearbeiter (3) (4)
3. **Multiplikatoren:**
   - Kursleiter in Schulungen (2) (3).

(1) = Highlights mit Hintergrund (Auswahl kurzer und prägnanter Fallstudien unterstützt den Folien-Vortrag)

(2) = Überblick (Fallstudien, die Zusammenhänge global sichtbar machen)

(3) = Intensiv-Fallstudien

(4) = Detailliertes Schulungsmaterial und Online-Hilfen

unterschiedliche Fallstudientypen

Zur Erreichung dieser Ziele wurde ein dreistufiges Fallstudienschema entwickelt, um die differierenden Interessen der Anwender durch einen **unterschiedlichen Detaillierungsgrad** zu berücksichtigen.

1. **Global-strategische** Fallstudien stellen sowohl die Softwareseite als auch, vom betriebswirtschaftlichen Ablauf her, eine umfassende Aufgabenstellung dar. Sie ermöglichen den Einblick in komplexe Zusammenhänge des Unternehmens.
2. **Lokal-komplexe** Fallstudien bauen auf mehreren lokal-operativen Fallstudien auf und beziehen sich auf einen bestimmten Aufgabenbereich eines Sachbearbeiters.
3. **Lokal-einfache** Fallstudien ermöglichen einen Einblick in konkrete Einzelfunktionen.

Anwender

Um die Fallstudien speziell für einen Schulungsbedarf anwenden zu können, wurden die Fallstudien mit Symbolen versehen, die die Anwendergruppe und Einsatzmöglichkeiten beschreiben. Folgende **Anwendergruppen** werden angesprochen:

Management

Das **Management** ist hauptsächlich an Analysen, Kontrolle, Planung und Kennzahlen interessiert. Für diese Anwender sind Fallstudien im Bereich Controlling und Logistik-Controlling interessant.

Abteilungsleiter

Unter der Gruppe „**Abteilungsleiter**" sind Anwender zu verstehen, die besonderes Interesse an den Aktivitäten, die ihre Abteilung betreffen, zeigen. Dies bedeutet, daß sie die Funktionalität ihres Moduls, die Zusammenhänge und Abhängigkeiten von und mit anderen Modulen erlernen müssen.

Sacharbeiter

Sacharbeiter sind überwiegend an der täglichen Arbeit interessiert. Sie müssen sich in die Logik von speziellen Funktionen in ihrem Aufgabenbereich einarbeiten.

Fallstudieneinsatz

Die **Einsatzmöglichkeiten** der Fallstudien orientieren sich an der **Wiederholbarkeit** und dem **Integrationsaspekt**.

einmalig

Diese Fallstudien können aufgrund ihrer Konzeption nur einmal durchgeführt werden.

mehrmalig

Diese Fallstudien können beliebig oft wiederholt werden.

integrativ

Diese Fallstudien kombinieren Funktionen aus mehreren Modulen zu einem Geschäftsablauf. Die Besonderheit besteht in der Integration einer Aktion in verschiedenen Modulen.

Voraussetzungen

Folgende Voraussetzungen müssen gegeben sein, um Fallstudien zweckmäßig konzipieren und realisieren zu können:

1. Ein **konsistentes**, **fachbereichsübergreifendes Konzept** für zusammenhängende, sinnvolle Fallstudien, die R/3-Stärken demonstrieren, muß vorliegen.
2. **Datenbestände** für Fallstudien müssen auf die **Zielgruppen** abgestimmt und definiert sein:
   - Präsentation,
   - Fachberatung/Schulung und
   - Einführung der Fallstudien des LIVE AG-Teams in einem Abschlußbericht.
3. Vorbereitung der Präsentation mit entsprechenden Drehbüchern.

5 Aufbau einer Fallstudie

Die Fallstudien der einzelnen Fachbereiche enthalten die wichtigsten Prozesse in Industrie- und Handelsbetrieben. Jede Fallstudie besteht aus folgenden Teilen:

1. **Szenariobeschreibung:** Es wird ein Überblick über die zu bearbeitende Aufgabenstellung gegeben.
2. **Ablaufdiagramm:** Zum besseren Verständnis der globalen und komplexen Fallstudien werden die einzelnen Teilschritte graphisch dargestellt.

3. **Funktionsüberblick:** Vom Hauptmenü ausgehend wird der exakte Weg durch das R/3-System bis zur gewünschten Funktion genau beschrieben.
4. **Funktionsanwendung.** Alle nötigen Eingaben sind bis zum letzten Mausklick dokumentiert, so daß der Anwender eigenständig den Prozeß nachvollziehen kann. Zur besseren Orientierung sind an entscheidenden Stellen Bildschirmbilder eingefügt, anhand der sich ein Anwender von der Richtigkeit seiner bisherigen Vorgehensweise überzeugen kann.
5. **Verweise:** Dem Anwender werden nötige Hintergrundinformationen mitgeteilt.

Auf den beiden folgenden Seiten ist eine einfache lokale Fallstudie (siehe Abb. 5.1) aus dem Bereich Materialwirtschaft dargestellt.

Abb. 5.1 exemplarische Fallstudie aus dem Bereich Materialwirtschaft

R/3-Modellfirma LIVE AG MM-Fallstudien **35-1** 

35 Infosätze auswerten

Szenario

Für den Artikel Autofelge (Artikelnr.: **117002**) gibt es mehrere Lieferanten. Um einen möglichst günstigen Preis auszuhandeln, soll nun ein Rahmenvertrag für den Artikel vereinbart werden. Um eine Vorauswahl für die Verhandlungen mit den Lieferanten zu treffen, bittet Ihr Abteilungsleiter Sie unter anderem, die Entwicklung des Bestellpreises für den Artikel bei sämtlichen Lieferanten zu ermitteln.

Funktionsüberblick

Logistik → Materialwirtschaft → Einkauf
Stammdaten → Infosatz → Listanzeigen → Bestellpreisentwicklung

Funktionsanwendung

Der Einkaufsinfosatz dient als Informationsquelle für den Einkauf. Er enthält Daten zu einem bestimmten Material und Lieferanten des Materials. Zum Beispiel ist der aktuelle Lieferantenpreis im Infosatz abgelegt. Mit Hilfe des Infosatzes ist es jederzeit möglich festzustellen, welches Material von welchem Lieferanten und zu welchem Preis angeboten oder geliefert wurde. Die Infosätze können nach unterschiedlichen Kriterien ausgewertet werden (siehe Abbildung 35-1).

Bestellpreisentwicklung

Programm Bearbeiten Springen System Hilfe

Selektionsoptionen | Freie Abgrenzungen

Lieferant		bis	
Material	117002	bis	
Warengruppe		bis	
Materialnummer beim Lieferant		bis	
Lieferantenteilsortiment		bis	
Warengruppe beim Lieferanten		bis	
Einkaufsorganisation	0001	bis	
Infotyp		bis	
Werk	0001	bis	
Einkäufergruppe		bis	

Optionen

Ab Datum
Alle Sätze anzeigen
Sortiert nach Organisationen

AG3 (1) (333) zeus OVR 12:48

Abbildung 35-1: Einstiegsbild Bestellpreisentwicklung

SNI AG in Kooperation mit dem Lehrstuhl für BWL und Wirtschaftsinformatik, Prof. Dr. R. Thome, Universität Würzburg Stand: 30.04.1996

Bestellpreisentwicklung

Material Geben Sie die Materialnummer ein (oder wählen Sie sich den Artikel über den Matchcode aus).

Einkaufs-organisation Geben Sie die Nummer des Zentraleinkaufs (0001) ein.

Werk Geben Sie die Nummer des Werks Würzburg ein und stoßen Sie die Auswertung an, indem Sie drücken.

Es werden nun alle Bestellungen für den Artikel, geordnet nach den jeweiligen Lieferanten und dem Erfassungsdatum, aufgeführt (siehe Abbildung 35-2). Der Nettopreis pro Stück, die Nummer der Bestellung sowie die prozentuale Abweichung des jeweiligen Nettopreises vom ersten Nettopreis sind zu erkennen. Durch einen Doppelklick mit der Maus auf die jeweilige Position können Sie in die einzelnen Bestellbelege gelangen.

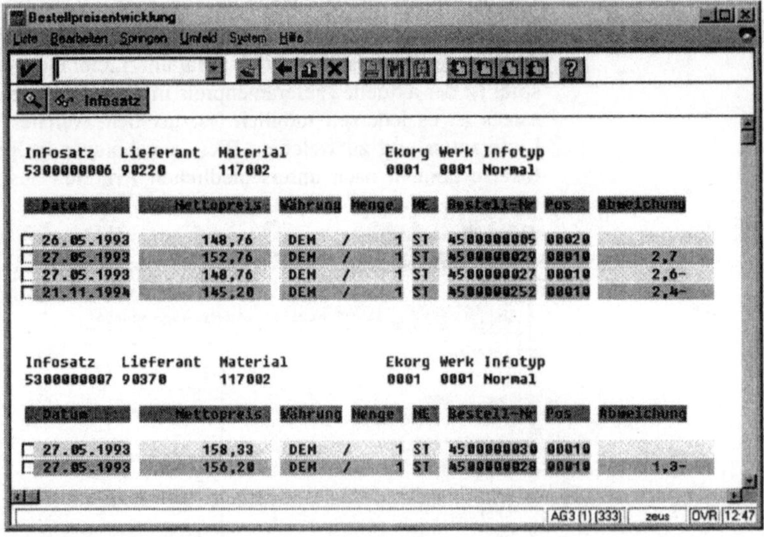

Abbildung 35-2: Auswertung Bestellpreisentwicklung

Verweise

Die weiteren Möglichkeiten von Auswertungen der Infosätze sind im Kapitel "Einkaufsinfosätze" des Handbuches MM-Einkauf explizit erklärt.

6 Betriebswirtschaftliche Darstellung der LIVE AG

Im folgenden wird auf die Organisation der einzelnen Fachbereiche, die Produktpalette sowie die Bilanz der LIVE AG näher eingegangen.

6.1 Organigramm der LIVE AG

Buchungskreise der LIVE AG

Die LIVE AG ist als mittelständisches Produktions- und Handelsunternehmen konzipiert worden. Um Anwendern, die mit anderen Kontenplänen und Buchhaltungsvorschriften als den deutschen arbeiten müssen, ebenfalls die Gelegenheit zu geben anhand einer Modellfirma den Umgang mit R/3 zu erlernen, wurden landesspezifische Buchungskreise kreiert. Diese Buchungskreise, die die landesspezifischen R/3-Funktionalitäten abbilden, haben bis auf weiteres keinen Einfluß auf die Funktionalität und die betriebswirtschaftliche Konzeption der deutschen LIVE AG. Für diese Buchungskreise existieren spezielle Dokumentationen.

Die Dokumentation der **Standard-LIVE AG** bezieht sich ausschließlich auf den **Buchungskreis 0001**. Das bedeutet, daß die Darstellung des Customizing und der Stammdaten nur für diesen Buchungskreis Gültigkeit besitzt. Desweiteren sind die Fallstudien nur im Buchungskreis 0001 mit den Werken Würzburg und Walldorf ablauffähig.

Im folgenden ist die **fachbereichsbezogene Organisation** der LIVE AG Deutschland (hier kurz LIVE AG genannt) dargestellt.

Abb. 6.1 Organisationsstruktur der LIVE AG

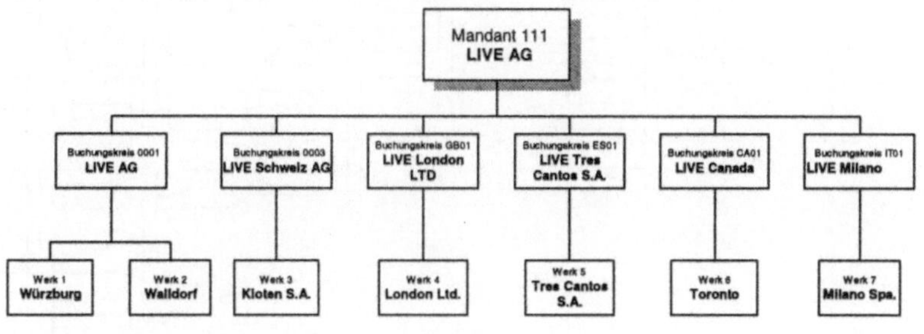

6.2 Organisation im Bereich Personalwesen

Die Organisationsstrukturen werden modulübergreifend festgelegt, so daß in allen R/3-Bereichen die gleichen Grundlagen bestehen.

Die **Werke** der LIVE AG sind folgende:

- 0001 Würzburg und
- 0002 Walldorf.

Das Werk Walldorf wurde zusätzlich in den **Betriebsteil** 0001 Montage unterteilt.

Tarifverträge

Für das Werk Würzburg ist der **Tarifvertrag der bayerischen Metallindustrie** und für das Werk Walldorf der **Tarifvertrag der Metallindustrie Nordwürttemberg/Nordbaden** anzuwenden. Die entsprechenden Auswirkungen für die LIVE AG (Arbeitszeit, Entgelt usw.) sind den jeweils gültigen Verträgen zu entnehmen.

Außerdem werden die aktuellen gesetzlichen Bestimmungen, Grenzen und Beitragssätze der Sozialversicherungsträger berücksichtigt.

Abb. 6.2
Organigramm (intern) der LIVE AG

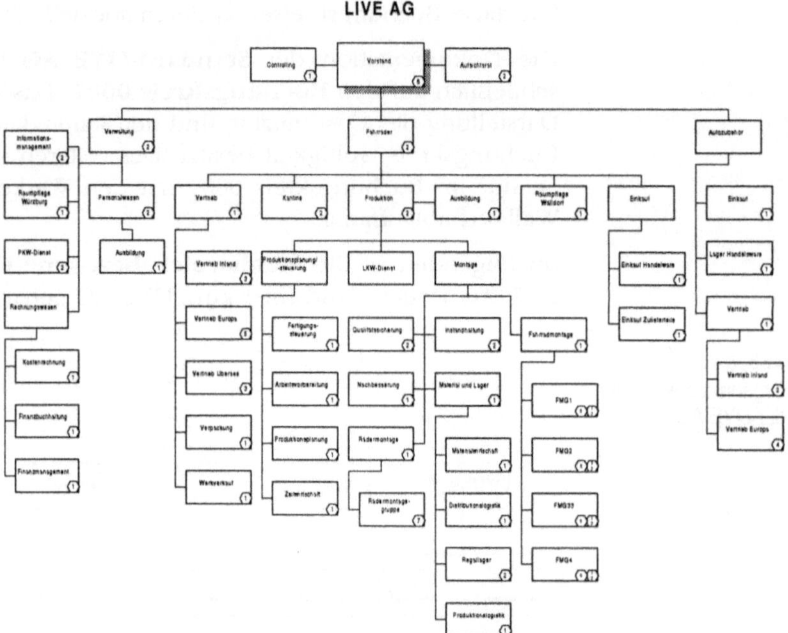

Zu diesem betriebsinternen Organigramm bleibt anzumerken, daß die **Sparten Fahrräder** und **Autozubehör** jeweils ihre eigene Organisationsstruktur besitzen. Deshalb treten organisatorische Einheiten, wie Vertrieb oder Lager, in beiden Ästen des Organigramms auf.

6.3 Organisation im Bereich Rechnungswesen

Kontenrahmen

Das R/3-System ist standardmäßig mit zwei deutschen Kontenrahmen (IKR und GKR) ausgestattet, wobei für den Buchungskreis 0001 der LIVE AG der **Gemeinschaftskontenrahmen** herangezogen wird.

Sachanlagen

Der **Sachanlagenspiegel** wird unterteilt in folgende Anlageklassen: Grundstücke, Gebäude, technische Anlagen und Maschinen, Fuhrpark, andere Anlagen, Büroeinrichtungen und geringwertige Wirtschaftsgüter. Insgesamt betrug das Anlagevermögen 7.278.074 DM zum 31.03.1996.

Geschäftsjahr

Das Geschäftsjahr der LIVE AG ist das Kalenderjahr. Dieses wird in **12 Buchungsperioden** und **4 Sonderperioden** aufgeteilt. Unter Sonderperioden ist eine Aufteilung der letzten Buchungsperiode in mehrere Abschlußperioden zu verstehen. Dadurch ist es möglich, mehrere Nachtragsbilanzen zu erstellen.

Controlling

Die Organisation im Bereich **Controlling** umfaßt einen Ergebnisbereich und einen Kostenrechnungskreis. Der **Ergebnisbereich** steuert die Ergebnisrechnung, d.h. die Daten aus dem Vertrieb werden für die Ergebnis- und Kostenrechnung aufbereitet. Durch die Zuordnung eines Buchungskreises zu einem **Kostenrechnungskreis** können alle kostenrechnungsrelevanten Daten eines oder mehrerer Buchungskreise gesammelt und vom Controlling ausgewertet werden. Auf der nachfolgenden Abbildung ist die Organisationsstruktur im Bereich Controlling dargestellt.

Abb. 6.3 Organisationsstruktur im Bereich Controlling

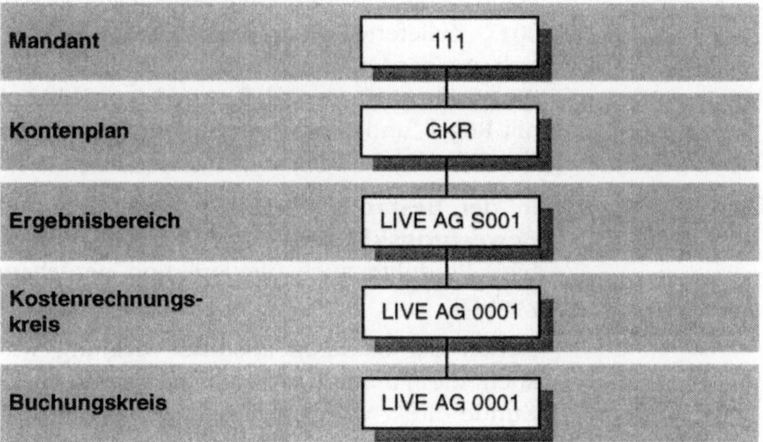

6.4 Organisation im Bereich Materialwirtschaft

Zentraleinkauf mit unterschiedlichen Einkäufergruppen

Als Einkaufsorganisationsform wurde der **Zentraleinkauf** (Einkaufsorganisation 0001) für die Werke Würzburg (0001) und Walldorf (0002) festgelegt. Es wurden zwei verschiedene Einkäufergruppen, auf der einen Seite für Handelsware (Einkäufergruppe 001), auf der anderen Seite für Rohstoffe und Zulieferteile (Einkäufergruppe 002), eingerichtet.

Abb. 6.4 Organisationsstruktur im Bereich Einkauf

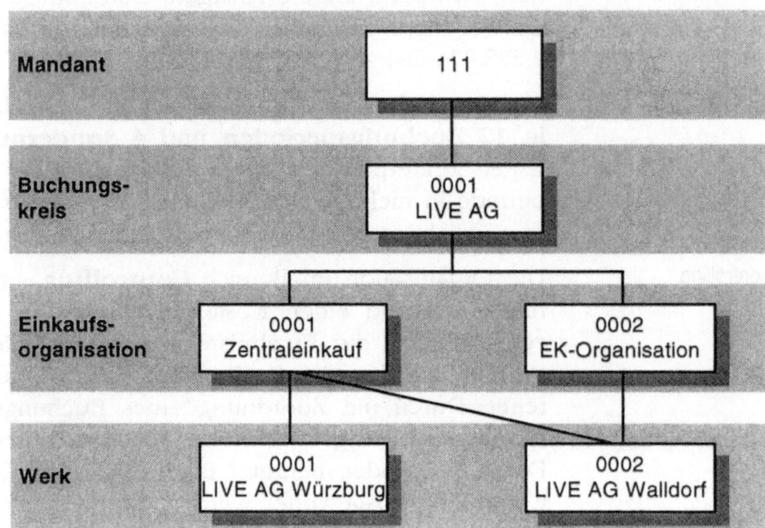

Lagerverwaltung

Die Gliederung der **Lagerorte** nach Handelsware (Würzburg 001), Zulieferteile und Fertigerzeugnisse (Walldorf **002**) ergibt sich aus der Organisationsform des Unternehmens. Für das Werk Walldorf wurde zusätzlich eine **lagerplatzorientierte Lagerung** mit Regal- und Blocklagerung durch das Lagerverwaltungssystem von R/3 abgebildet.

Bestandsführung

In der **Bestandsführung** werden neben der Steuerung über **Bewertungsklassen** für z.B. lagerpflichtige und auslieferungsfähige Produkte auch die Funktion der chargenreinen Lagerung genutzt.

Neben der Standardeinkaufsabwicklung wird in der LIVE AG auch die Funktion **Streckengeschäft** eingesetzt. So wird der Kunde direkt vom Lieferanten beliefert. Die LIVE AG arbeitet als „Clearing-Stelle" zwischen Anbieter und Abnehmer.

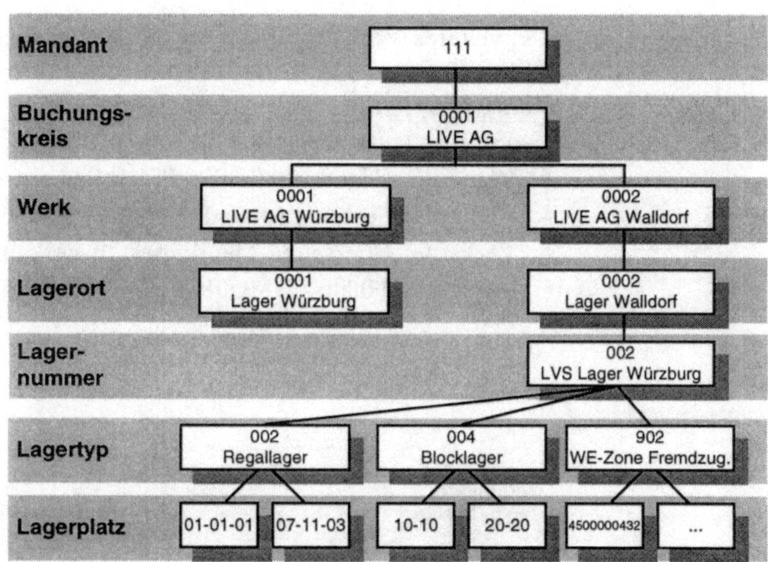

Abb. 6.5 Organisationsstruktur im Bereich Lagerverwaltung

6.5 Organisation im Bereich Vertrieb

Es existieren drei Verkaufsorganisationen. Diese sind:

Verkaufsorganisation

- 0001 Deutschland,
- 0002 Europa und
- 0003 Übersee.

Vertriebswege

Als mögliche Vertriebswege der LIVE AG wurden die Verkaufsfiliale (im Werk Walldorf für z.B. zweite Wahl), der Großkunde bzw. der Verein (als Endabnehmer), der Großhändler, die Verkaufsniederlassung (im Ausland) und der Generalimporteur (nur für USA und Japan) festgelegt.

Sparten

Die Einteilung in Sparten entspricht dem folgenden:

- 01 Fahrräder und
- 03 Autozubehör.

Innenorganisation

Die **Innenorganisation** ist in drei Verkaufsbüros und vier Verkäufergruppen strukturiert.

Verkaufsbüro: Die LIVE AG hat zwei Verkaufsbüros in Würzburg. Ein Verkaufsbüro ist zuständig für den Vertrieb innerhalb von Deutschland (0001), das andere Verkaufsbüro ist zuständig für das Ausland (0002).

Als weiteres Verkaufsbüro wird die Werksfiliale in Walldorf eingestuft (0003).

Verkäufergruppe: Die Mitarbeiter der vier Verkäufergruppen sind in folgenden Verkaufsbüros tätig:

- Verkäufer Inland (8 Mitarbeiter) in Verkaufsbüro 0001,
- Verkäufer Europa (4 Mitarbeiter) in Verkaufsbüro 0002,
- Verkäufer Übersee (2 Mitarbeiter) in Verkaufsbüro 0002 und
- Verkäufer Filiale (2 Mitarbeiter in Walldorf) in Verkaufsbüro 0003.

Abb. 6.6
Vertriebsorganisation

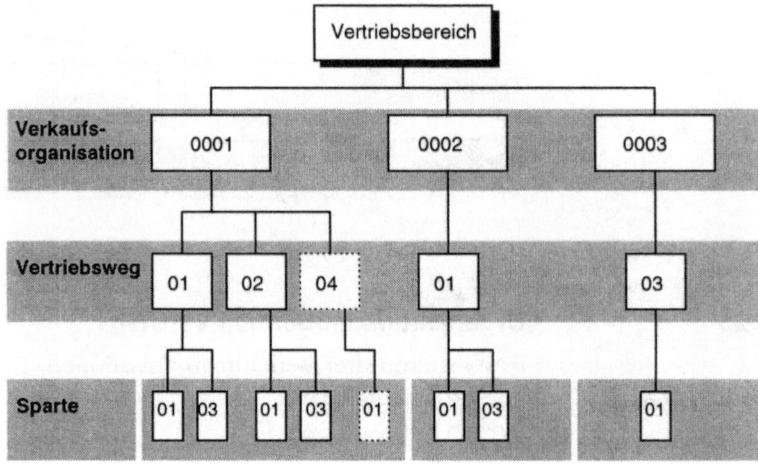

6.6 Organisation im Bereich Produktion

Die LIVE AG ist sowohl ein **Handels-** als auch ein **Produktionsunternehmen**. Im Werk Walldorf werden **Fahrräder** (Rennräder und Mountainbikes) in **Losfertigung** montiert. Für weitere R/3-Versionen sind auch Beispiele der Einzel- und Serienfertigung angedacht.

Gruppen- und Linienfertigung

Montage

Die Organisation der Fertigung entspricht der Idee der **Gruppenfertigung** für die **Montage,** und in der **Laufradfertigung** ist das Konzept der **Linienfertigung** realisiert.

Für die Lagerung der Zulieferteile und der Enderzeugnisse steht das **Regallager** (LVS-Lager) zur Verfügung. Die LIVE AG bildet in Walldorf auch Lehrlinge aus, außerdem wurde eine **Kantine** zur Versorgung der Mitarbeiter eingerichtet.

Zur Überprüfung der Qualität der Endprodukte und der Zulieferteile wurde ein **Qualitätsmanagement** eingerichtet. Um die Einsatzfähigkeit der Maschinen und Werkzeuge zu garantieren, ist der Einsatz des Moduls **Instandhaltung** notwendig.

Stammdaten in der Produktion

Die **Komplexität der Endprodukte** wurde so gewählt, daß einerseits alle Anforderungen an das System realisiert werden können und andererseits die Vorstellungsfähigkeit der Anwender nicht überbeansprucht wird. Die **Arbeitspläne** unterscheiden sich in Standard- und Normalarbeitspläne. Die **Arbeitsplätze** sind gemäß dem Layoutplan des Werkes angelegt worden. Für die **Gruppenfertigung** wurde eine Poolkapazität eingerichtet. Die **Fertigungshilfsmittel** zur Montage der Räder (z.B. Druckluftschrauber) wurden ebenfalls im System hinterlegt.

Zeitwirtschaft

Im Werk Walldorf wird ein **Zwei-Schicht-Betrieb** gefahren. Die Frühschicht verläuft z.Zt. von 06.00 - 14.15 Uhr und am Freitag von 06.00 - 12.30 Uhr, die Spätschicht umfaßt z.Zt. den Zeitraum von 14.15 - 22.30 Uhr und am Freitag von 12.30 - 19.00 Uhr. Ansonsten haben die Angestellten **Gleitzeit** (Normalarbeitszeit 08.30 - 17.00 Uhr). Diese **Schichtpläne** sind entsprechend den Vorgaben der Gewerkschaft und des Betriebsrates einzurichten.

Für das Werk Walldorf wurde ein **Betriebsurlaub** jeweils in den ersten drei September-Wochen sowie zwei Wochen Weihnachtsurlaub eingepflegt.

Abb. 6.7 Layoutplan Werk Walldorf

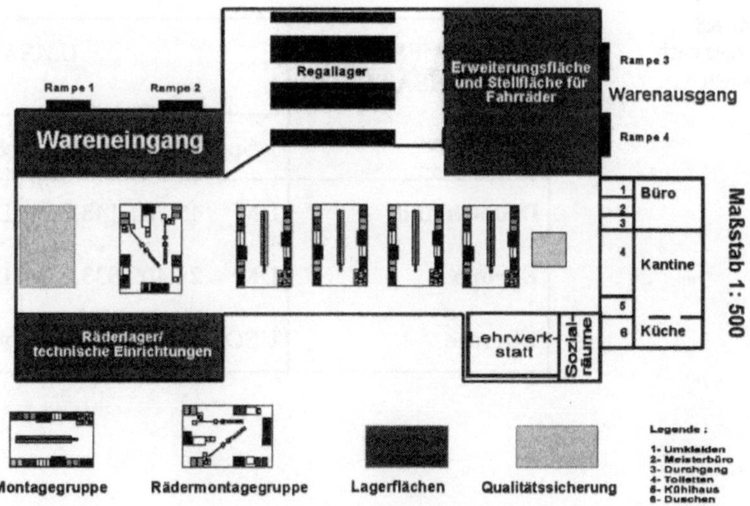

6.7 Produktpalette

Die Produktpalette der LIVE AG gliedert sich in zwei Hauptsparten, der Fahrradproduktion und dem Vertrieb sowie dem Handel mit Autozubehör.

Fahrräder:

- Rennräder
- Trekkingräder und Mountainbikes
- Tandems
- Fahrradzubehör, wie z.B. Kettenöl und Helme

Autozubehör:

- Anbauteile, wie z.B. Reifen, Felgen und Auspuffanlagen
- Innenausstattung, wie z.B. Lenkräder und Sportsitze

Die **Umsätze** der einzelnen Sparten für das Jahr 1995 sind der nachfolgenden Tabelle (Abb. 6.8) zu entnehmen:

Abb. 6.8
Umsatz nach Sparten

VERKAUFS-ORGANISATION	UMSATZ	
	Sparte Fahrräder	Sparte Autozubehör
Deutschland	DM 45.784.148,32	DM 4.067.717,20
Europa	DM 28.409.033,07	DM 2.306.680,42
Übersee	USD 7.005.461,75	wird nicht exportiert

6.8 Finanzdaten

Bei näherer Betrachtung der Bilanz ergeben sich folgende Auffälligkeiten:

- Die LIVE AG besitzt **sehr große Vorräte** sowohl in Form von auslieferungsfähigen Produkten als auch in Form von Zulieferteilen für die Produktion. Dies ist durch **die starken saisonalen Schwankungen** in der Fahrradbranche zu erklären. Um den Kundenwünschen während der Hauptverkaufsphase nachkommen zu können, wird ein Lager an Enderzeugnissen aufgebaut, das zusätzlich zur laufenden Produktion bzw. Beschaffung wieder abgebaut wird.
- Mit der Absatzsteigerung im Frühjahr und Sommer können die **Verbindlichkeiten** rasch abgebaut werden. Diese Verbindlichkeiten sind zum größten Teil durch Kauf von Zulieferteilen für die Produktion entstanden.
- Die in der Bilanz ausgewiesenen **Rücklagen** übersteigen die gesetzlich geforderte Höhe.
- Es stellt sich die Frage, wie der **Bilanzgewinn** angelegt werden soll. Über eine Expansion in anderen Märkten wird nachgedacht.

Vergleicht man die Bilanzkennzahlen mit den von Branchenkonkurrenten, so ergibt sich eine für die LIVE AG insgesamt befriedigende Bilanzstruktur (Abb. 6.9). In den kommenden Geschäftsperioden sollten die nachfolgende Ziele verfolgt werden:

- Verbesserung der Barliquidität und der einzugsbedingten Liquidität,
- Abbau der Vorratshaltung (soweit möglich),
- Verkürzung des Debitorenumschlags und
- Verkürzung des Kreditorenumschlags.

Abb. 6.9
Bilanz der LIVE AG, Stand: 31.03.1996

Aktiva		Passiva	
A. Anlagevermögen		**A. Eigenkapital**	
1. Sachanlagen	6.978.074 DM	1. Gez. Kapital	2.700.000 DM
2. Finanzanlagen	300.000 DM	2. Rücklagen	7.935.151 DM
B. Umlaufvermögen		**B. Rückstellungen**	3.613.217 DM
1. Vorräte	27.332.428 DM	**C. Verbindlichkeiten**	29.104.728 DM
2. Forderungen	12.928.517 DM		
3. Schecks, Kasse	18.789.734 DM	**D. Bilanzgewinn**	22.975.657 DM
BILANZSUMME	66.328.753 DM	BILANZSUMME	66.328.753 DM

7 Weiterentwicklung der Modellfirma

ScreenCam-Dokumenation

Für die kommenden LIVE AG-Auslieferungen ist eine zusätzliche Komponente der LIVE AG-Dokumentation geplant. Die Fallstudien werden nicht nur in textueller sondern auch in **bildlicher Form** dokumentiert. Jede Fallstudie wird als Lotus ScreenCam-Dokument aufgezeichnet, so daß der Anwender einen **Bildschirmmitschnitt** als Musterlösung erhält. Die Fallstudie kann zunächst im Gesamtzusammenhang betrachtet werden bevor der Nutzer mit der eigenen Lösung beginnt. Der Einsatz solcher Aufzeichnungen bei **Präsentationen** als Demonstrationsmedium erscheint ebenfalls sehr sinnvoll, da das zeitaufwendige und fehleranfällige Erstellen von Beispieldaten auf Demosystemen entfällt. Die Präsentation kann einfach und sicher vom Notebook des Vertriebsmitarbeiters aus gestartet werden.

Integration mit anderen Werkzeugen

Weiterhin ist eine **Integration** der beiden R/3-Werkzeuge LIVE AG und **LIVE KIT STRUCTURE** angestrebt. So sollen Beispiele aus der LIVE AG in das **wissensbasierte Analysewerkzeug** LIVE KIT STRUCTURE, das von der SNI AG in Zusammenarbeit mit der IBIS Prof. Thome GmbH entwickelt wurde, übernommen werden. Der Anwender kann jederzeit Beispiele aus der Modellfirma für Customizing-Einstellungen und betriebswirtschaftliche Abläufe in R/3 erhalten.

Die Dokumentation der LIVE AG im Bereich Customizing wird sich parallel zur Zuordnungsdokumentation des LIVE KIT STRUCTURE entwickeln, d.h. Forschungsergebnisse der LIVE KIT STRUCTURE-Entwicklung finden auch in der Modellfirmenrealisation ihren Niederschlag.

branchenspezifische Modellfirmen

Um der R/3-Branchenentwicklung Rechnung zu tragen, werden zusätzlich zur Standardmodellfirma branchenspezifische Modellfirmen kreiert. Mit dem Modellkrankenhaus **LIVE HOSPITAL**, welches ebenfalls von der SNI AG in Zusammenarbeit mit der IBIS Prof. Thome GmbH entwickelt wurde, ist das erste **branchenabhängige R/3-Aus- und Weiterbildungsinstrument** realisiert. Das LIVE HOSPITAL zeichnet sich dadurch aus, daß nicht nur die **Branchenlösung** Krankenhaus, sondern auch **Standardmodule**, wie Controlling, Finanzbuchhaltung, Materialwirtschaft, integriert eingesetzt werden, um einen beispielhaften Einsatz von R/3 im Krankenhaus zu demonstrieren. In einer zweiten Entwicklungsstufe werden die Module IS-Med (u.a. Stationsverwaltung und -kommunikation), Anlagenbuchhaltung und Instandhaltung in das Modellkrankenhaus einbezogen.

Mit zunehmender Branchenfunktionalität werden weitere Modellfirmen entwickelt. So wird z.B. eine **LIVE BANK** eingerichtet werden, in der modellhaft die Funktionalität der R/3-Branchenlösung dargestellt wird. Desweiteren wird die LIVE AG um die Komponente PP-PI erweitert werden, um auch Abläufe in der **Prozeßindustrie** aufzeigen zu können.

Die Weiterentwicklung des Modellfirmengedankens ist noch lange nicht abgeschlossen. Mit zunehmenden Reifegrad von R/3 werden der Konzeption und Realisation von Beispielunternehmen immer neue Türen geöffnet. Die Modellfirmenentwicklung bleibt weiterhin spannend.

8 Einsatz der LIVE AG

learning by doing

In erster Linie wird die R/3-Modellfirma als **Selbstlernmedium** zum Lernen am Arbeitsplatz genutzt. Insbesondere zur Schulung von **Key-Usern**, d.h. Projektteammitgliedern und Fachspezialisten, bietet sich diese Art der Ausbildung während der Einführungsphase an.

Auch in der **Aus- und Weiterbildung von Endbenutzern** findet sie Verwendung. Desweiteren eignet sich die LIVE AG auch zum **Cycletraining**. Hierbei werden anhand eines ausgewählten Prozesses sowohl die Systemfunktionalitäten als auch das Customizing vermittelt.

Ausbildung von R/3-Beratern

Doch nicht nur zum Anwendertraining wird die LIVE AG genutzt. So nutzt zum Beispiel die **Unternehmensberatung** Coopers & Lybrand die LIVE AG zur Ausbildung ihrer **zukünftigen R/3-Berater**. Die SNI AG setzt die LIVE AG ebenfalls bundesweit in vom Arbeitsamt geförderten Umschulungsmaßnahmen im Bereich der R/3-Ausbildung ein.

Einsatz in Hochschulen

Auch in den **Hochschulen** findet der Einzug der R/3-Software statt. Am Lehrstuhl von Prof. Dr. R. Thome werden pro Semester ca. 50 Studenten in die Geheimnisse der R/3-Welt eingeführt. Die sogenannten **VULCAN-Seminare** sind der Qualitätstest für die LIVE AG, bei denen die neuesten Fallstudien auf „Herz und Nieren" geprüft werden. Desweiteren werden auch Inhalte aus der Wirtschaftsinformatik anhand von Beispielen aus der Modellfirma vermittelt und neue Ansätze kritisch überprüft. Damit ist die Modellfirma ein neuer Gegenstand der Forschung und Lehre, der zugleich auch sinnvoll in der Praxis eingesetzt werden kann.

Autorenverzeichnis

Autor: Prof. Dr. rer. pol. Rebstock

Beitrag: „Landesspezifische Geschäftsprozesse bei der Einführung von SAP R/3 in globalen Unternehmen: Hemmschuh oder Quelle von Wettbewerbsvorteilen?“ S. 1-20

Studien: Betriebswirtschaftslehre und Promotion an der Universität Mannheim

Berufliche Tätigkeit: Seit 1995 Professor für Betriebswirtschaftslehre und betriebliche Informationsverarbeitung an der Fachhochschule Darmstadt; zuvor mehrere Jahre Beratungspraxis als Informations- und Organisationsberater.

Autor: Dipl.-Kfm. Johannes G. Selig

Beitrag: „Landesspezifische Geschäftsprozesse bei der Einführung von SAP R/3 in globalen Unternehmen: Hemmschuh oder Quelle von Wettbewerbsvorteilen?“ S. 1-20

Studien: Betriebswirtschaftslehre an der Universität Mannheim und Swansea

Berufliche Tätigkeit: Seit 1995 Director R&D, SAP Japan Co., Ltd.;
zuvor mehrere Jahre Unternehmensberater in Deutschland.

Autor: Dipl.-Kfm. Herbert Rohlfing

Beitrag: „Geschäftsprozeßoptimierung mit SAP R/3 bei Finanzdienstleistern“; S. 21-32

Berufliche Tätigkeit: Managementberater bei der Fa. CSC Ploenzke Consulting GmbH, Wiesbaden; Leitung mehrerer SAP-Projekte mit den Modulen: CO, IS-B (Industry Solution Banking), Integration Architect für SAP R/3-Einführung bei einer US-Großbank.

Autor: **Dipl.-Oec. Bülent Uzuner**

Beitrag: „Migration von SAP R/2 nach SAP R/3"; S. 33-52

Studien: Wirtschaftswissenschaftstudium an der Universität Bremen.

Berufliche Tätigkeit: Managementberater bei der Fa. KPMG. Seit 1992 Bereichsleiter bei CSC Ploenzke Consulting GmbH, Bremen.
Seit sechs Jahren SAP-Erfahrung aus den Bereichen: Finanz- und Rechnungswesen, Materialwirtschaft, optische Archivierung, Business Workflow, Projekt- und Investitionsmanagement.

Wiss. Aktivitäten: Autor zahlreicher Fachveröffentlichungen, z.B. Optimale Kapazitätsauslastung (Logistik Management, 2/90, S. 14ff), Produktionswechsel gut im Griff (Logistik Heute, 10/90, S. 50ff), Methode der Zukunft (Logistik Heute, 11/90, S. 50ff), Sorgfalt zahlt sich aus - Innerbetrieblicher Transport (Logistik Heute, 5/91, S. 24ff), Analyse des Materialflusses und des Transportsystems in einem Maschinenbauunternehmen (Mittelstandsforschung, Bremen 1993, S. 203-248).

Autor: **Dr. Peter Loos**

Beitrag: „Konzeption und Umsetzung einer Systemarchitektur für die Produktionssteuerung in der Prozeßindustrie"; S. 53-80

Studien: Studium der Betriebswirtschaftslehre, Promotion über das Thema „Datenstrukturierung in der Fertigung - Ein methodischer Modellierungsansatz für die Gestaltung von Fertigungsinformationssystemen".

Berufliche Tätigkeit: Wiss. Assistent am Institut für Wirtschaftsinformatik - IWi (Direktor: Prof. Dr. A.-W. Scheer), an der Universität des Saarlandes, Saarbrücken

Projektleiter des IWi im ESPRIT-Projekt CAPISCE (neben SAP und IWi sind die Partner DEC, IDS und ZENECA beteiligt); im Projekt werden auf R/3-Basis Softwaremodule für die kurzfristige Produktionssteuerung in der Prozeßindustrie entwickelt; diese werden als PP-PI in R/3, Release 3.0, integriert.
Zuvor Entwicklungsleiter der Fa. IDS Prof. Scheer GmbH, Saarbrücken. Zuständig für die Entwicklung des Leitstandes FI-2.

Wiss. Aktivitäten: Informationsmanagement, Unternehmensmodellierung, betriebliche Informationssysteme in der industriellen Produktion und im betrieblichen Einsatz von Datenbanken.

Autor: Dr.-Ing. Lutz Schmidt

Beitrag: „Integration von SAP R/3 mit Fuzzy-Tools zur Bewertung von PPS-Entscheidungen"; S. 81-106

Studien: Technische Kybernetik und Automatisierungstechnik in Chemnitz

Berufliche Tätigkeit: Wissenschaftlicher Mitarbeiter an der Fakultät für Wirtschaftswissenschaften, Fachgebiet Wirtschaftsinformatik I, der Technische Universität Ilmenau; verantwortlich für die SAP R/3-Aktivitäten des Fachbereichs.

Wiss. Aktivitäten: Bewertung von Produktionsplanungsentscheidungen unter Berücksichtigung unsicherer Informationen mit Hilfe von betriebswirtschaftlicher Standardsoftwaresystemen und Fuzzy-Tools.

Autor: Prof. Dr.-Ing. Herbert Glöckle

Beitrag: „Integration heterogener Systeme in der Automobilbranche: Kopplung FORS/GB mit den SAP R/3-Modulen FI und CO"; S. 107-142

Studien: Maschinenwesen an der Universität Stuttgart, Promotion an der Universität Hannover

Berufliche Tätigkeit: Mitglied des Fachbereichs Wirtschaftsinformatik an der Fachhochschule für Technik und Wirtschaft, Reutlingen; verantwortlich für die SAP-R/3-Aktivitäten des Fachbereichs.

Mehr als zehnjährige Berufspraxis als Unternehmensberater für Organisations- und Logistiksysteme und als Abteilungsleiter in der Softwarebranche.

Autor: **Dipl.-Ing. Matthias Krause**

Beitrag: „Die Dynamik integrierter Informationssysteme im Konsumgütervertrieb", S. 143-180

Studien: Studium der Verfahrenstechnik an der Technischen Universität Clausthal, in Clausthal-Zellerfeld, mit Abschluß als Diplom-Ingenieur von 1985 bis 1990

Berufliche Tätigkeit: Seit 1990 Mitarbeiter der IDS Prof. Scheer, Gesellschaft für integrierte Datenverarbeitungssysteme mbH in Saarbrücken.
Als Bereichsleiter im SAP Competence Center verantwortlich für die SAP R/3-Einführungsprojekte in der Konsumgüterindustrie und dem Handel.

Tätigkeitsschwerpunkte: Betriebswirtschaftliche Unternehmensberatung, Erstellung und Umsetzung von Konzepten für integrierte Informationssysteme in Konsumgüterindustrie und Handel, langjährige SAP-Beratung und Projektleitung.

Die IDS Prof. Scheer GmbH ist Logo-Partner der SAP AG und hat das ARIS Toolset entwickelt.

Autor: **Dipl.-Kfm. Rainer Beaujean**

Beitrag: „Praktische Anwendung des SAP R/3-Konsolidierungsmoduls FI-LC", S. 181-208

Studien: Studium der Wirtschaftswissenschaften

Berufliche Tätigkeit: Beratung zu Grundsatzfragen der Konzernbilanzierung und Konsolidierung sowie der technischen Umsetzung, insbesondere SAP R/3 FI-LC, der Konsolidierung in der Zentrale der Deutschen Telekom AG, Bonn

Autor: Dipl.-Volkswirt Robert Reiss

Beitrag: „Praktische Anwendung des SAP R/3-Konsolidierungsmoduls FI-LC", S. 181-208

Studien: Studium der Wirtschaftswissenschaften, Geschichte, Philosophie und Soziologie

Berufliche Tätigkeit: Betreuung ausländischer Gesellschaften mit Hilfe des Konsolidierungsmoduls SAP R/3 FI-LC in der Zentrale der Deutschen Telekom AG, Bonn

Autor: Dipl.-Kfm. Dirk Bliesener

Beitrag: „Neue Möglichkeiten der vertikalen Kooperation durch SAP R/3-Retail", S. 209-245

Studien: Studium der Betriebswirtschaftslehre an der Universität des Saarlandes in Saarbrücken

Berufliche Tätigkeit: Seit 1992 Mitarbeiter der IDS Prof. Scheer, Gesellschaft für integrierte Datenverarbeitungssysteme mbH in Saarbrücken;
als Assistent tätig im Bereich Handel des SAP Competence Center.

Die IDS Prof. Scheer GmbH ist Logo-Partner der SAP AG und hat das ARIS Toolset entwickelt.

Autorin: Dr. Bettina Schwarzer

Beitrag: „CATeam zur Unterstützung der Teambildung für die prozeßorientierte R/3-Einführung"; S. 246-265

Berufliche Tätigkeit: Geschäftsführerin der ITM GmbH und wissenschaftliche Mitarbeiterin am Lehrstuhl für Wirtschaftsinformatik an der Universität Stuttgart-Hohenheim

Wiss. Aktivitäten: Informationsmanagement, Neue Organisationsformen und Technologien.

Autor: **Univ.-Prof. Dr. Helmut Krcmar**

Beitrag: „CATeam zur Unterstützung der Teambildung für die prozeßorientierte R/3-Einführung"; S. 246-265

Berufliche Tätigkeit: Inhaber des Lehrstuhls für Wirtschaftsinformatik und Leiter der Forschungsstelle für Informationsmanagement an der Universität Stuttgart-Hohenheim

Wiss. Aktivitäten: Computerunterstützte Gruppenarbeit (CATeam), Informationsmanagement, Integratives Stoffstrommanagement.

Autor: **Dipl.-Inf. Ulrich Bartels**

Beitrag: „SAP Ausbildung im Wandel"; S. 266-289

Studien: Studium der Informatik und Mathematik

Berufliche Tätigkeit: Geschäftsführer der Fa. CLS InterService Gesellschaft für Unternehmensberatung und Informationsverarbeitung mbH, Bonn. Tätigkeitsschwerpunkte: betriebswirtschaftliche Beratung, langjährige SAP-Beratung und Projektleitung.

Autor: **Christoph Siebeck**

Beitrag: „SAP Ausbildung im Wandel"; S. 266-289

Studien: Pädagogik-Studium mit 1. Staatsexamen

Berufliche Tätigkeit: Selbständiger EDV-Fachjournalist

Wiss. Aktivitäten: Drehbuchautor für R/3-Lernsoftware

Autorin: **Dipl.-Kff. Sabine Mehlich**

Beitrag: „Ausbildung in und mit der Modellfirma LIVE AG"; S. 290-312

Studien: Dipl.-Kauffrau und wiss. Mitarbeiterin an der Universität Würzburg, Lehrstuhl für Betriebswirtschaft und Wirtschaftsinformatik

Berufliche Tätigkeit: Mitarbeiterin in der IBIS Prof. Thome GmbH in Würzburg. Die IBIS Prof. Thome GmbH wickelt Forschungsprojekte mit Auftragscharakter in Zusammenarbeit mit dem Lehrstuhl Prof. Dr. Thome ab.

Aufgrund von intensiven Kontakten mit den Firmen SNI und SAP kennt Frau Mehlich wichtige Fakten über das Potential und die Entwicklungsplanung der R/3-Softwarebibliothek.

Wiss. Aktivitäten: Frau Mehlich ist wiss. Mitarbeiterin an der Universität Würzburg, Lehrstuhl für Betriebswirtschaft und Wirtschaftsinformatik Prof. Dr. Rainer Thome.

Stichwortverzeichnis

E

F

G

H

I

P

Q

R

S

T

U

V

W

Y

Z